高等职业教育土建类专业"十三五"规划教材

教学做一体化教学模式改革建设成果系列教材

钢筋混凝土结构

侯宪斌　贺文彪　主　编

赵　哲　副主编

穆秀雯　参　编

张　莉　主　审

U0317028

中国铁道出版社有限公司

CHINA RAILWAY PUBLISHING HOUSE CO., LTD.

内 容 简 介

本书系统地介绍了水泥、钢筋及混凝土的物理力学性能;根据铁路桥涵的组成,以受弯构件、轴心受压构件、偏心受压构件及桩基础为例讲述了混凝土结构受力及计算的基本原理;最后介绍了钢构件连接的适用计算方法。

本书以"适用、够用"为原则,在充分调研的基础上,结合岗位能力及职业发展需求合理选择教学内容。本书可以作为高等职业院校铁道工程、桥梁工程、隧道工程等专业的专业课教材。

图书在版编目(CIP)数据

钢筋混凝土结构/侯宪斌,贺文彪主编. —北京:
中国铁道出版社,2018.9(2024.1重印)
高等职业教育土建类专业"十三五"规划教材
ISBN 978-7-113-24605-1

Ⅰ.①钢… Ⅱ.①侯… ②贺… Ⅲ.①钢筋混凝土结
构-高等职业教育-教材 Ⅳ.①TU375

中国版本图书馆 CIP 数据核字(2018)第 200363 号

书　　名:**钢筋混凝土结构**

作　　者:侯宪斌　贺文彪

责任编辑:李露露　　　　　　　　　　　　编辑部电话:(010)63560043
封面设计:路　遥
封面制作:刘　颖
责任校对:张玉华
责任印制:樊启鹏

出版发行:中国铁道出版社有限公司(100054,北京市西城区右安门西街8号)
网　　址:http://www.tdpress.com/51eds/
印　　刷:三河市航远印刷有限公司
版　　次:2018年9月第1版　　2024年1月第5次印刷
开　　本:787 mm×1 092 mm　1/16　印张:13.5　字数:298 千
书　　号:ISBN 978-7-113-24605-1
定　　价:39.80 元

前　言

党的十九报告提出"完善职业教育和培训体系,深化产教融合、校企合作",进一步指明了新时代我国职业教育改革发展之路。结合高职高专教育的实际,传统课程的知识框架已不能满足现代职业教育发展的需求,本书以"项目导向、任务驱动"重新序化了"钢筋混凝土结构"的知识框架,为职业教育教学水平的提升提供保障。

结合多年的教学和工程实际经验,考虑到高等职业教育课时相对较少、以技能培养为主的教学思路,以及毕业生职业发展的需求等因素,"钢筋混凝土结构"作为专业基础课,课时有限,本教材综合了材料、力学及桥梁工程等课程的知识,注重知识结构的前后关联,注重知识体系的完整性。

本书的特点是以"适用、够用"为原则,在充分调研的基础上,结合岗位能力及职业发展需求合理选择教学内容。本书编写过程中注重基本原理的阐述,简化了复杂的理论计算,强调了知识的适用性、先进性及系统性,力求做到内容精炼适用,文字叙述简练严谨,易于学习理解。从适用性来看,本书选取的内容与职业岗位能力及日常生活紧密联系;从先进性来看,本书编写过程中主要参考了《铁路桥涵地基和基础设计规范》(TB 10093—2017)、《铁路桥涵混凝土结构设计规范》(TB 10092—2017)、《铁路桥涵设计规范》(TB 10002—2017)及《钢结构设计标准》(GB 50017—2017)等最新标准规范;从课程体系的系统性来看,本书内容注重知识的连贯性,综合了材料、力学及桥梁工程等课程的知识。

本书由包头铁道职业技术学院侯宪斌和贺文彪任主编,赵哲任副主编,穆秀雯参编,张莉主审。其中项目1、项目2、项目3、项目4分别介绍了水泥、集料、混凝土拌合物及钢筋的物理力学性能,由贺文彪老师编写;项目5介绍了铁路桥涵设计荷载的分类及计算方法,由穆秀雯老师编写;项目6介绍了受弯构件受力基本原理及简算方法,由赵哲老师编写;项目7、项目8、项目9、项目10、项目11分别介绍了预应力混凝土结构、轴心受压构件的受力机理和简算原理、常用混凝土基础的受力机理和简算原理、钢结构、钢构件连接的适用计算方法,由侯宪斌老师编写。

本书在编写过程中,得到了各级领导、同事及兄弟院校同行们的大力支持与热情帮助,在此表示衷心的感谢。

限于作者的水平和经验,本书难免存在缺点和错误,欢迎广大读者对本书多提宝贵意见。

编　者

2018 年 7 月

目　录

项目 1 水泥的性能检测及应用

项目概述

水泥已成为土木工程中重要的建筑材料,正确合理的选用水泥将对保证工程质量和降低工程造价起到重要作用。本项目主要介绍常用水泥的基本性质、水泥的应用及存储等方面的内容。

教学目标

知识目标

(1)了解通用硅酸盐水泥的生产、凝结硬化过程。

(2)掌握通用硅酸盐水泥熟料矿物的组成及其特性。

(3)掌握通用硅酸盐水泥的技术性质及应用。

能力目标

(1)能检验通用硅酸盐水泥的技术指标。

(2)能根据工程情况合理选用水泥的品种。

(3)能对水泥进行正常的验收与保管。

水泥(Cement)属于无机水硬性胶凝材料,不仅可用于干燥环境中的工程,而且也可以用于潮湿环境及水中的工程,在建筑、交通、水利电力、能源矿山、国防、航空航天、农业等基础设施建设工程中得到广泛应用。

水泥的品种很多,分类方法主要有以下两种。

1. 按水泥主要水性物质分

包括硅酸盐系水泥、铝酸盐系水泥、硫酸盐系水泥、铁铝酸盐系水泥、磷酸盐系水泥、氟铝酸盐系水泥等系列。

2. 按水泥的性能和用途分

包括通用硅酸盐水泥、专用水泥和特性水泥三大类,见表 1-0-1。

表 1-0-1　水泥按性能和用途的分类

水泥种类	性能及用途	主要品种
通用硅酸盐水泥	指一般土木建筑工程通常采用的水泥。这类水泥产量大,适用范围广	硅酸盐水泥、普通硅酸盐水泥、矿渣硅酸盐水泥、火山灰硅酸盐水泥、粉煤灰硅酸盐水泥、复合硅酸盐水泥六大硅酸盐系水泥

水泥种类	性能及用途	主要品种
专用水泥	具有专门用途的水泥	如砌筑水泥、道路水泥、大坝水泥、油井水泥、型砂水泥
特性水泥	某种性能比较突出的水泥	如快硬硅酸盐水泥、抗硫酸盐硅酸盐水泥、低热微膨胀水泥、自应力硅酸盐水泥、白色硅酸盐水泥等

注:专用水泥和特性水泥,在工程上习惯统称为特种水泥。

本项目将重点介绍用途最广、用量最大的通用硅酸盐水泥。

模块1 通用硅酸盐水泥

模块描述

通用硅酸盐水泥应用的领域较广,是现代建筑材料中不可或缺的重要材料。本模块将学习通用硅酸盐水泥的定义、分类、基本组成及技术性质等方面的知识。

教学目标

1. 了解通用硅酸盐水泥的定义、分类及组成。

2. 了解通用硅酸盐水泥的生产工艺。

3. 掌握通用硅酸盐水泥的生产、凝结硬化过程。

4. 掌握通用硅酸盐水泥的技术性质及技术标准。

根据《通用硅酸盐水泥》(GB 175—2007)规定,通用硅酸盐水泥(Common Portland Cement)是由硅酸盐水泥熟料和适量的石膏及规定的混合材料制成的水硬性胶凝材料。通用硅酸盐水泥的种类见表1-1,其各种类的代号见表1-1-1。

表1-1-1 通用硅酸盐水泥分类、代号及强度等级

水泥名称	代号	强度等级
硅酸盐水泥	P.Ⅰ、P.Ⅱ	42.5、42.5R、52.5、52.5R、62.5、62.5R
普通硅酸盐水泥	P.O	42.5、42.5R、52.5、52.5R
矿渣硅酸盐水泥	P.S.A、P.S.B	32.5、32.5R 42.5、42.5R 52.5、52.5R
火山灰硅酸盐水泥	P.P	
粉煤灰硅酸盐水泥	P.F	
复合硅酸盐水泥	P.C	

注:强度等级中R表示早强型。

1.1.1 通用硅酸盐水泥的生产

通用硅酸盐水泥的生产工艺,可简单概括为"两磨一烧",即:原料按比例混合后磨细制

成生料；生料(Raw Meal)经过煅烧为熟料(Clinker)；熟料、混合材料、石膏混合后磨细得成品。其生产工艺流程见图1-1-1。

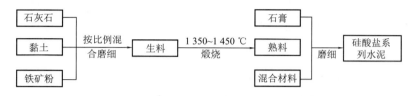

图 1-1-1 硅酸盐系列水泥的生产工艺流程示意图

生料中各种成分的含量必须达到一定的要求，见表1-1-2。

表 1-1-2 水泥生料中各种成分的含量范围

化学成分 项目	CaO	SiO_2	Al_2O_3	Fe_2O_3
含量范围	62%～67%	20%～24%	4%～7%	2.5%～6.0%

1.1.2 通用硅酸盐水泥的组成材料

1.硅酸盐水泥熟料

硅酸盐系列水泥熟料是在高温下形成的。其矿物主要由硅酸三钙($3CaO \cdot SiO_2$)、硅酸二钙($2CaO \cdot SiO_2$)、铝酸三钙($3CaO \cdot Al_2O_3$)和铁铝酸四钙($4CaO \cdot Al_2O_3 \cdot Fe_2O_3$)组成。另外，还含有少量的游离氧化钙($f-CaO$)、游离氧化镁($f-MgO$)以及杂质。游离氧化钙和游离氧化镁是水泥中的有害成分，含量高时会引起水泥安定性不良。

熟料矿物经过磨细之后均能与水发生化学反应——水化反应，表现出较强的水硬性。水泥熟料主要矿物组成及其特性见表1-1-3。因此，这类熟料也称为"硅酸盐水泥熟料"。

表 1-1-3 水泥熟料主要矿物组成及其特性

矿物名称 项目	硅酸三钙	硅酸二钙	铝酸三钙	铁铝酸四钙
质量分数	36%～67%	15%～30%	7%～15%	10%～18%
水化反应速度	快	慢	最快	快
强度	高	早期低，后期高	低	低
水化热	较高	低	最高	中

硅酸三钙和硅酸二钙占熟料总质量的75%～82%，是决定水泥强度的主要矿物，水泥由多种矿物成分组成，不同的矿物组成有不同的特性，改变生料配料及各种矿物组成的含量比例，可以生产出各种性能的水泥。

2.石膏

在生产水泥时，必须掺入适量石膏，以延缓水泥的凝结。在硅酸盐水泥、普通硅酸盐水泥中,石膏主要起缓凝作用;而在掺入较多混合材料的水泥中,石膏还起到激发混合材料活性的作用。掺入的石膏主要为天然石膏矿或工业副产石膏。

3. 混合材料(Addition)

为了改善水泥的性能,调节水泥强度等级,提高水泥的产量,扩大水泥品种,降低成本,在生产水泥时加入的矿物质材料,称为混合材料。混合材料分为活性混合材料和非活性混合材料两类,其种类、性能及常用品种见表 1-1-4。

表 1-1-4　混合材料种类、性能及常用品种

混合材料种类	性　能	常见品种
活性混合材料	具有潜在水硬性或火山灰性,或兼具火山灰和水硬性的矿物质材料	粒化高炉矿渣、粉煤灰、火山灰混合料
非活性混合材料	不具有潜在水硬性或质量活性指标,不能达到规定要求的混合材料	慢冷矿渣、磨细石英砂、石灰石粉

注:火山灰性是指一种材料磨成细粉,单独不具有水硬性,但在常温下和石灰一起与水拌和后能形成具有水硬性的化合物的性能。

(1)活性混合材料(Active Mixed Material)。

①粒化高炉矿渣(Blastfurnace Slag)。粒化高炉矿渣是高炉冶炼生铁的副产品,是以硅酸钙和铝酸钙为主要成分的熔融物经水淬成粒后的产品。粒化高炉矿渣的化学成分主要为 CaO、Al_2O_3 和 SiO_2,占总质量的 90% 以上,另外,还含有少量的 MgO、Fe_2O_3 和一些硫化物。矿渣在淬冷成粒时形成不稳定的玻璃体而具有潜在水硬性。

②火山灰混合材料(Pozzolanic Addition)。火山灰混合材料指具有火山灰特性的天然或人工的矿物质材料,分含水硅酸质材料(硅藻土、硅藻石等)、烧黏土质(烧黏土、煤渣、粉煤灰等)和火山灰(火山灰、凝灰岩等)三类。

③粉煤灰(Fly Ash)。粉煤灰是热力发电厂的工业废料,由燃煤锅炉排出的细颗粒废渣,以 SiO_2 和 Al_2O_3 为主要成分,含有少量 CaO,具有火山灰特性。

(2)非活性混合材料。非活性混合材料掺入水泥中,主要起填充作用,可以提高水泥的产量,降低水化热,降低强度等级,对水泥其他性能影响不大。

(3)窑灰。从水泥回转窑尾废气中收集下来的粉尘,其性能介于活性混合材料与非活性混合材料之间。

1.1.3　通用硅酸盐水泥的凝结与硬化

1. 水泥的凝结硬化过程

硅酸盐水泥加水拌和后成为可塑性的浆体。随着时间的推移,其塑性逐渐降低,直至最后失去塑性,这个过程称为水泥的"凝结"。随着水化的深入进行,水化产物不断增多,形成的空间网状结构更加密实,水泥浆体便产生强度,并逐渐发展成为坚硬的水泥石,这一过程称为"硬化"。水泥的凝结硬化是一个连续不断的过程,其发展的四个时期及内容见表 1-1-5。

表 1-1-5　水泥凝结硬化发展的四个时期及其内容

序号	时间名称	时期内容
1	初始反应期	水泥颗粒与水接触,发生化学反应,生成水化产物,组成水泥—水—水化产物的混合体系
2	诱导期	初始反应期的水化产物迅速扩散到水中,逐渐形成水化产物的饱和溶液,并在水泥颗粒表面或周围析出,形成水化物膜层,使得水化反应进行较缓慢,这期间,水泥颗粒仍然分散,水泥浆保持良好的可塑性
3	凝结期	随着水化的继续进行,水化产物不断生成并析出,自由水分逐渐减少,水化产物颗粒互相接触并黏结在一起形成网状结构,水泥浆体逐渐变稠,失去可塑性
4	硬化期	水化反应进一步进行,水化产物不断生成,长大并填充毛细孔,使整个体系更加紧密,水泥浆体逐渐硬化,强度随时间不断增加

水泥强度随龄期增长而不断增长。硅酸盐系列水泥,在 3 ~ 7 d 龄期范围内,强度增长速度快;在 7 ~ 28 d 龄期范围内,强度增长速度较快;28 d 以后,强度增长速度逐渐下降,但只要环境温度和湿度适宜,在几年甚至几十年后,水泥石强度仍会缓慢增长。

2. 影响水泥凝结硬化的因素

水泥的凝结硬化速度,主要与熟料矿物的组成有关,另外,还与水泥细度、石膏掺量加水量、硬化时的温度、湿度、养护龄期等因素有关。其主要影响因素分析如下:

(1)熟料的矿物组成。矿物组成是影响水泥凝结硬化的主要内因,不同的熟料矿物成分单独与水作用时,水化反应的速度、强度发展的规律、水化放热是不同的,因此改变水泥的矿物组成,其凝结硬化将产生明显的变化。

(2)水泥细度。水泥颗粒的粗细程度直接影响水泥的水化、凝结硬化、强度、干缩及水化热等。颗粒越细,与水接触的比表面积越大,水化速度越快且越充分,水泥的早期强度和后期强度都很高。但水泥颗粒过细,在生产过程中消耗的能量越多,生产成本增加,且水泥颗粒越细,需水性越大,在硬化时收缩也增大,因而水泥的细度应适中。

(3)石膏掺量。石膏掺入水泥中的目的是为了缓解水泥的凝结、硬化速度,调节水泥的凝结时间。需要注意的是,石膏的掺入要适量,掺量过少,缓凝作用小;掺入过多,则会在水泥硬化过程中与水化铝酸钙继续反应,体积膨胀,使水泥石开裂破坏。适宜的石膏掺量主要取决于水泥中的 C_3A 的含量和石膏的品种及质量,同时与水泥细度及熟料中的 SO_3 的含量有关,根据国家标准,SO_3 不得超过 3.5% ,石膏的掺量一般为水泥质量的 3% ~ 5% 。

(4)拌合用水量。拌合用水量的多少是影响水泥强度的关键因素之一。从理论上讲,水泥完全水化所需水量约占水泥质量的 23% 。但拌合水泥浆时,为使浆体具有一定塑性和流动性,所加入的水量通常要大大超过水泥充分水化时所需用水量,多余的水在硬化的水泥石内形成毛细孔。因此拌合水越多,硬化水泥石中的毛细孔就越多,当水灰比为 0.4 时,完全水化后水泥石的孔隙率为 29.6% ,而水灰比为 0.7 时,水泥石的孔隙率高达 50.3% 。

(5)温度和湿度。温度对水泥凝结硬化影响很大,提高温度,可以加速水泥的水化速度,有利于水泥早期强度的形成。就硅酸盐水泥而言,提高温度可加速其水化,使早期强度能较快发展,但对后期强度可能会产生一定的影响。而在较低温度下进行水化时,虽然凝结硬化慢,但水化产物较致密,可获得较高的最终强度。但当温度低于 0℃ 时,强度不仅不增加,而且还会因水的结冰而导致水泥石被冻坏。

温度是保证水泥水化的一个必备条件,水泥的凝结硬化实质是水泥的水化过程,因此在干燥环境中,水化浆体中的水分蒸发,导致水泥不能充分水化,同时硬化也将停止,并会因干缩而产生裂缝。

(6)龄期。龄期指水泥在正常养护条件下所经历的时间。水泥的凝结硬化是随龄期的增长而渐进的过程,在适宜的温度和湿度环境中,随着水泥颗粒内各熟料矿物水化程度的提高,凝胶体不断增加,毛细孔相应减少,水泥的强度增长可持续若干年。

水泥的凝结硬化,除上述因素之外,还与水泥的存放时间、受潮程度及掺入的外加剂种类等因素影响有关。

1.1.4 通用硅酸盐水泥的技术性质及技术标准

根据标准《通用硅酸盐水泥》(GB 175—2007)规定,对硅酸盐水泥的技术要求如下。

1. 化学指标

(1)氧化镁含量。在水泥熟料中,存在游离的氧化镁。它的水化速度很慢,而且水化产物为氢氧化镁,氢氧化镁能产生体积膨胀,可以导致水泥石结构出现裂缝甚至破坏。因此,氧化镁是引起水泥安定性不良的原因之一。

(2)三氧化硫含量。水泥中的三氧化硫主要是在生产水泥的过程中掺入的石膏,或者是煅烧水泥熟料时加入的石膏矿化剂带入的。如果石膏掺量超出一定限度,在水泥硬化后,它会继续水化并产生膨胀,导致结构物破坏。因此,三氧化硫也是引起水泥安定性不良的原因之一。

(3)烧失量。水泥煅烧不理想或者受潮后,会导致烧失量增加,因此,烧失量是检验水泥质量的一项指标。烧失量的测定方法是以水泥试样在 950 ~ 1 000 ℃ 下灼烧 15 ~ 20 min,冷却至室温称量。如此反复灼烧,直到恒重,计算灼烧前后水泥质量损失百分率。

(4)不溶物含量。水泥中不溶物主要是指煅烧过程中存留的残渣,其含量会影响水泥的黏结质量。水泥中不溶物的测定是用盐酸溶解滤去不溶残渣,经碳酸钠处理再用盐酸中和,高温灼烧到恒重后称量,灼烧后不溶物质量占试样总质量的比例即为不溶物。

(5)氯离子含量。水泥混凝土是碱性的,钢筋氧化保护膜也为碱性,故一般情况下,在水泥混凝土中的钢筋不致锈蚀,但如果水泥中氯离子含量较高,氯离子会强烈促进锈蚀反应,破坏保护膜,加速钢筋锈蚀。

硅酸盐水泥化学指标应符合表 1-1-6 规定。

表 1-1-6 硅酸盐水泥化学指标规定(%)

品种	代号	不溶物	烧失量	三氧化硫	氧化镁	氯离子
硅酸盐水泥	P. I	≤0.75	≤3.0	≤3.5	≤5.0	≤0.06
	P. II	≤1.50	≤3.5			

（6）碱含量（选择性指标）。水泥中的碱含量由 $Na_2O + 0.658K_2O$ 计算值表示。若水泥中的碱含量高，就可能会产生碱—集料反应，从而导致混凝土产生膨胀破坏。因此，当使用活性集料时，应采用低碱水泥，碱含量应不大于 0.6%，或由供需双方商定。

2. 物理指标

（1）细度（Fineness，选择性指标）。细度指水泥颗粒的粗细程度。水泥颗粒的粗细，直接影响水化反应速度、活性和强度。颗粒越细，其比表面积越大，与水接触反应的表面积越大，水化反应快且较完全，水泥的早期强度越高，在空气中硬化收缩越大，成本也越高；颗粒过粗，不利于水泥活性的发挥。水泥细度用负压筛析仪（见图 1-1-2）或比表面积测定仪（见图 1-1-3）测定。筛析法是以 80 μm 或 45 μm 的方孔筛筛余不得超过 10% 或 30%。比表面积法是 1 kg 的水泥所具有的总表面积。

图 1-1-2　水泥负压筛析仪　　　　图 1-1-3　比表面积测定仪

（2）标准稠度用水量（Water Consumption for Standard Consistency）。为使水泥凝结时间和安定性的测定结果具有可比性，在测定时，必须采用标准稠度的水泥净浆。水泥标准稠度用水量是指水泥净浆达到标准稠度时的用水量，以水占水泥质量的百分数表示。采用标准法测定时，以试针沉入水泥净浆并距底板 6 mm ± 1 mm 的净浆为"标准稠度"。图 1-1-4 为水泥标准稠度仪（维卡仪）。

（3）凝结时间（Setting Time）。凝结时间分为初凝时间和终凝时间。初凝时间是从加水至水泥浆开始失去塑性的时间；终凝时间是从加水至水泥浆完全失去塑性的时间。水泥的凝结时间用凝结时间测定仪测定。国家标准规定，从水泥加入拌和水中起，至试针沉入标准稠度的水泥净浆中，并距底板 4 mm ± 1 mm 时所经历的时间为初凝时间；从水泥加入拌和水中起至试针沉入水泥净浆 0.5 mm 时所经历的时间为终凝时间，如图 1-1-5 所示。

水泥的凝结时间在施工中有着重要意义。初凝时间不宜过早，是为了有足够时间进行施工操作，如搅拌、运输、浇筑和成型等。终凝时间不宜过迟，主要是为了使水泥尽快凝结，减少水分蒸发，有利于水泥性能的提高，同时也有利于下一道工序及早进行。

（4）体积安定性（Soundness）。体积安定性指水泥浆体硬化后体积变化的稳定性。水泥在硬化过程中体积变化不稳定，即为体积安定性不良。安定性不良的水泥，在水泥硬化过程中或硬化后产生不均匀的体积膨胀，导致水泥制品、混凝土构件产生膨胀开裂，甚至崩溃，引

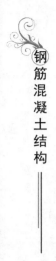

起严重的工程事故。

图 1-1-4　标准法维卡仪

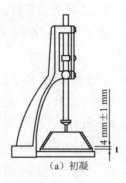

（a）初凝

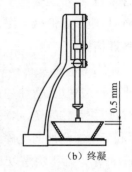

（b）终凝

图 1-1-5　初凝与终凝测试示意图

水泥安定性不良的原因是熟料中含有过量的游离氧化钙（$f-CaO$）或游离氧化镁（$f-MgO$），或生产水泥时掺入的石膏过量所致。上述成分均在水泥硬化后开始或继续进行水化反应，其水化产物均会产生体积膨胀而使水泥石开裂。

由游离氧化镁（$f-MgO$）引起的水泥安定性不良需用压蒸法才能检验出来，由于石膏过量所致的水泥安定性不良需长期在水中才可检测。因此，国家标准对其含量在出厂时进行了限定。而游离氧化钙（$f-CaO$）引起的水泥安定性不良则用沸煮法进行检验。所谓沸煮法，包括试饼法和雷氏法两种。试饼法是将标准稠度水泥净浆抹成试饼。沸煮 3 h 后，若用肉眼观察未发现裂纹，用直尺检查没有弯曲现象，则为安定性合格。雷氏法是测定标准稠度水泥净浆在雷氏夹中沸煮前后的膨胀值，若膨胀值没超过规定值，则认为安定性合格。当雷氏法与试饼法两者结论有矛盾时，以雷氏法为准。图 1-1-6 为雷氏夹及膨胀值测定仪。

硅酸盐水泥的安定性要求见表 1-1-7。

表 1-1-7　硅酸盐水泥物理指标

品种	细度（比表面积）（m^2/kg）	凝结时间（min）		安定性（沸煮法）	强度
		初凝	终凝		
硅酸盐水泥	≥300	≥45	≤390	必须合格	见表 1-1-8
备注	细度为选择性指标				

（5）强度等级（Strength）。水泥的强度是评定其质量的重要指标。国家标准《水泥胶砂强度检验方法（ISO 法）》（GB/T 17671—1999）规定，水泥和标准砂按 1:3，水灰比为 0.50，用标准制作方法制成 40 mm×40 mm×160 mm 的标准试件。

在标准养护条件［温度为 20 ℃±1 ℃，相对湿度 90% 以上的空气中带模（见图 1-1-7）养护；1 d 以后拆模，放入 20 ℃±1 ℃的水中养护］下，测定其达到规定龄期（3 d，28 d）的抗折强度和抗压强度，即为水泥的胶砂强度。用规定龄期的抗折强度和抗压强度划分水泥的强度等级。硅酸盐水泥的强度等级划分为 42.5、42.5R、52.5、52.5R、62.5、62.5R；其中，R 型水泥为早强型，主要是 3 d 强度较同强度等级水泥高。硅酸盐水泥各龄期的强度不得低于

表 1-1-8 所示数值。

图 1-1-6　雷氏夹及膨胀值测定仪

图 1-1-7　水泥胶砂强度试模

表 1-1-8　硅酸盐水泥各龄期的强度值

品种	强度等级	抗压强度（MPa）		抗折强度（MPa）	
		3 d	28 d	3 d	28 d
硅酸盐水泥	42.5	≥17.0	≥42.5	≥3.5	≥6.5
	42.5R	≥22.0		≥4.0	
	52.5	≥23.0	≥52.5	≥4.0	≥7.0
	52.5R	≥27.0		≥5.0	
	62.5	≥28.0	≥62.5	≥5.0	≥8.0
	62.5R	≥32.0		≥5.5	

3. 合格品和不合格品的规定

水泥中不溶物、烧失量、三氧化硫、氧化镁、氯离子、凝结时间、安定性、强度各指标均符合《通用硅酸盐水泥》（GB 175—2007）规定的为合格品。若其中有一项不符合标准规定的则为不合格品。碱含量和细度为选择性指标，不作为评定水泥是否合格的依据。

1.1.5　通用硅酸盐水泥的性能与应用

1. 早期强度高

硅酸盐水泥凝结硬化快，早期强度和强度等级都高，可用于对早期强度有要求的工程，如现浇混凝土楼板、梁、柱、预制混凝土构件；也可用于预应力混凝土结构和高强混凝土工程。

2. 水化热大、抗冻性较好

硅酸盐水泥水化热较大，因此有利于冬季施工，但不宜用于大体积混凝土工程（一般指长、宽、高均在 1 m 以上），因为其容易在混凝土构件内部聚集较大的热量，产生温度应力，造成混凝土结构破坏。

硅酸盐水泥石结构密实且早期强度高，所以抗冻性好，适合用于严寒地区遭受反复冻融的工程及抗冻性要求较高的工程。

3.干缩小、耐磨性好

硅酸盐水泥硬化时干缩小,不易产生干缩裂缝。一般可用于干燥环境工程。由于其干缩小,表面不易起粉,因此硅酸盐水泥耐磨性较好,可用于道路工程中。但早强型(R型)硅酸盐水泥由于水化热大,凝结时间短,不利于混凝土远距离输送或高温季节施工,只适用于快速抢修工程和冬季施工。

4.抗碳化性能较好

水泥石中的氢氧化钙与空气中的二氧化碳和水作用生成碳酸钙的过程称为碳化。碳化会引起水泥石内部的碱度降低。当水泥石中的碱度降低时,钢筋混凝土中的钢筋便失去钝化保护膜而锈蚀。硅酸盐水泥硬化后水泥石中含有较多的氢氧化钙,碳化时水泥的碱度降低少,对钢筋的保护作用强,因此,可用于空气中二氧化碳浓度较高的环境中,如热处理车间等。

5.耐腐蚀性差

硅酸盐水泥硬化后水泥石中含有大量的氢氧化钙和水化铝酸钙,因此,其耐软水和耐化学腐蚀性差,不能用于海港工程和抗硫酸盐工程等。

6.耐热性差

当水泥石处于 $250 \sim 300\ ℃$ 的高温环境时,其中的水化硅酸钙开始脱水,体积收缩,强度下降。氢氧化钙在 $600\ ℃$ 以上会分解成氧化钙和二氧化碳,高温后的水泥石受潮时,生成的氧化钙与水作用,体积膨胀,造成水泥石的破坏,因此硅酸盐水泥不宜用于温度高于 $250\ ℃$ 的耐热混凝土工程,如工业窑炉和高炉的基础。

模块2 水泥的应用及储运

模块描述

水泥的应用与储运,是水泥在生产使用中的重要环节,它直接影响水泥在工程中的使用效果,是水泥发挥其技术性质的关键。本模块将围绕水泥的选用原则、水泥在运输与存储中的注意事项进行讲解。

教学目标

1.了解通用硅酸盐的选用原则,能进行水泥品种的选用。

2.会进行通用硅酸盐水泥的合格验收。

3.掌握通用硅酸盐水泥的运输与保管方法。

1.2.1 通用硅酸盐水泥的选用原则

通用硅酸盐水泥是土木工程中广泛使用的水泥品种。为方便查阅与选用,现列出通用硅酸盐水泥中最具代表性的两个品种的特点及适用范围见表1-2-1,以供参考。

表 1-2-1　通用硅酸盐水泥的特点及适用范围

水泥品种	主要特性		适用范围	
	优点	缺点	适用于	不适用于
硅酸盐水泥	强度等级高 快硬、早强 抗冻性好,耐磨性 不透水性强	水化热高 耐热性差 耐腐蚀性较差	配制高强混凝土 生产预制构件 道路,低温施工 工程	大体积混凝土 地下工程 受化学侵蚀的工程
普通硅酸盐水泥	与硅酸盐水泥基本相似,有以下特点:早期 强度稍低,抗冻性、耐磨性稍有下降,低温凝结 时间有所延长,抗硫酸盐侵蚀能力有所增强		适应性较强,如无特殊要求的工程都可使用, 是应用最广泛的水泥品种之一	

1.2.2　通用硅酸盐水泥的验收

　　水泥是一种有效期短,质量极容易变化的材料,同时又是工程结构中最重要的胶凝材料。因此,对进入施工现场的水泥必须进行验收,以检测水泥是否合格。水泥的验收包括包装标志和数量的验收、检查出厂合格证和试验报告、复试、仲裁检验等四个方面。

　　1. 包装标志和数量的验收

　　(1)包装标志的验收。水泥的包装方法有袋装和散装两种。散装水泥一般采用散装水泥输送车运输至施工现场,采用气动输送至散装水泥储仓中储存。散装水泥与袋装水泥相比,免去了包装,可减少纸或塑料的使用,符合绿色环保,且能节约包装费用,降低成本。散装水泥直接由水泥厂供货,质量容易保证。

　　袋装水泥采用多层纸袋或多层塑料编织袋进行包装。在水泥包装袋上应清楚地标明产品名称,代号,净含量,强度等级,生产许可证编号,生产者名称和地址,出厂编号,执行标准号,包装年、月、日等主要包装标志。掺火山灰混合材料的普通硅酸盐水泥,必须在包装上标上"掺火山灰"字样。包装袋两侧应印有水泥名称和强度等级。硅酸盐水泥和普通硅酸盐水泥的印刷采用红色;矿渣硅酸盐水泥的印刷采用绿色;火山灰磷酸盐水泥、粉煤灰硅酸盐水泥和复合硅酸盐水泥的印刷采用黑色或蓝色。

　　散装水泥在供应时必须提交与袋装水泥标志相同内容的卡片。

　　(2)数量的验收。袋装水泥每袋净含量为 50 kg,且应不少于标志质量的 98%;随机抽取 20 袋总质量(含包装袋)应不少于 1 000 kg。其他包装形式由供需双方协商确定,但有关袋装质量要求必须符合上述规定。

　　2. 质量的验收

　　(1)检查出厂合格证和出厂检验报告。水泥出厂应有水泥生产厂家的出厂合格证,内容包括厂别、品种、出厂日期、出厂编号和检验报告。检验报告内容应包括出厂检验项目、细度、混合材料品种和掺加量、石膏和助磨剂的品种及掺加量、属旋窑或立窑生产及合同约定的其他技术要求。当用户需要时,生产者应在水泥发出之日起 7 d 内寄发除 28 d 强度以外的各项试验结果。28 d 强度数值应在水泥发出日起 32 d 内补报。

　　(2)交货与验收。水泥交货时的质量验收可抽取实物试样以其检验结果为依据,也可以生产者同编号水泥的检验报告为依据。采用何种方法验收由买卖双方商定,并在合同或协议中注明。以水泥厂同编号水泥的试验报告为验收依据时,在发货前或交货时,买方在同编号水泥中取样,双方共同签封后由卖方保存 90 d;或认可卖方自行取样、签封并保存 90 d 的同编号水泥的封存样。在 90 d 内,买方对水泥质量有疑问时,则买卖双方应将共同认可的试样送省级或省级以上国家认可的水泥质量监督检验机构进行仲裁检验。

以抽取实物试样的检验结果为验收依据时,买卖双方应在发货前或交货地共同取样和签封。取样方法按《水泥取样方法》(GB/T 12573—2008)进行,取样数量为 20 kg,缩分为二等份。一份由卖方保存 40 d,一份由买方按《通用硅酸盐水泥》(GB 175—2007)规定的项目和方法进行检验。在 40 d 以内,买方检验认为产品质量不符合相应标准要求,而卖方又有异议时,则双方应将卖方保存的另一份试样送有关监督检验机构进行仲裁检验。

1.2.3 水泥的保管

水泥进入施工现场后,必须妥善保管,一方面不使水泥变质,使用后能够确保工程质量;另一方面可以减少水泥的浪费,降低工程造价。保管时需注意以下几个方面。

(1)不同品种和不同强度等级的水泥要分别存放,并应用标牌加以明确标示。由于水泥品种不同,其性能差异较大,如果混合存放,容易导致混合使用,水泥性能可能会大幅度降低。

(2)防水防潮,做到"上盖下垫"。水泥临时库房应设置在通风、干燥、屋面不渗漏、地面排水通畅的地方。袋装水泥平放时,离地、离墙 200 mm 以上堆放。

(3)堆垛不宜过高,一般不超过 10 袋,场地狭窄时最多不超过 15 袋。袋装水泥一般采用平放并叠放,堆垛过高,则上部水泥重力全部作用在下面的水泥上,容易使包装袋破裂而造成水泥浪费。

(4)储存期不能过长。通用水泥储存期不超过三个月,储存期若超过三个月,水泥会受潮结块,强度大幅度降低,从而会影响水泥的使用。过期水泥应按规定进行取样复验,并按复验结果使用,但不允许用于重要工程和工程的重要部位。对于受潮水泥,可以进行处理,然后再使用。处理方法及适用范围见表 1-2-2。

表 1-2-2　通用硅酸盐水泥的选用

受潮程度	处理办法	使用要求
轻微结块,用手捏成粉末	将粉块压碎	经试验后按实际强度使用
部分结成硬块	将硬块筛除,粉块压碎	经试验后按实际强度使用,用于受力小的部位,强度要求不高的工程或配置砂浆
大部分结块	将硬块粉碎磨细	不能作为水泥使用,可视作混合料参入新水泥使用(掺量应小于 25%)

思考题

1.通用硅酸盐水泥的组成成分有哪些?

2.水泥的分类方法有哪几种?各种水泥的性能、用途及主要品种有哪些?

3.简述通用硅酸盐水泥的凝结与硬化过程。

4.简述通用硅酸盐的选用原则以及水泥品种的选用。

5.简述通用硅酸盐水泥的合格验收的程序。

6.通用硅酸盐水泥有哪些主要技术性质?并说明这些技术性质要求对工程的实用意义。

项目②

集料的性能检测及应用

项目概述

集料是指在混合料中起骨架和填充作用的粒料,包括碎石、砾石、机制砂、石屑、砂等天然材料,也包括一些工业废渣如冶金渣等。主要在水泥混凝土、沥青混合料、砂浆和结合料稳定材料中使用。工程中一般将集料分为粗集料和细集料两类。下面主要探讨集料在水泥混凝土混合料中的应用。

教学目标

知识目标

(1)了解集料的定义、分类及其在工程中的应用。

(2)掌握水泥混凝土用砂石的主要技术性质要求。

能力目标

能对水泥混凝土用砂石进行性能检测。

模块1 细集料的性能检测及应用

模块描述

材料的性质与质量很大程度上决定了工程的性能与质量。本模块主要介绍细集料的定义及种类、细集料的主要技术性质、细集料的技术性能的检验。

教学目标

1.了解细集料的定义、分类及其在工程中的应用。

2.掌握细集料的技术性质,能对细集料的技术性能进行检验。

2.1.1 细集料的定义

在水泥混凝土中,细集料是指粒径小于4.75 mm的岩石颗粒,包括天然砂和人工砂。在沥青混合料中,细集料是指粒径小于2.36 mm的岩石颗粒,包括天然砂、人工砂及石屑。在工程中应用较多的细集料是砂。

砂根据来源不同分为天然砂和机制砂。天然砂是指由自然生成的,经人工开采和筛分的粒径小于 4.75 mm 的岩石颗粒,包括河砂、湖砂、山砂、淡化海砂,但不包括软质、风化的颗粒,具体特点见表 2-1-1。机制砂是指经除土处理,由机械破碎、筛分制成的,粒径小于 4.75 mm 的岩石、矿山尾矿或工业废渣颗粒,但不包括软质、风化的颗粒,俗称人工砂。砂按技术要求分为 I 类、II 类和III类,具体见表 2-1-2。

表 2-1-1 天然砂的特点

砂的分类		砂的特点
天然砂	河砂	比较洁净,分布广。一般工程大都采用
	湖砂	比较洁净,但分布少
	山砂	有棱角,表面粗糙,含泥量和有机质较多
	海砂	表面圆滑,含盐分较多,对混凝土中的钢筋有锈蚀作用

表 2-1-2 砂的技术要求分类

分类	适用范围
I 类	宜用于强度等级大于 C60 的混凝土
II 类	宜用于强度等级 C30 ~ C60 及抗冻、抗渗或其他要求的混凝土
III类	宜用于强度等级小于 C30 的混凝土和建筑砂浆

2.1.2 细集料的技术性质

1. 细集料在水泥混凝土的技术要求

根据《建筑用砂》(GB/T 14684—2011)可知,混凝土用砂的技术要求主要有以下几个方面。

(1)颗粒级配和粗细程度

砂的颗粒级配(Grain Gradation)是指不同粒径砂颗粒的分布情况。混凝土中砂粒之间的空隙由水泥浆填充,为节省水泥和提高混凝土的强度,就应尽量减少砂粒之间的空隙。要减少砂粒之间的空隙,就必须有大小不同的颗粒合理搭配(见图 2-1-1)。

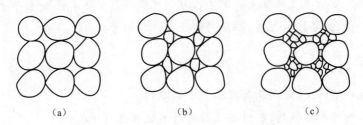

（a）   （b）   （c）

图 2-1-1 不同粒径的砂搭配的结构示意图

砂的粗细程度,是指不同粒径的砂混合后总体的粗细情况,通常有粗砂、中砂和细砂之分。在相同砂用量条件下,粗砂的总表面积比细砂小,则所需要包裹砂粒表面的水泥浆少。因此,用粗砂配制混凝土比用细砂使用的水泥量要省。

因此,拌制混凝土时,砂的颗粒级配和粗细程度应同时考虑,常用筛分析的方法进行测定。筛(方形筛孔)分析方法是将预先通过公称直径为 10.0 mm 孔径的干砂,称取 500 g 置于一套公称直径分别为 4.75 mm、2.3 6mm、1.18 mm、0.60 mm、0.30 mm、0.15 mm 的标准筛（见图 2-1-2）上，由粗到细依次过筛，然后称量各筛上的筛余质量，计算出各筛上的分计筛余百分率（各筛上的筛余量占试样总量的百分率）和累计筛余百分率（某号筛的分计筛余百分率与大于该号筛的所有的分计筛余百分率之和），计算如表 2-1-3 所示。

图 2-1-2　砂标准套筛

表 2-1-3　分计筛余率与累计筛余百分率的计算关系

筛孔尺寸（mm）	筛余质量（g）	分计筛余百分率（%）	累计筛余百分率（%）
4.75	m_1	$a_1 = m_1/500$	$A_1 = a_1$
2.36	m_2	a_2	$A_2 = a_1 + a_2$
1.18	m_3	a_3	A_3
0.60	m_4	a_4	A_4
0.30	m_5	a_5	A_5
0.15	m_6	a_6	A_6

砂的粗细程度用细度模数（Fineness Modulus）表示，根据式（2-1-1）计算：

$$M_x = \frac{(A_2 + A_3 + A_4 + A_5 + A_6) - 5A_1}{100 - A_1} \qquad (2\text{-}1\text{-}1)$$

注：计算砂的细度模数时，式中的 $A(i = 1,2,\cdots,6)$ 不带百分比符号（%），直接代入数字。

根据细度模数 M_x 的大小，将砂分为三类，见表 2-1-4。其中，细度模数越大，砂越粗。

砂的级配。根据《建设用砂》（GB/T 14684—2011）按 0.60 mm 筛孔的累计筛余百分率划分成三个级配区，其级配符合表 2-1-5 任一级配区，都认为级配合格（也可用绘制级配曲线进行评定）。但相对而言，2 区中砂配制的混凝土性能是最好的，有条件时［尤其对重要工程和构件（如路面混凝土、预应力混凝土）］应首选 2 区中砂。不同类别的砂级配区选择见表 2-1-6。

表 2-1-4　砂的粗细分类

分类	细度模数范围
粗砂	3.7 ~ 3.1
中砂	3.0 ~ 2.3
细砂	2.2 ~ 1.6
粉砂	1.6 以下

表 2-1-5　砂的颗粒级配

砂的分类	天然砂			机制砂		
级配区	1 区	2 区	3 区	1 区	2 区	3 区
方孔筛	累计筛余百分率(%)					
4.75 mm	10 ~ 0	10 ~ 0	10 ~ 0	10 ~ 0	10 ~ 0	10 ~ 0
2.36 mm	35 ~ 5	25 ~ 0	15 ~ 0	35 ~ 5	25 ~ 0	15 ~ 0
1.18 mm	65 ~ 35	50 ~ 10	25 ~ 0	65 ~ 35	50 ~ 10	25 ~ 0
0.60 mm	85 ~ 71	70 ~ 41	40 ~ 16	85 ~ 71	70 ~ 41	40 ~ 16
0.30 mm	95 ~ 80	92 ~ 70	85 ~ 55	95 ~ 80	92 ~ 70	85 ~ 55
0.15 mm	100 ~ 90	100 ~ 90	100 ~ 90	97 ~ 85	94 ~ 80	94 ~ 75

表 2-1-6　级配类别

类别	I	II	III
级配区	2 区	1 区　2 区　3 区	

注:细度模数和颗粒级配是两个独立的指标,粗砂和 1 区、中砂和 2 区、细砂和 3 区之间有一一对应关系。例如按细度模数是中砂,其级配区多数为 2 区,但也可能为 1 区或 3 区。因为细度模数仅反映砂的粗细程度,细度模数越大,表示砂越粗,但不能全面反映砂的粒径分布情况,不同级配的砂可以具有相同的细度模数。

(2)物理性质

①天然砂中的含泥量和泥块含量应符合表 2-1-7 规定。

表 2-1-7　含泥量与泥块含量

类别	I	II	III
含泥量(按质量计,%)	≤1.0	≤3.0	≤5.0
泥块含量(按质量计,%)	≤0	≤1.0	≤2.0

②有害物质。为了保证混凝土的质量,必须对表 2-1-8 中有害物质加以限制,其含量不得超过表 2-1-9 的规定。

表 2-1-8　有害物质

有害物质	状态	危害
云母	薄片状,表面光滑	与硬化水泥浆黏结不牢,降低混凝土的强度
硫酸盐和硫化物	SO_3 含量	与水泥石中的水化铝酸钙反应生成钙矾石晶体,引起对混凝土的腐蚀
轻物质	煤,褐煤(密度小于 2 g/cm^2)	降低混凝土的强度和耐久性
有机物	动植物的腐殖质、腐殖土	延缓水泥水化,降低混凝土强度(尤其是早起强度)
氯化物	来源于水泥、砂石、外掺料和水	引起钢筋混凝土中的钢筋锈蚀

表 2-1-9　有害物质限量

项　　目	指标		
	Ⅰ	Ⅱ	Ⅲ
云母含量(按质量计,%)	≤1.0	≤2.0	
轻物质含量(按质量计,%)	≤1.0		
有机质含量(比色法)	合格		
硫化物和硫酸盐含量(按SO₃质量计,%)	≤0.5		
氯化物(以氯离子质量计,%)	≤0.01	≤0.02	≤0.06
贝壳(按质量计,%)适用海砂	≤3	≤5	≤8

注:1. 含泥量是指天然砂中粒径小于 75 μm 的颗粒含量。
　　2. 石粉含量是指人工砂中粒径小于 75 μm 的颗粒含量。
　　3. 泥块含量是则指砂中粒径大于 1.18 mm,经水浸洗,手捏后小于 600 μm 的颗粒含量。

③坚固性。坚固性是指砂在自然状态和其他外界物理化学因素作用下抵抗破裂的能力。对天然砂的坚固性采用硫酸钠溶液方法进行试验,砂样经 5 次循环后其质量损失应符合表 2-1-10 的规定;机制砂除了要满足表 2-1-10 的规定外,压碎指标还要满足表 2-1-11 的规定。

④表观密度、堆积密度和空隙率。砂的表观密度、堆积密度和空隙率是砂的三项重要指标,应符合如下规定:表观密度应大于 2 500 kg/m³,松散堆积密度应大于 1 400 kg/m³,空隙率应小于44%。

表 2-1-10　天然砂坚固性指标

项目	指标		
	Ⅰ 类	Ⅱ 类	Ⅲ 类
质量损失(%)	≤8.0		≤10.0

表 2-1-11　压碎指标

项目	指标		
	Ⅰ 类	Ⅱ 类	Ⅲ 类
单级压碎指标(%)	≤20	≤25	≤30

⑤碱—集料反应。所谓碱—集料反应是指水泥、外加剂等混凝土组成物及环境中的碱与集料中碱活性矿物在潮湿环境下缓慢发生反应,其反应生成物会导致混凝土开裂破坏。砂经碱—集料反应试验后,由砂制备的砂浆试件应无裂缝、酥裂、胶体外溢等现象。

⑥含水率和饱和面干吸水率。当用户有要求时,应报告其实测值。

模块2　粗集料的性能检测及应用

模块描述

材料的性质与质量很大程度上决定了工程的性能与质量。本模块主要介绍粗集料的定义及种类、粗集料的主要技术性质、粗集料的技术性能的检验。

 教学目标

1. 了解粗集料的定义、分类及其在工程中的应用。
2. 掌握粗集料的技术性质,能对粗集料的技术性能进行检验。

2.2.1 粗集料的定义

在水泥混凝土中,粗集料是指粒径大于 4.75 mm 的岩石颗粒,包括卵石、碎石和破碎砾石等。按技术要求分类见表 2-2-1,在沥青混合料中,粗集料是指大于 2.36 mm 的碎石、破碎砾石、筛选砾石和矿渣等。

表 2-2-1　卵石和碎石按技术要求分类

分类	适用范围
Ⅰ类	宜用于强度等级大于 C60 的混凝土
Ⅱ类	宜用于强度等级小于 C30～C60 及抗冻、抗渗或其他要求的混凝土
Ⅲ类	宜用于强度等级小于 C30 的混凝土和建筑砂浆

2.2.2 粗集料的技术性质

1. 粗集料在水泥混凝土的技术要求

（1）颗粒级配与最大粒径

①颗粒级配。石与砂一样,也要求有良好的颗粒级配,以减小空隙率,尽可能节约水泥。石子的颗粒级配分连续级配和间断级配两种形式。采石场按供应方式,将其分为连续粒级和单粒粒级。粒级是粒径大小的分级,一般两个相邻筛孔为一个粒级（如 4.75～9.5 mm）,这是狭义的粒级;广义的粒级可能是一个较大的粒径范围（如 4.75～31.5 mm。）。粒级的上限采用公称最大粒径故称公称粒级。水泥混凝土用粗集料、沥青混合料的矿料级配类型均按公称粒级分类。

②最大粒径。最大粒径是集料全部通过（即通过率为 100%）的最小标准筛所对应的筛孔尺寸,是混凝土限制集料超尺寸颗粒的指标。集料的粒径越大,总表面积相应越小,则所需的水泥浆量也越小。所以,在条件许可的情况下,应尽量选择较大粒径的集料,并同时考虑结构形式、配筋疏密和施工运输等条件的限制。按《混凝土结构工程施工质量验收规范》（GB 50204—2002）规定,粗集料的最大粒径不得超过结构截面最小尺寸的 1/4,同时不得大于钢筋最小净距的 3/4。对于混凝土实心板,粗集料的最大粒径不宜超过板厚的 1/3,且不得超过 40 mm。

注:公称最大粒径与最大粒径不同,公称最大粒径指集料可能全部通过或有少量不通过（一般容许筛余率小于 10%）的最小标准筛孔尺寸。而最大粒径是指集料全部通过（即通过率为 100%）的最小标准筛所对应的筛孔尺寸。通常公称最大粒径比最大粒径小一个粒级（筛余率小于 10% 时）,也可能与最大粒径为同一筛孔尺寸,现场所说的最大粒径实际为公称最大粒径。

（2）颗粒形状和表面特征

①颗粒形状。粗集料的颗粒形状以接近立方体或球体为最佳,而生产碎石的过程中往

往往会产生一定量的针、片状颗粒。所谓针状颗粒是指颗粒长度大于其平均粒径的 2.4 倍;片状颗粒是指颗粒厚度小于其平均粒径的 40% 。针、片状颗粒易折断,将会影响到混凝土拌和物的和易性,因此,对其含量有限制,限制见表 2-2-2。

表 2-2-2　针片状颗粒含量

项　　目	指标		
	Ⅰ类	Ⅱ类	Ⅲ类
针、片状颗粒(按质量计,%)	≤5	≤10	≤15

②表面特征。粗集料的表面特征指表面的粗糙程度。碎石具有表面粗糙、多棱角的特点,其拌和的混凝土流动性较小,但与水泥浆的黏结性能好。在配合比相同的条件下,碎石配制的混凝土强度相对较高。卵石表面光滑,其拌和物的流动性较大,但黏结性能稍差,强度相对较低。若保持流动性相同,卵石的拌和水量较碎石少,因此用卵石配制的混凝土强度不一定低。

(3)强度和坚固性

石子在混凝土中起骨架作用,其强度与坚固性直接影响着混凝土的强度和耐久性。

①强度。碎石的强度用母岩岩石立方体的抗压强度或压碎值表示;卵石的强度一般用压碎值表示。岩石立方体强度一般在选择采石场或对石子强度有严格要求时才用,对于工程中经常性的生产质量控制,则采用简便实用的压碎值检验方法。

测定岩石的立方体抗压强度时,应从母岩中取 50 mm × 50 mm × 50 mm 的立方体试件,或直径与高度均为 50 mm 的圆柱体试件,在水中浸泡 48 h 达到饱和状态,然后测定试件的抗压强度。在任何情况下,火成岩的强度不应低于 80 MPa,变质岩不应低于 60 MPa,水成岩不应低于 30 MPa。

压碎指标值(Index of Crushing)用于测定石子在逐渐增加的荷载下抵抗压碎的能力,间接推测其相应的强度。压碎值愈小,说明石子抵抗压碎的能力愈强。《建筑用卵石、碎石》(GB/T 14685—2011)对石子的压碎值规定见表 2-2-3。

表 2-2-3　碎石卵石压碎指标

类别	Ⅰ类	Ⅱ类	Ⅲ类
碎石压碎指标(%)	≤10	≤20	≤30
卵石压碎指标(%)	≤12	≤14	≤16

②坚固性。石子的坚固(Soundness)是反映碎石或卵石在气候、环境变化或其他物理因素下抵抗破碎的能力。用硫酸钠饱和溶液法检验,即试样经 5 次循环浸渍后,测定因硫酸钠结晶膨胀引起的质量损失,其质量损失应符合表 2-2-4 的规定。

表 2-2-4　坚固性指标

类别	Ⅰ类	Ⅱ类	Ⅲ类
质量损失(%)	≤5	≤8	≤12

项目 2 集料的性能检测及应用

（4）含泥量和泥块含量

泥块含量是指石子中粒径大于 4.75 mm，经水洗、手捏后可破碎成小于 2.36 mm 的颗粒含量，见表 2-2-5。

表 2-2-5　含泥量和泥块含量

类别	Ⅰ类	Ⅱ类	Ⅲ类
含泥量（按质量计，%）	≤0.5	≤1.0	≤1.5
泥块含量（按质量计，%）	0	≤0.2	≤0.5

（5）有害物质

有害物质的含量不应超过表 2-2-6 的规定。

表 2-2-6　有害物质含量

类别	Ⅰ类	Ⅱ类	Ⅲ类
有机物	合格	合格	合格
碳化物及硫酸盐（按 SO_3 质量计，%）	≤0.5	≤1.0	≤1.0

（6）表观密度、连续级配松散堆积空隙率

表观密度不小于 2 600 kg/m^3，连续级配松散堆积空隙率应符合表 2-2-7 规定。

（7）吸水率

吸水率应符合表 2-2-8 的规定。

表 2-2-7　连续级配松散堆积空隙率

类别	Ⅰ类	Ⅱ类	Ⅲ类
空隙率（%）	≤43	≤45	≤47

表 2-2-8　吸水率

类别	Ⅰ类	Ⅱ类	Ⅲ类
吸水率（%）	≤1.0	≤2.0	≤2.0

（8）碱—集料反应

同细集料要求。

（9）含水率和堆积密度

同细集料，报告其实测值。

思考题

1. 水泥混凝土中的粗细集料是如何分类的？

2. 水泥混凝土中如何选择经济合理的粗细集料？

3. 细集料的粗细程度是如何划分的？工程中如何选择细集料的粗细程度？

4. 何为级配？粗细集料的级配是如何评价的？什么是连续级配和间断级配？

5. 粗细集料在水泥混凝土中的技术要求有哪些？

项目③  普通混凝土性能检测及应用

项目概述

混凝土的发展虽只有一百多年的历史,但它已是一种家喻户晓的建筑材料,如今已成为世界范围应用最广、用量最大、几乎随处可见的土建工程材料。本项目主要介绍普通混凝土的组成材料、技术性质、混凝土外加剂及配合比设计要求。通过本项目的学习要求学生熟悉混凝土的分类及优缺点;掌握水泥混凝土组成材料及其技术要求、水泥混凝土的技术性质、配合比设计,外加剂的作用机理及常用品种,水泥混凝土的质量控制与评定方法等。

教学目标

知识目标

(1)了解普通混凝土的特点。

(2)熟练掌握普通混凝土拌和物的性质及其测定、调整方法。

(3)熟练掌握硬化混凝土的力学性质、耐久性能及其影响因素。

(4)熟练掌握普通混凝土配合比设计的方法。

(5)了解混凝土的质量控制和评定方法。

(6)了解其他品种混凝土的应用。

能力目标

(1)能进行普通混凝土主要技术性质的检测。

(2)能进行普通混凝土配合比设计,并进行混凝土质量的评定。

模块1　普通混凝土

模块描述

普通混凝土在工程建筑领域的应用最为广泛、用量也最大。本模块主要介绍粗普通混凝土的定义及种类、组成材料、主要技术性能及其检测方法。

教学目标

1.了解普通混凝土的定义、种类、组成材料及其在工程中的应用。

2.掌握普通混凝土的主要技术性质,能对普通混凝土的技术性能进行检验。

3.1.1 普通混凝土的定义

普通混凝土(Ordinary Concrete)由水泥、砂、石和水按一定的比例拌和,根据需要也可加入外加剂或掺和料,硬化后表观密度在 2 400 kg/m³ 左右。目前,它在土木工程中使用最广泛、用量最大,通常被简称为混凝土。

在混凝土中,水泥与水形成水泥浆,包裹在集料表面并填充颗粒之间的空隙,在混凝土硬化前起润滑作用,使混凝土拌和物具有一定的流动性,硬化后起黏结作用,将集料黏结成一个整体,使其具有一定的强度;集料在混凝土中的总量占总体积的 70% ~80% ,起着骨架和抑制水泥浆收缩的作用;外加剂和掺料起改善混凝土性能、降低混凝土成本的作用。

3.1.2 普通混凝土的组成材料

为了保证混凝土的质量,各组成材料必须满足相应的技术要求。

1. 水泥

水泥是普通混凝土的胶凝材料,其性能对混凝土的性质影响很大,同时也是混凝土中造价最高的组分。因此,正确选择水泥就显得尤为重要。

(1)水泥品种的选择

配制混凝土时,应根据工程特点、部位、气候、环境条件及设计、施工要求等,合理选择相应品种的水泥,详见项目一。

(2)强度等级

水泥强度等级的选择原则通常为:混凝土设计强度等级越高,则水泥强度等级也宜越高;设计强度等级低,则水泥强度等级也相应低。例如:C40 以下混凝土,一般选用 32.5 级的水泥;C45 ~ C60 混凝土一般选用 42.5 级的水泥,在采用高效减水剂等条件下也可选用32.5 级的水泥;大于 C60 的高强混凝土,一般宜选用 42.5 级或更高强度等级的水泥;对于C15 以下的混凝土,则宜选择强度等级为 32.5 级的水泥,并外掺粉煤灰等掺和料。目标是保证混凝土中有足够的水泥,因为水泥用量过多(低强水泥配制高强度混凝土),一方面成本增加;另一方面,混凝土收缩增大,对耐久性不利。水泥用量过少(高强水泥配制低强度混凝土),混凝土的黏聚性变差,不易获得均匀密实的混凝土,严重影响混凝土的耐久性。

2. 集料(Aggregate)

详见项目二。

3. 拌和及养护用水

混凝土用水的基本要求是:不影响混凝土的和易性及凝结,无损于混凝土强度发展,不降低混凝土的耐久性,不加快钢筋锈蚀,不引起预应力钢筋脆断,不污染混凝土表面。

混凝土拌和用水按水源可分为饮用水、地表水、地下水、海水以及经过适当处理或处置后的工业废水。根据《混凝土用水标准》(JGJ 63—2006)的规定:符合国家标准的生活饮用水,可拌制各种混凝土;地表水和地下水首次使用前,应按本标准规定进行检验;海水可用于拌制素混凝土,但不可拌制钢筋混凝土、预应力混凝土和有饰面要求的混凝土;工业废水经检验合格后可用于拌制混凝土,否则必须予以处理,合格后方能使用。

用待检验水与蒸馏水(或符合国家标准的生活用水)试验所得的初凝时间差与终凝时间差不得大于 30 min,其初凝时间与终凝时间应符合水泥国家标准的规定;用待检验水配制的水泥砂浆和混凝土的 28 d 抗压强度(若有早期抗压强度要求时,需增加 7 d 抗压强度),不得低于用蒸馏水(或符合国家标准的生活用水)拌制的对应砂浆或混凝土抗压强度的 90%。混凝土用水中各种物质含量限值见表 3-1-1。

表 3-1-1　水中物质含量限值

项　　目	预应力混凝土	钢筋混凝土	素混凝土
PH 值	>4	>4	>4
不溶物(mg/L)	<2 000	<2 000	<5 000
可溶物(mg/L)	<2 000	<5 000	<10 000
氯化物(以氯离子计)mg/L	<5 000 *	<1 200	<3 700
硫酸盐(以硫酸根离子计)mg/L	<600	<2 700	<2 700
硫化物(以二价硫离子计)mg/L	100	—	—

注:* 值表示使用钢丝或经热处理钢筋的预应力混凝土,氯化物含量不得超过 350 mg/L。

【工程实例】菜糖厂建宿舍,以自来水拌制混凝土;浇筑后用曾装食糖的麻袋覆盖于混凝土表面,再淋水养护。后发现该水泥混凝土两天仍未凝结,而水泥经检验无质量问题,请分析此异常现象的原因。

原因分析:

由于养护水淋于曾装食糖的麻袋,养护水已成糖水,而含糖分的水对水泥的凝结有抑制作用,故使混凝土凝结异常。

4.混凝土外加剂

混凝土外加剂是在拌制混凝土过程中掺入,用以改善混凝土性能的物质。外加剂掺量一般不大于水泥质量的 5%(除特殊情况外),已成为混凝土尤其是高性能混凝土和特种混凝土不可缺少的重要组成部分。

外加剂的主要作用有改善混凝土拌合物的和易性、调节凝结硬化时间、控制强度、提高耐久性。

外加剂的分类如下:

(1)改善混凝土拌合物流变性能的外加剂

①减水剂。指在混凝土拌合物坍落度相同的条件下,能减少拌合用水量的外加剂。混凝土掺入减水剂后,在配合比不变的情况下,能明显提高混凝土拌合物的流动性;在流动性和水泥用量不变时,可减少用水量,提高混凝土强度;若减水时,在保持流动性和强度不变的情况下,可减少水泥用量,降低成本。

a.减水机理。水泥加水拌合后,水泥颗粒之间会相互吸引,在水中形成许多絮状物,在絮状结构中,包裹了许多拌合水,称其为凝聚水,这些水起不到增加拌合物流动性的作用。当加入减水剂后,减水剂可以拆散这些絮状结构,把包裹的凝聚水释放为自由水,从而提高了拌合物的流动性。这时,如果需要保持原混凝土的和易性不变,还可显著减少拌合水,起到减水作用。

b. 品种。目前国产减水剂的品种,按照加入混凝土后的作用,可分为普通型(减水率在 5% ~ 10%)、高效型(减水率大于 12%)、早强型、引气型、缓凝型等。

c. 减水剂的技术经济效果(注意:加入减水剂后,所加水量全可以参加水化反应,无凝聚水)。在保持和易性不变,也不减少水泥用量时,可减少拌合水量 5% ~ 25% 或更多。由于减少了拌合水量,使水灰比减少,则可使强度提高 15% ~ 20%,特别是早期强度提高更为显著。在保持原配合比不变的情况下,可使拌合物的坍落度大幅度提高(可增大 100 ~ 200 mm),便于施工,也可满足泵送混凝土的施工要求。若保持强度及和易性不变,可节约水泥 10% ~ 20%;由于拌合水量的减少,拌合物的泌水、离析现象得到改善,可以提高混凝土的抗渗性、抗冻性,进而提高混凝土的耐久性。

②引气剂。指在混凝土搅拌过程中,能引入大量分布均匀、稳定而封闭的微小气泡的外加剂。

a. 工作机理。引气剂的掺入使混凝土拌合物内形成大量微小气泡,相对增加了水泥浆体积,这些微气泡如同滚珠一样,减少骨料颗粒之间的摩擦阻力,使混凝土拌合物的流动性增加。由于水分均匀分布在大量气泡表面,使混凝土拌合物中能够自由移动的水量减少,拌合物的泌水量因此减少,而保水性和黏聚性的提高,可改善混凝土拌合物的和易性。另外,混凝土拌合物中大量微气泡的存在,堵塞或隔断了混凝土毛细管的渗水通道,改变了混凝土的孔隙结构,使混凝土抗渗性显著提高。此外,气泡有较大的弹性和变形能力,对由水结冰所产生的膨胀应力有一定的缓冲作用,因而可以提高混凝土的抗冻性。

b. 引气剂的作用。引气剂是一种憎水性表面活性剂,在混凝土中发挥起泡、分散、润湿等表面活性作用,使混凝土内形成无数直径在 0.05 ~ 1.25 mm 之间的气泡,由于这些气泡的存在,在拌合时,流动性增大,可以显著改善拌合物的和易性。另外,这些气泡改善了凝固后的混凝土结构特征(微小、封闭、均匀),对硬化过程中自由水的蒸发路径起到隔阻作用,并对其所导致的体积变化和内部应力变化有所缓冲,因此使得混凝土的抗冻性显著提高。

c. 引气剂的种类。分为松香类引气剂、合成阴离子表面活性类引气剂、木质素磺酸盐类引气剂、石油磺酸盐类引气剂、蛋白质盐类引气剂、脂肪酸和树脂及其盐类引气剂、合成非离子表面活性引气剂等。

(2)调节混凝土凝结时间、硬化性能的外加剂

缓凝剂:我国应用较多的有木质素磺酸钙和糖蜜。

速凝剂:我国应用较多的有红星一型、国产 711。

早强剂:我国应用较多的有氯化钠。

(3)改善混凝土耐久性的外加剂

加气剂:如铝粉等。

防水剂:指具有防水功能的外加剂。

阻锈剂:指能减少混凝土中钢筋锈蚀的外加剂。

（4）改善混凝土其他性能的外加剂

膨胀剂：能使混凝土产生补偿收缩或微膨胀。

防冻剂：能使混凝土在低温下免受冻害。

使用外加剂应注意的事项：外加剂品种的选择要正确，材料的选择要适当，溶解于水的和不溶解于水的外加剂要采用不同掺入方法。

3.1.3　普通混凝土的主要技术性质

混凝土的主要技术性质包括混凝土拌和物的和易性、硬化混凝土的强度、变形及耐久性。

1. 混凝土拌和物的和易性

（1）定义

混凝土在未凝结硬化以前，称为混凝土拌和物（Fresh Concrete）。混凝土拌和物的和易性，也称工作性（Workability），是指混凝土拌和物易于施工操作（拌和、运输、浇灌、捣实）并能获得质量均匀、成型密实的性能。和易性是一项综合的技术性质，包括有流动性、黏聚性和保水性等三方面的含义。

流动性（Liquidity）是指混凝土拌和物在本身自重或施工机械振捣的作用下，能产生流动，并均匀密实地填满模板的性能。

黏聚性（Cohesiveness）是指混凝土拌和物在施工过程中其组成材料之间有一定的黏聚力，不致产生分层、离析的现象。

保水性（Water Retention Property）是指混凝土拌和物在施工过程中，具有一定的保水能力，不致产生严重的泌水现象。发生泌水现象的混凝土拌和物，由于水分分泌出来会形成容易透水的孔隙，而影响混凝土的密实性，降低质量。

（2）评定方法

过去，世界各国提出和采用的流动性测定方法有很多种，但迄今为止尚无能全面反映混凝土拌和物的和易性的方法。《普通混凝土拌和物性能试验方法》（GB/T 50080—2016）规定，塑性混凝土的流动性用坍落度与坍落度扩展度表示，干硬性混凝土用维勃稠度来表示，并辅以直观经验来评定黏聚性和保水性。

①坍落度法（Slump Constant Method）。坍落度法宜用于最大公称粒径不大于 40 mm 的骨料，坍落度值不小于 10 mm 的混凝土拌和物。测法是将拌好的混凝土拌和物按规定方法分三层均匀装入坍落度筒内，并按规定方式插捣，待装满刮平后，垂直平稳提起坍落度筒，当试样不再继续坍落或坍落时间达 30 s 时，量出筒高与坍落后混凝土试体最高点之间的高度差，即为新拌混凝土的坍落度（见图 3-1-1），以 mm 为单位（精确至 5 mm）。坍落度愈大，表示流动性愈大。当坍落度大于 220 mm 时，用钢尺测量混凝土扩展后最终的最大直径和最小直径，在这两个直径之差小于

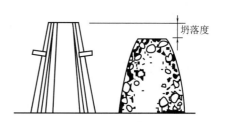

图 3-1-1　混凝土拌合物坍落度的测定

50 mm的条件下,用其算术平均值作为坍落扩展度值。

进行坍落度试验时,应同时观察混凝土拌和物的黏聚性和保水性。

用捣棒在已坍落的拌和物锥体侧面轻轻敲打,如果锥体逐步下沉,表示黏聚性良好;如果突然倒塌,部分崩裂或石子离析,表示黏聚性较差。

当提起坍落度筒后,如有较多的稀浆从底部析出,锥体部分的拌和物因失浆而集料外露,则表明保水性不好;如无这种现象,则表明混凝土拌和物保水性良好。

根据坍落度的大小,可将混凝土拌和物分为四级,见表3-1-2。

表3-1-2　混凝土按坍落度的分级

级别	名称	坍落度(mm)	级别	名称	坍落度(mm)
T_0	低塑性混凝土	10~40	T_2	流动性混凝土	100~150
T_1	塑性混凝土	50~90	T_3	大流动性混凝土	≥160

②维勃稠度法(Vebe Method)。本试验方法宜用于最大公称粒径不大于40 mm的骨料,维勃稠度在5~30 s的混凝土拌合物维勃稠度的测定;坍落度不大于50 mm或干硬性混凝土拌和物(坍落度不大于10 mm)和维勃稠度大于30 s的特干硬性混凝土拌合物,通常采用维勃稠度仪(见图3-1-2)测定其稠度(即维勃稠度)。

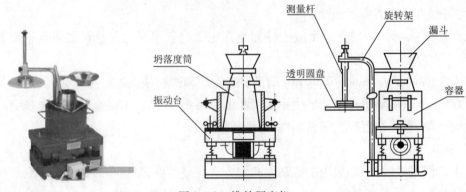

图3-1-2　维勃稠度仪

维勃稠度法是将坍落度筒放在直径为240 mm、高度为200 mm的容器中,容器安装在专用的振动台上。按坍落度试验的方法将新拌混凝土通过漏斗装入坍落度筒内,然后再拔去坍落筒,并在新拌混凝土顶上置一透明圆盘,开动振动并记录时间,从开始振动至透明圆盘底面被水泥浆布满瞬间为止,所经历的时间,即为新拌混凝土的维勃稠度值(以 s 计)。

(3)混凝土拌和物流动性的选择

选择混凝土拌和物的坍落度,要根据构件截面大小、钢筋疏密和捣实方法来确定。当构件截面尺寸较小或钢筋较密,或采用人工插捣时,坍落度可选择大些。反之,如构件截面尺寸较大,或钢筋较疏,或采用振动器振捣时,坍落度可选择小些。

(4)影响混凝土拌和物和易性的主要因素

在配合比相同的前提下,水泥品种不同,拌和后的混凝土拌和物稠度也有所不同。一般普通水泥混凝土拌和物比矿渣水泥和火山灰水泥的工作性好;矿渣水泥拌和物的流动性虽大,但黏聚性较差,易泌水离析;火山灰水泥流动性小,但黏聚性好。同种水泥,若细度不同,则细度高的水泥配制出来的混凝土流动性偏小。

集料的种类、级配、粗细程度不同,也会使混凝土拌和物的和易性不同。河砂、卵石表面光滑无棱角,拌制的混凝土拌和物比碎石拌制的拌和物流动性大。采用较大的最大粒径、级配良好的砂石,因其总表面积和空隙率均较小,包裹集料表面和填充空隙用的水泥浆用量小。因此,拌和物的流动性也较大。

①组成材料的用量。单位体积用水量是指在单位体积混凝土中,所加入的水的质量。混凝土拌和物用水量增大,其流动性随之增大,但用水量过大,会使拌和物的黏聚性和保水性变差,产生严重泌水、分层或流浆,并有可能使混凝土强度和耐久性严重降低。混凝土拌和物的单位用水量应根据集料品种、粒径及施工要求的混凝土拌和物的坍落度或稠度选用。施工中不能单纯通过改变用水量的办法增加拌和物的稠度流动性。

试验证明,在集料用量一定的情况下,所需拌和用水量基本上是一定的,即使水泥用量有所变动(每立方米混凝土用量增减 50 ~ 100 kg)也无影响,这一关系称为恒定用水量法则。

②水灰比(Water-cement Ratio)是指水与水泥的比值。水灰比的大小决定水泥浆的稠度,水灰比越小,水泥浆越稠,即流动性越小。当水灰比过小时,水泥浆干稠,施工困难,且不能保证混凝土的密实性。增加水灰比会使流动性加大,但水灰比过大又会导致拌和物的黏聚性和保水性较差,产生流浆、离析现象,并严重影响混凝土的强度。水灰比不能过大或过小,应根据混凝土强度和耐久性要求合理选用。

③集浆比是指集料与水泥浆的用量之比。在集料用量一定的前提下,集浆比愈小,表示水泥浆用量愈多,拌和物的流动性愈大。但水泥浆过多,不仅不经济,而且会使拌和物出现流浆现象。

④砂率(Sand Ratio)是指混凝土中砂的质量占砂、石总质量的百分率。在水泥浆量一定的条件下,砂率过大时,集料的总表面积增大,水泥浆量会显得不足,将使混凝土拌和物的流动性减小。砂率过小时,虽然集料的总表面积减小,但石子间起润滑作用的砂浆层不足,也会降低混凝土拌和物的流动性,而且会严重影响其黏聚性和保水性,容易造成离析、流浆等现象。因此,砂率应有一个合理的值。

采用合理砂率时,在水与水泥用量一定的条件下,能使混凝土拌和物获得最大流动性且能保持良好黏聚性和保水性,在混凝土拌和物获得所要求的流动性及良好的黏聚性和保水性时,水泥用量最少。

⑤时间与环境条件。拌和物拌制后,随着时间的延长、环境温度的升高、湿度的降低,混凝土拌和物的水分蒸发加快,拌和物的流动性变差,而且坍落度损失也变快。因此,在盛夏施工时,需充分考虑由于温度升高而引起的坍落度降低。

⑥外加剂和掺和料。在拌制混凝土时,加入少量的外加剂和适量的掺和料能使混凝土拌和物在不增加水泥用量(或减少水泥用量)的条件下,获得很好的和易性,即增大流动性和改善黏聚性,降低泌水性。由于改变了混凝土的结构,则还能提高混凝土的耐久性。

(5)改善混凝土拌和物和易性的措施

①采用适宜的水泥品种。

项目 3 普通混凝土性能检测及应用

②改善集料(特别是石子)级配,尽量采用较粗的砂石。

③采用合理砂率,尽可能降低砂率,有利于提高混凝土质量和节约水泥。

④当混凝土拌和物坍落度太小时,应保持水灰比不变,适当增加水泥浆的用量;当坍落度太大,但黏聚性良好时,可保持砂率不变,增加砂石用量;当黏聚性较差时,可适当增减砂率。

⑤掺入各种外加剂(如减水剂、引气剂等)或掺和料(如粉煤灰、硅灰等)。

【工程实例】某高架桥桥台采用泵送混凝土,因该混凝土保水性较差,泌水量大,大量水泥稀浆从模板缝中流出,拆模板后可见桥台混凝土集料裸露。

原因分析:

泵送混凝土要求的坍落度较大,虽然较多的水泥浆保证了流动性,但保水性较差,致使大量的水泥浆流失,从而使硬化后的混凝土粗集料外露。

2.混凝土的强度

强度(Strength)是混凝土硬化后重要的力学指标,主要包括立方体抗压强度、轴心抗压强度、劈裂抗拉强度和抗折强度等。

(1)混凝土的立方体抗压强度(Compressive Strength of Cube)

按照《普通混凝土力学性能试验方法标准》(GB/T 50081—2002)规定,将混凝土拌和物按规定方法制作边长为150 mm的立方体试件,在标准条件[温度为20 ℃ ±2 ℃,相对湿度95%以上的标准养护室或温度为20℃ ±2℃的不流动的Ca(OH)$_2$溶液中]下,养护至28 d龄期,测得其抗压强度值,称为混凝土立方体抗压强度,以f_{cu}表示,以MPa计。

$$f_{cu} = \frac{F}{A} \tag{3-1-1}$$

式中　F——破坏荷载(N);

　　　A——试件受压面积(mm^2)。

一组三个试件,按混凝土强度评定方法确定每组试件的强度代表值(具体见试验指导书)。按照《混凝土结构工程施工质量验收规范》(GB 50204—2002)规定,混凝土立方体试件的尺寸应根据粗集料的最大粒径确定,当采用非标准尺寸试件时,应将其抗压强度乘以换算系数(见表3-1-3)。当混凝土强度等级大于C60时,宜采用标准试件;使用非标准试件时,换算系数应由试验确定。

表3-1-3　混凝土试件尺寸及强度的尺寸换算系数

集料最大粒径(mm)	试件尺寸(mm)	强度的尺寸换算系数
≤31.5	100 × 100 × 100	0.95
≤40	150 × 150 × 150	1.0
≤63	200 × 200 × 200	1.05

采用标准试验方法测定混凝土强度是为了使混凝土质量具有可比性。在实际工程中,其养护条件(温度、湿度)有较大变化,为了反映工程中混凝土的强度情况,常把混凝土试件放在与工程相同的条件下养护,再按所需龄期测定强度,作为工地混凝土强度控制的依据,又由于标准试验方法试验周期长,不能及时反映工程中的质量情况,因而可以采用一些加速

养护的快速试验方法,来推定混凝土 28 d 的强度值。

（2）混凝土的立方体抗压强度标准值和强度等级（Strength Grade of Concrete）

混凝土立方体抗压强度标准值是按标准试验方法制作和养护的标准立方体试件,在 28 d 龄期用标准试验方法测得的强度总体分布中的一个值,强度低于该值的百分率不超过 5%（即具有 95% 保证率的抗压强度）,用 $f_{cu,k}$ 表示。

混凝土的强度等级是根据立方体抗压强度标准值来确定的,用符号 C 与抗压强度标准值表示,即 $Cf_{cu,k}$,据我国《混凝土结构设计规范》（GB 150010—2010）规定:普通混凝土按立方体抗压强度标准值划分为 C15、C20、C25、C30、C35、C40、C45、C50、C55、C60、C65、C70、C75 和 C80 共 14 个等级。

（3）混凝土的轴心抗压强度（Axial Compressive Strength of Concrete）

在实际工程中,立方体的混凝土结构形式是很少见的,大部分为棱柱体或圆柱体。为了符合工程实际,在结构设计中混凝土受压构件的计算采用混凝土的轴心抗压强度,用表示 f_{cp}。

混凝土轴心抗压强度的测定采用 150 mm × 150 mm × 300 mm 的棱柱体或直径为 150 mm、高度为 300 mm 的圆柱体。轴心抗压强度比同截面的立方体抗压强度值小,棱柱体试件高宽比越大,轴心抗压强度越小,但当高宽比达到一定值后,强度就不再降低。但是过高的试件在破坏前由于失稳产生较大的附加偏心,又会降低其试验强度值。

立方体抗压强度 f_{cu} 在 10 ~ 55 MPa 范围内,轴心抗压强度 $f_{cp} = (0.7 ~ 0.8)f_{cu}$。

（4）混凝土的抗折强度（Bending Strength of Concrete）

道路路面或机场跑道用水泥混凝土,以抗折强度（也称抗弯拉强度）为主要强度指标,抗压强度作为参考指标。根据《公路工程水泥及水泥混凝土试验规程》（JTG E30—2005）规定,将道路水泥混凝土拌和物按标准试验方法制备成 150 mm × 150 mm × 550 mm 的梁形试件,在标准条件下,养护至 28 d,然后按三分点加载方式（见图 3-1-3）测定其抗折强度,用 f_f 表示,可按式（3-1-2）计算。

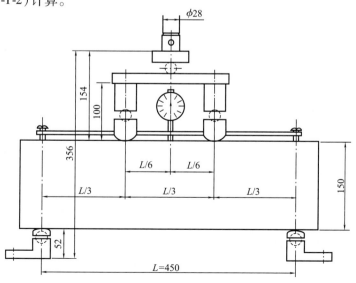

图 3-1-3　水泥混凝土抗折强度和抗折模量试验装置图（尺寸单位:mm）

$$f_{f} = \frac{FL}{bh^{2}} \qquad (3\text{-}1\text{-}2)$$

式中　F——试件破坏荷载（N）；

　　　L——支座间距（mm）；

　　　b——试件宽度（mm）；

　　　h——试件高度（mm）。

（5）混凝土的劈裂抗拉强度（Splitting Tensile Strength of Concrete）

混凝土的抗拉强度只有抗压强度的 1/20 ~ 1/10，且随着混凝土强度等级的提高，比值有所降低，也就是当混凝土强度等级提高时，抗拉强度的增加不及抗压强度提高得快。因此，混凝土在工作时一般不依靠其抗拉强度。但抗拉强度对于开裂现象有重要意义，在结构设计中，抗拉强度是确定混凝土抗裂度的重要指标。有时也用它来间接衡量混凝土与钢筋的黏结强度等。

测定混凝土抗拉强度的方法，有轴心抗拉及劈裂抗拉试验两种，由于轴心抗拉试验中夹具附近局部破坏很难避免，而且直接拉伸时对中比较困难，所以间接拉伸法（劈裂拉伸）是目前国内外普遍采用的试验方法。我国在劈裂抗拉试验中规定：标准试件为 150 mm × 150 mm × 150 mm 的立方体（国际上多用圆柱体），采用 $\phi 150$ 的弧形垫块并加三层胶合板垫条按规定速度加荷，如图 3-1-4 和图 3-1-5 所示，按式（3-1-3）计算劈裂抗拉强度 f_{ts}。

$$f_{ts} = \frac{2F}{\pi A} = \frac{0.637F}{A} \qquad (3\text{-}1\text{-}3)$$

式中　F——试件破坏荷载（N）；

　　　A——试件劈裂面面积（mm^2）。

一般劈裂强度高于直接抗拉强度，其与立方体抗压强度之间的关系，我国有关部门进行了对比试验，得出经验公式为：

$$f_{ts} = 0.35 f_{cu}^{\frac{3}{4}} \qquad (3\text{-}1\text{-}4)$$

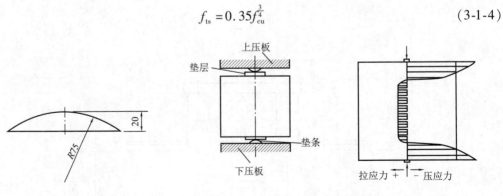

图 3-1-4　劈裂试验装置示意图　　　　图 3-1-5　劈裂试验时垂直受力面的应力分布

（6）混凝土强度选用标准

根据《铁路桥涵混凝土结构设计规范》（TB 10092—2017），混凝土强度等级可采用 C25、C30、C35、C40、C45、C50、C55 和 C60；各等级混凝土极限强度应按表 3-1-4 采用；弹性模量 E_{c} 应按表 3-1-5 采用；剪切变形模量 G_{c} 可按表 3-1-5 所列数值的 43% 倍采用。混凝土泊松比可采用 0.2。

表 3-1-4　混凝土的极限强度（MPa）

强度种类	符号	混凝土强度等级							
		C25	C30	C35	C40	C45	C50	C55	C60
轴心抗压	f_c	17.0	20.0	23.5	27.0	30.0	33.5	37.0	40.0
轴心抗拉	f_{ct}	2.00	2.20	2.50	2.70	2.90	3.10	3.30	3.50

表 3-1-5　混凝土弹性模量 E_c（MPa）

混凝土强度等级	C25	C30	C35	C40	C45	C50	C55	C60
弹性模量 E_c	3.00×10^4	3.20×10^4	3.30×10^4	3.40×10^4	3.45×10^4	3.55×10^4	3.60×10^4	3.65×10^4

（7）影响混凝土抗压强度的因素

普通混凝土受力破坏一般出现在集料和水泥石的分界面上,这就是常见的黏结面破坏的形式。另外,当水泥石强度较低时,水泥石本身破坏也是常见的破坏形式。在普通混凝土中,集料最先破坏的可能性较小,因为集料强度经常大大超过水泥石和黏结面的强度,所以,混凝土的强度主要决定于水泥石强度及其与集料表面的黏结强度。而水泥石强度及其与集料的黏结强度又与水泥强度等级、水灰比及集料的性质有密切关系。此外,混凝土的强度还受施工工艺、养护条件及龄期的影响。

①胶凝材料。越来越多的混凝土中胶凝材料不再是单一的水泥品种,还掺入了适量的粉煤灰和矿渣粉等,它们构成了混凝土中的活性组分,其中,水泥强度的大小和掺和料数量的多少直接影响着混凝土强度的高低。在配合比相同的条件下,所用的水泥强度等级越高,制成的混凝土强度也越高。

②水胶比（Water-binder Ratio）。水胶比是指混凝土中的水与胶凝材料的比值。在混凝土中,当水泥品种及强度等级相同,掺和料数量相同时,混凝土的强度主要决定于水胶比。在拌制混凝土拌和物时,为了获得必要的流动性,常需用比理论拌和水量较多的水,也即较大的水胶比。当混凝土硬化后,多余的水分就残留在混凝土中形成水泡或蒸发后形成气孔,使混凝土的密实度和强度大大降低。因此,水胶比愈小,胶凝材料硬化后的石状体强度愈高,与集料黏结力也愈大,混凝土的强度就愈高。但应说明,如果加水太少（水胶比太小）,拌和物过于干硬,在一定的捣实成型条件下,无法保证浇灌质量,混凝土中将出现较多的蜂窝、孔洞,强度也将下降。

③粗集料的特征。胶凝材料硬化后的石状体与集料的黏结力还与集料的表面状况有关,碎石表面粗糙,黏结力比较大,卵石表面光滑,黏结力比较小。因此,在水泥强度等级、掺和料数量和水胶比相同的条件下,碎石混凝土的强度往往高于卵石混凝土的强度。我国根据大量对混凝土材料的研究和工程实践经验统计,提出水胶比、水泥实际强度与混凝土 28 d 立方体抗压强度的关系式为:

$$f_{cu,28} = \alpha_a f_b \left(\frac{C}{W} - \alpha_b \right) \tag{3-1-5}$$

式中　$f_{cu,28}$——混凝土 28 d 龄期的立方体抗压强度（MPa）；

α_a, α_b——回归系数，根据工程使用原材料，通过试验建立的水胶比与混凝土强度关系式来确定；当不具备上述试验统计资料时，可按表 3-1-6 采用；

$\dfrac{C}{W}$——灰水比；

f_b——胶凝材料（水泥和矿物掺和料）28 d 胶砂实际抗压强度值，试验方法按《水泥胶砂强度检验方法（ISO 法）》（GB/T 17671—1999）执行，当无实测强度时，可按下列规定确定：当矿物掺和料为粉煤灰或粒化高炉矿渣时，按式（3-1-6）推算 f_b 值。

$$f_b = \gamma_c \gamma_f \gamma_s \cdot f_{ce,g} \tag{3-1-6}$$

式中　γ_c——水泥强度等级值的富余系数，可按实际统计资料确定；当缺乏实际统计资料时，也可按表 3-1-7 选用；

γ_f, γ_s——粉煤灰影响系数和粒化高炉矿渣影响系数，可按表 3-1-8 选用；

$f_{ce,g}$——水泥的强度等级值。

表 3-1-6　回归系数选用表

石子品种	回归系数	
	α_a	α_b
碎石	0.53	0.20
卵石	0.49	0.13

表 3-1-7　水泥强度等级值的富余系数

水泥强度等级	32.5	42.5	52.5
富余系数	1.12	1.16	1.10

表 3-1-8　粉煤灰影响系数和粒化高炉矿渣粉影响系数

种类 掺量	粉煤灰影响系数	粒化高炉矿渣粉影响系数
0	1.00	1.00
10	0.90～0.95	1.00
20	0.80～0.85	0.95～1.00
30	0.70～0.75	0.90～1.00
40	0.60～0.65	0.80～0.90
50	—	0.70～0.85

注：1. 采用 I 级粉煤灰时，宜取上限值。

2. 采用 S75 级粒化高炉矿渣粉时，宜取下限值；采用 S95 级粒化高炉矿渣粉时，宜取上限值；采用 S105 级粒化高炉矿渣粉时，宜取上限值加 0.05。

3. 当超出表中的掺量时，粉煤灰和粒化高炉矿渣粉影响系数经试验确定。

4. 本表以 P·O 42.5 为准，如采用普通硅酸盐水泥以外的通用硅酸盐水泥，可将水泥混合材料掺量 20% 以上部分计入矿物掺和料中。

④外加剂和掺和料。混凝土中加入外加剂可按要求改变混凝土的强度及强度发展规律,如掺入减水剂可减少拌和用水量,提高混凝土强度;掺入早强剂可提高混凝土早期强度,但对其后期强度发展无明显影响。超细的掺和料可配制高性能、超高强混凝土。

⑤搅拌与振捣。在施工过程中,采用机械搅拌比人工搅拌的拌和物更均匀;采用机械振捣比人工振捣的混凝土更密实,特别是在拌制低流动性混凝土时效果更明显;而用强制性搅拌机又比自由落体式搅拌机效果好。

⑥温度和湿度。周围环境的温度对混凝土初期强度有显著的影响。一般,当温度在4~40 ℃范围内,提高养护温度,可以促进水泥的水化和硬化,混凝土的初期强度也将提高。

不同品种的水泥,对温度有不同的适应性,因此需要有不同的养护温度。对于硅酸盐水泥和普通水泥,若养护温度过高(40 ℃以上),水泥水化速率加快,生成的大量水化产物来不及转移、扩散,会使水化反应变慢,混凝土后期强度反而降低。而对于掺入大量混合材料的水泥(矿渣、火山灰、粉煤灰水泥等)而言,因为有二次水化反应,提高养护温度不但能加快水泥的早期水化速度,而且对混凝土后期强度增长有利。

养护温度过低,混凝土强度发展缓慢,当温度降至冰点以下时,混凝土中的水分大部分结冰,水泥水化反应停止,这时不但混凝土强度停止发展,而且由于孔隙内水分结冰而引起膨胀(约9%),对孔壁产生相当大的压力,使混凝土的内部结构遭受破坏,使已经获得的强度受到损失。混凝土早期强度低,更容易冻坏,所以,应当特别防止混凝土早期受冻。

周围环境的湿度对水泥的水化作用能否正常进行有显著影响。湿度适当时,水泥水化便能顺利进行,使混凝土强度得到充分发展。如果湿度不够,混凝土会失水干燥,甚至停止水化。这不仅严重降低混凝土的强度,而且因水化作用未能完成,使混凝土结构疏松,渗水性增大,或形成干缩裂缝,从而影响混凝土的耐久性。

为了使混凝土正常硬化,必须在成型后一定时间内维持周围环境有一定温度和湿度。施工现场的混凝土多采用自然养护(在自然条件下养护),其养护的温度随气温变化,为保持潮湿状态,在混凝土凝结以后(一般在 12 h 以内),表面应覆盖草袋等物并不断浇水。使用硅酸盐水泥、普通水泥和矿渣水泥时,浇水保湿应不少于 7 d;使用火山灰水泥和粉煤灰水泥或在施工中掺用缓凝型外加剂或有抗渗要求时,应不少于 14 d;如用高铝水泥时,不得少于3 d。在夏季应特别注意浇水,保持必要的湿度,在冬季应特别注意保持必要的温度。

⑦龄期的影响。混凝土在正常养护条件下,其强度随龄期(Age of Hardening)的增加而增长。在最初 7~14 d 内,强度增长较快,28 d 以后增长缓慢,但龄期延续很久,其强度仍有所增长。因此,在一定条件下养护的混凝土,可根据其早期强度大致估计 28 d 的强度,其强度的发展大致与龄期的对数成正比例关系(龄期不少于 3 d),其关系见式(3-1-7):

$$\frac{f_{cu,n}}{\lg n} = \frac{f_{cu,a}}{\lg a} \tag{3-1-7}$$

式中 $f_{cu,n}$、$f_{cu,a}$——龄期分别 n d 和 a d 的混凝土抗压强度;

n、a——养护龄期(d),$n > a$,$a \geq 3$。

根据式(3-1-7),可由一已知龄期的混凝土强度,估算另一个龄期的强度。但应注意,由于水泥品种不同,或养护条件不同,混凝土的强度增长与龄期的关系也不一样。上述公式对于在标准条件下进行养护,而且龄期大于或等于 3 d 的,用普通水泥配制的中等强度混凝土才是准确的。与实际情况相比,用式(3-1-7)推算所得结果,早期偏低,后期偏高,所以仅能作一般估算参考。

⑧试验条件的影响。

a.试件形状。当试件受压面积相同,而高度不同时,高宽比越大,抗压强度越小。原因是试件受压面与压力机承压板之间的摩擦力(见图 3-1-6),束缚了试件的横向膨胀作用,有利于强度的提高。离承压面愈近,这种约束作用就越大,致使试件破坏后,其上下部分各呈现一个较完整的棱锥体,这就是环箍效应,如图 3-1-7 所示。

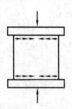
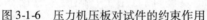

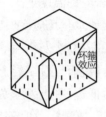

图 3-1-6　压力机压板对试件的约束作用　　　　图 3-1-7　试件破坏后残存棱柱体

b.试件尺寸。混凝土的配合比相同,试件尺寸越小,测得的强度越高。因为尺寸增大时,试件内部存在的孔隙、缺陷等出现的概率也大,导致有效受力面积减小和应力集中,从而降低了混凝土的强度。

c.试件表面状态与含水程度。当试件受压面有润滑剂时,试件受压时的环箍效应则大大减小,造成试件出现直裂破坏(见图 3-1-8),测出的强度值降低。当试件含水率越高时,测得的强度也越低。

d.试验温度。试验的温度对混凝土强度也有影响。即在标准条件下养护的混凝土,较高的试验温度所获得的强度值较低。试验温度对混凝土强度测试结果的影响如图 3-1-9 所示。

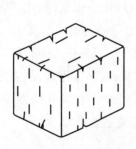
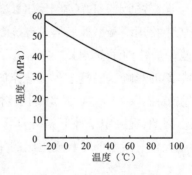

图 3-1-8　不受压板约束试件的破坏情况　　　　图 3-1-9　试验温度对强度测试结果的影响

e.加荷速度。在进行混凝土抗压强度试验时,加荷速度越快,材料变形落后于荷载的增加,故测得的强度值较高,当加荷速度超过 1.0 MPa/s 时,这种趋势更加显著。因此,在进行混凝土抗压强度试验时,应按规定的加荷速度进行。我国标准规定混凝土抗压强度的加荷速度为 0.3～0.8 MPa/s,且应连续均匀地加荷。

⑨提高混凝土强度的措施。

提高混凝土强度的措施主要有:选用高强度水泥和早强型水泥;采用低水灰比的混凝土;采用有害杂质少、级配良好的碎石和合理砂率;采用合理的机械搅拌及振捣方式;保持合适的养护温度与湿度,可能的情况下采用湿热处理;掺加合适的混凝土外加剂和掺和料。

3.1.4 混凝土的变形

混凝土的变形包括非荷载作用下的变形和荷载作用下的变形。非荷载作用下的变形,分为混凝土的化学收缩、干湿变形及温度变形;荷载作用下的变形,分为短期荷载作用下的变形及长期荷载作用下的变形——徐变。

1. 非荷载作用下的变形

（1）沉降收缩

沉降收缩(Settlement Shrinkage)是指混凝土凝结前在垂直方向上的收缩,由集料下沉、泌水、气泡上升到表面和化学收缩引起。沉降不均和过大会使同时浇筑的不同尺寸构件在交界处产生裂缝,在钢筋上方的混凝土保护层产生顺筋开裂。沉降过大,通常是由混凝土拌和物不密实引起,引气、足够细集料、低用水量(低坍落度)可以减少沉降收缩。

（2）化学收缩

化学收缩(Chemical Shrinkage)是伴随着水泥水化进行的,水泥水化后,水化产物的绝对体积比反应前水泥与水的绝对体积小,致使混凝土收缩,这种收缩称为化学收缩。其收缩量随混凝土硬化龄期的延长而增加,并大致与时间的对数成正比,一般在混凝土成型后大于40 d 内增长较快,以后就渐趋稳定。化学收缩是不能恢复的。

（3）干湿变形

干湿变形取决于周围环境的湿度变化。混凝土在干燥过程中,随着空气湿度的降低,毛细孔中的负压逐渐增大,导致混凝土收缩。当毛细孔中的水蒸发完后,如继续干燥,则凝胶体颗粒的吸附水也发生部分蒸发,使凝胶体紧缩。混凝土这种收缩在重新吸水以后大部分可以恢复,但仍有残留变形。

当干缩变形受到约束时,常会引起混凝土表面产生裂缝,影响其耐久性。因此,可通过选择干净的砂石、合适的水泥品种,减少水泥浆量,采用振动捣实,加强养护等措施来减少混凝土的干缩。

（4）碳化收缩

在相对湿度合适的环境下,空气中的二氧化碳能与水泥石中的氢氧化钙(或其他组分)发生反应,从而引起混凝土体积减小的收缩,称为碳化收缩(Carbonation Shrinkage)。碳化收缩是完全不可逆的。

在混凝土工程中,碳化主要发生在混凝土表面处,此处干燥速率也最大,碳化收缩与干燥收缩叠加后,可能引起严重的收缩裂缝。因此,处于二氧化碳浓度较高环境的混凝土工程,对碳化收缩变形应引起足够的重视。

（5）温度变形

混凝土由于热胀冷缩引起的变形称为温度变形。混凝土的温度膨胀系数约为 1×10^{-5} mm/(m·℃)，即温度升高 1 ℃，每米膨胀 0.01 m。变形对大体积混凝土及大面积混凝土工程极为不利。

在混凝土硬化初期，水泥释放出较多的热量。混凝土是热的不良导体，有的大体积混凝土工程内外温差可高达 50~70 ℃，这将使混凝土产生内部膨胀和外部收缩，外部混凝土产生较大拉应力，严重时会使混凝土产生裂缝。因此，大体积混凝土工程可采用低热水泥、减少水泥用量、采取人工降温等措施尽可能降低混凝土的发热量。一般纵长的钢筋混凝土结构物，应采取每隔一段距离设置伸缩缝，或在结构物中设置温度钢筋等措施。

2. 荷载作用下的变形

（1）在短期荷载作用下的变形

混凝土是一种弹塑性体。它在受力时，既会产生可以恢复的弹性变形，又会产生不可恢复的塑性变形，其应力与应变之间的关系曲线如图 3-1-10 所示。在应力应变曲线上，任意一点的应力 σ 与其应变 ε 的比值，称为混凝土在该应力下的变形模量。在混凝土结构或钢筋混凝土结构设计中，常采用一种按标准方法测得的静力受压弹性模量。

混凝土的弹性模量（Modulus of Elasticity）与钢筋混凝土构件的刚度有很大关系，一般建筑物须有足够的刚度，在受力下保持较小的变形，才能发挥其正常使用功能，因此所用混凝土须有足够高的弹性模量。

（2）长期荷载作用下的变形

混凝土在长期荷载作用下，沿着作用力方向的变形会随时间不断增长，一般要延续2~3 年才逐渐趋于稳定。这种在长期荷载作用下产生的变形，通常称为徐变（Creep）。混凝土在长期荷载作用下，一方面在开始加荷时发生瞬时变形，以弹性变形为主；另一方面发生缓慢增长的徐变。在荷载作用初期，徐变变形增长较快，以后逐渐变慢且稳定下来。

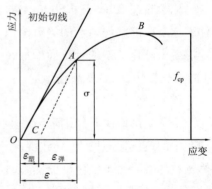

图 3-1-10　混凝土应力应变曲线

一般认为混凝土徐变是由于水泥石凝胶体在长期荷载作用下的黏性流动，并向毛细孔中移动，同时，吸附在凝胶粒子上的吸附水因荷载应力而向毛细孔迁移渗透的结果。

混凝土徐变和许多因素有关。混凝土的水灰比较小或混凝土在水中养护时，徐变较小。水灰比相同的混凝土，水泥用量愈多，其徐变愈大。混凝土所用集料弹性模量较大时，徐变较小。此外，徐变与混凝土的弹性模量也有密切关系，一般弹性模量大者，徐变小。

混凝土不论是受压、受拉或受弯时，均有徐变现象。混凝土的徐变能消除钢筋混凝土构件内的应力集中，使应力较均匀地重新分布。对大体积混凝土，徐变能消除一部分由于温度变形所产生的破坏应力。但在预应力钢筋混凝土结构中，混凝土的徐变将使钢筋的预加应力受到损失。

3.1.5 混凝土的耐久性

耐久性(Durability)是指混凝土在使用条件下抵抗周围环境各种因素长期作用的能力。混凝土耐久性能主要包括抗渗性、抗冻性、耐磨性、抗侵蚀性、碳化、碱—集料反应及混凝土中的钢筋锈蚀等性能。

（1）抗渗性

抗渗性是指混凝土抵抗水、油等液体在压力作用下渗透的性能。它直接影响混凝土的抗冻性和抗侵蚀性。

混凝土的抗渗性用抗渗等级表示。抗渗等级是以 28 d 龄期的标准试件,按标准试验方法试验,以所能承受的最大水静水压力来确定。混凝土的抗渗等级共有 P4、P6、P8、P10、P12 五个等级。它们分别相应表示混凝土抗渗试验时一组 6 个试件中 4 个试件未出现渗水时不同的最大水压力。抗渗等级不小于 P6 的混凝土为抗渗混凝土。

混凝土的抗渗性主要与其密实度及内部孔隙的大小和构造有关。提高抗渗性的措施主要有选择合适的水泥品种、降低水灰比、减小粗集料的最大粒径、加强振捣和养护、掺加一定的外加剂和掺和料等。

（2）抗冻性

混凝土的抗冻性是指混凝土在吸水饱和状态下,经受多次冻融循环作用,能保持强度不显著降低和外观完整性的性能。

混凝土的抗冻性通常用抗冻等级表示。抗冻等级以龄期 28 d 的试块在吸水饱和后,承受反复冻融循环,以抗压强度下降不超过 25%,而且质量损失不超过 5% 时所能承受的最大冻融循环次数来确定。混凝土抗冻等级共有 F10、F15、F25、F50、F100、F150、F200、F250 和 F300 九个等级。抗冻等级不小于 F50 的混凝土为抗冻混凝土。

混凝土受冻融作用破坏的原因:混凝土内部孔隙中的水在负温下结冰后体积膨胀造成的静水压力和因冰水蒸气压的差别推动未冻水向冻结区的迁移所造成的渗透压力。当这两种压力所产生的内应力超过混凝土的抗拉强度,混凝土就会产生裂缝,多次冻融使裂缝不断扩展直至破坏。混凝土的密实度、孔隙构造和数量、孔隙的充水程度是决定抗冻性的重要因素。因此,提高混凝土抗冻性的有效方法是采用质量良好的原材料、较小的水灰比、合理的养护方式及掺入一定的外加剂(如减水剂、防冻剂和引气剂等)。

（3）耐磨性

耐磨性是道路和桥梁工程用混凝土最重要的性能之一。作为高级路面的水泥混凝土,必须具有抵抗车辆轮胎磨耗和磨光的性能。作为大型桥梁墩台用的混凝土,也需要有抵抗湍流空蚀的能力。

混凝土的耐磨性评价,以试件磨损面上的单位磨损作为评定混凝土耐磨性的相对指标。按《公路工程水泥及水泥混凝土试验规程》(JTG E30—2005)规定,以 150 mm × 150 mm × 150 mm 的立方体试件,养护至 28 d 时,在 60℃ ±5 ℃温度下烘 12 h 至恒重,然后在带有花轮磨头的混凝土磨耗试验机上,在 200 N 负荷下磨削 30 转,记录相应质量为试件原始质量,然后在 200 N 负荷下磨削 60 转,记录剩余质量。按式(3-1-8)计算试件的磨损量。

项目 3 普通混凝土性能检测及应用

$$G_c = \frac{m_1 - m_2}{0.012\ 5}$$ (3-1-8)

式中　G_c——单位面积的磨损量(kg/m^2)；

　　　m_1——试件的原始质量(kg)；

　　　m_2——试件磨损后的质量(kg)；

　0.012 5——试件磨损面积(m^2)。

提高混凝土抗磨损能力的措施主要有提高混凝土的断裂韧性、降低脆性、减少原生缺陷、提高硬度及降低弹性模量。

(4)抗侵蚀性

当所处环境中含有侵蚀性介质时,混凝土便会遭受侵蚀(Aggressiveness),通常有软水侵蚀、硫酸盐侵蚀、镁盐侵蚀、碳酸侵蚀、一般酸侵蚀和强碱侵蚀等。混凝土在海岸、海洋工程中的应用也很广,海水对混凝土的侵蚀作用除化学作用外,尚有反复干湿的物理作用。盐分在混凝土内的结晶与聚集、海浪的冲击磨损、海水中氯离子对混凝土内钢筋的锈蚀作用等,也都会使混凝土遭受破坏。

混凝土的抗侵蚀性与所用水泥的品种、混凝土的密实程度和孔隙特征有关。密实和孔隙封闭的混凝土,环境水不易侵入,故其抗侵蚀性较强。所以,提高混凝土抗侵蚀性的措施,主要有合理选择水泥品种、降低水灰比、提高混凝土的密实度和改善孔结构。

(5)混凝土的碳化

混凝土的碳化(Carbonization)是空气中的二氧化碳与水泥石中的氢氧化钙,在湿度适宜时发生化学反应,生成碳酸钙和水。因氢氧化钙是碱性,碳酸钙是中性,所以碳化也称中性化。

碳化对混凝土性能既有有利的影响,也有不利的影响。碳化使混凝土碱度降低。减弱了对钢筋的保护作用,可能导致钢筋锈蚀。碳化将显著增加混凝土的收缩,使混凝土的抗压强度增大,而使混凝土抗拉、抗折强度降低。混凝土在水中或在相对湿度100%条件下,碳化停止。

同样,处于特别干燥条件(如相对湿度在25%以下)的混凝土,由于缺乏使二氧化碳及氢氧化钙作用所需的水分,碳化也会停止。一般认为相对湿度50% ~75%时碳化速度最快。

碳化过程是二氧化碳由表及里向混凝土内部逐渐扩散的过程,主要对混凝土碱度、强度和收缩有影响。提高混凝土抗碳化的主要措施有降低水灰比、掺入减水剂、在混凝土表面刷涂料或水泥砂浆抹面等。

(6)碱—集料反应

水泥中的碱(Na_2O、K_2O)与集料中的活性二氧化硅发生反应,在集料表面生成复杂的碱—硅酸凝胶,生成的凝胶吸水,体积不断膨胀(可增加3倍以上),把水泥石胀裂,这种现象称为碱—集料反应。

模块2　普通混凝土配合比设计(以抗压强度为指标)

📖 模块描述

普通混凝土配合比设计就是根据工程要求、结构形式和施工条件,来确定各组成材料数量之间的比例关系。

1.了解普通混凝土的配合比设计的原则。

2.掌握普通混凝土配合比设计的方法,能进行普通混凝土配合比设计。

3.2.1　混凝土配合比的定义及表示方法

1.混凝土配合比的定义

混凝土配合比是指混凝土中各组成材料数量之间的比例关系。

2.混凝土配合比的表示方法

①以每立方米混凝土中各材料的质量表示(见表3-2-1)。该方法可方便计算拌制不同立方米混凝土时所需的各材料用量,为做材料计划或工程计量提供可靠的依据。

②以水泥质量为1,其他材料与水泥的比例关系通常按 $m_{水泥} : m_{砂} : m_{石} : m_{水}$ 的顺序排列表示(见表3-2-1)。该方法便于施工,如某搅拌罐一次可投放3袋水泥,则由比例关系能方便算出其他材料的用量。

表3-2-1　混凝土配合比的表示方法

配合比表示方法	组成材料			
	水泥	砂	石	水
每立方米混凝土中各材料的质量(kg)	300	680	1 210	170
水泥质量为1,其他材料与水泥的比例	1	2.27	4.03	0.57

3.2.2　混凝土配合比设计的基本要求

①满足施工所要求的和易性。

②满足结构设计的强度等级要求。

③满足工程所处环境对混凝土耐久性的要求。

④符合经济原则,在保证混凝土质量的前提下,应尽量节约水泥,合理使用材料和降低成本。

3.2.3　混凝土配合比设计中的3个参数

混凝土配合比设计,实质是确定胶凝材料(水泥与掺和料)、水、砂和石子这4种材料用量之间的3个比例关系。即:水与胶凝材料间的比例关系,常用水胶比表示;砂与石子间的比例关系,常用砂率表示;胶凝材料浆体与集料之间的比例关系,常用单位用水量(1 m³混凝土中的用水量)来反映。因此,水胶比、砂率和单位用水量是混凝土配合比设计中的3个重要的参数,其确定原则如图3-2-1所示。

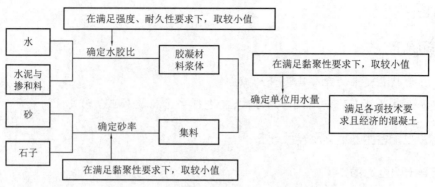

图 3-2-1　混凝土配合比中的三个重要参数

3.2.4　混凝土配合比设计的步骤

根据《普通混凝土配合比设计规程》(JGJ 55—2011)的规定,配合比设计应以干燥状态集料为基准,细集料含水率应小于0.5%,粗集料含水率应小于0.2%。混凝土配合比设计包括初步配合比设计的计算、试配和调整等步骤,即先根据设计资料通过查表或公式计算确定出初步计算配合比;在初步计算配合比的基础上,经试配和调整确定出能满足混凝土拌和物和易性、强度要求的配合比;最后,根据施工中集料的实际含水状态,将配合比转化为施工配合比。

1.计算初步配合比

(1)确定混凝土的配制强度$f_{cu,0}$

如果把设计强度作为混凝土的配制强度,则混凝土的强度保证率仅为50%,为了保证混凝土的配制强度具有95%的保证率,当混凝土的设计强度等级小于C60时,配制强度应按式(3-2-1)进行计算:

$$f_{cu,0} \geqslant f_{cu,k} + 1.645\sigma \tag{3-2-1}$$

式中　$f_{cu,0}$——混凝土配制强度(MPa);

$\qquad f_{cu,k}$——混凝土立方体抗压强度标准值(MPa);

$\qquad \sigma$——混凝土强度标准差(MPa)。

①混凝土强度标准差宜根据同类混凝土统计资料计算确定并应符合下列规定。

当具有近1~3个月的同一品种、同一强度等级混凝土的强度资料,且试件组数不小于30时,其混凝土强度标准差应按式(3-2-2)进行计算:

$$\sigma = \sqrt{\dfrac{\sum f_{cu,i}^2 - n m_{f_{cu}}^2}{n-1}} \tag{3-2-2}$$

式中　σ——混凝土强度标准差(MPa);

$\qquad f_{cu,i}$——第i组试件的抗压强度值(MPa);

$\qquad m_{f_{cu}}$——组试件的抗压强度平均值(MPa);

$\qquad n$——试件组数。

注:(1)对于强度等级不大于C30的混凝土,当混凝土强度标准差计算值不小于3.0 MPa时,应按式(3-2-2)计算结果取值;当混凝土强度标准差计算值小于3.0 MPa时,应取3.0MPa。

(2)对于强度等级大于 C30 且不大于 C60 的混凝土,当混凝土强度标准差计算值不小于 4.0 MPa 时,应按式(3-2-2)计算结果取值;当混凝土强度标准差计算值小于 4.0 MPa 时,应取 4.0 MPa。

②当没有近期的同一品种、同一强度等级混凝土的强度资料时,其强度标准差可按表 3-2-2 规定取用。

表 3-2-2　混凝土强度标准差

混凝土强度等级	≤C20	C25 ~ C45	C50 ~ C55
σ(MPa)	4	5	6

(2)计算水胶比 W/B

混凝土强度等级不大于 C60 时,混凝土水胶比宜按式(3-2-3)计算:

$$\frac{W}{B} = \frac{\alpha_a f_b}{f_{cu,0} + \alpha_a \alpha_b f_b} \tag{3-2-3}$$

式中　α_a, α_b——回归系数,不具备试验统计资料时,可按表 3-1-4 采用;

f_b——胶凝材料(水泥和矿物掺和料)28 d 胶砂实际抗压强度值。

按式(3-2-3)计算的水胶比是按强度要求计算得到的结果。在确定采用的水胶比时,还应根据混凝土所处的环境条件,参考《混凝土结构设计规范》(GB 50010—2010)允许的最大水胶比进行校核,从中选择较小者。

(3)确定单位用水量和外加剂用量

①对于干硬性、塑性混凝土,用水量的确定。

a. 当混凝土的水灰比在 0.40 ~ 0.80 之间时,其用水量可根据粗集料的品种、粒径及施工要求的混凝土拌和物稠度,按表 3-2-3 和表 3-2-4 选取。

表 3-2-3　干硬性混凝土的用水量(kg/m³)

拌和物稠度		卵石最大公称粒径(mm)			碎石最大公称粒径(mm)		
项目	指标	10	20	40	16	20	40
维勃稠度(s)	16 ~ 20	175	160	145	180	170	155
	11 ~ 15	180	165	150	185	175	160
	5 ~ 10	185	170	155	190	180	165

表 3-2-4　塑性混凝土的用水量(kg/m³)

拌和物稠度		卵石最大公称粒径(mm)				碎石最大公称粒径(mm)			
项目	指标	10	20	31.5	40	16	20	31.5	40
坍落度(mm)	10 ~ 30	190	170	160	150	200	185	175	165
	35 ~ 50	200	180	170	160	210	195	185	175
	55 ~ 70	210	190	180	170	220	205	195	185
	75 ~ 90	215	195	185	175	230	215	205	195

注:1. 本表用水量系采用中砂时的取值。采用细砂时,每立方米混凝土用水量可增加 5 ~ 10 kg;采用粗砂时,则可减少 5 ~ 10 kg。

2. 掺用各种外加剂或掺和料时,用水量应相应调整。

項目 3 普通混凝土性能检测及应用

b. 掺外加剂时,每立方米流动性或大流动性混凝土的用水量 m_{w0} 可按式(3-2-4)计算:

$$m_{w0} = m'_{w0}(1 - \beta) \qquad (3-2-4)$$

式中　m_{w0}——计算配合比每立方米混凝土的用水量(kg/m^3);

　　　　m'_{w0}——未掺外加剂时推定的满足实际坍落度要求的每立方米混凝土用水量(kg/m^3),

　　　　　　　以表3-2-3中坍落度90 mm的用水量为基础,按坍落度每增大20 mm,用水量

　　　　　　　相应增加5 kg来计算;

　　　　β——外加剂的减水率(%),应经混凝土试验确定。

②每立方米混凝土中外加剂用量(m_{a0})应按式(3-2-5)计算:

$$m_{a0} = m_{b0}\beta_a \qquad (3-2-5)$$

式中　m_{a0}——计算配合比每立方米混凝土中外加剂用量(kg/m^3);

　　　　m_{b0}——计算配合每立方米混凝土中胶凝材料用量(kg/m^3);应按式(3-2-6)计算;

　　　　β_a——外加剂掺量(%),应经混凝土试验确定。

(4)计算胶凝材料、矿物掺和料和水泥用量

①每立方米混凝土的胶凝材料用量(m_{b0})应按式(3-2-6)计算,并应进行试拌调整,在拌和物性能满足的情况下,取经济合理的胶凝材料用量。

$$m_{b0} = \frac{m_{w0}}{W/B} \qquad (3-2-6)$$

除配制 C15 及其以下强度等级的混凝土外,混凝土的最小胶凝材料用量应符合表 3-2-5 要求。

表 3-2-5　混凝土的最小胶凝材料用量

最大水胶比	最小胶凝材料用量		
	素混凝土	钢筋混凝土	预应力混凝土
0.60	250	280	300
0.55	280	300	300
0.50	320		
≤0.50	330		

②每立方米混凝土的矿物掺和料用量(m_{f0})应按式(3-2-7)计算:

$$m_{f0} = m_{b0}\beta_f \qquad (3-2-7)$$

式中　m_{f0}——计算配合比每立方米混凝土中的矿物掺和料用量(kg/m^3);

　　　　m_{b0}——计算配合比每立方米混凝土中胶凝材料用量(kg/m^3);

　　　　β_f——矿物掺和料掺量(%),可参照表3-2-6确定。

表 3-2-6　钢筋(预应力)混凝土中矿物掺和料最大掺量

矿物掺和料种类	水胶比	最大掺量(%)	
		硅酸盐水泥	普通硅酸盐水泥
粉煤灰	≤0.40	45(35)	35(30)
	>0.40	40(25)	30(20)
粒化高炉矿渣	≤0.40	65(55)	55(45)
	>0.40	55(45)	45(35)
钢渣粉	—	30(20)	20(10)
磷渣粉	—	30(20)	20(10)
硅灰	—	10	10
复合掺合料	≤0.40	65(55)	55(45)
	>0.40	55(45)	45(35)

注:1. 采用其他通用硅酸盐水泥时,宜将水泥混合材掺量20%以上的混合材量计入矿物掺和料。

2. 复合掺和料各组分的掺量不宜超过单掺时的最大掺量。

3. 在混合使用两种或两种以上矿物时,矿物掺和料总掺量应符合表中复合掺和料的规定。

③每立方米混凝土的水泥用量(m_{c0})应按式(3-2-8)计算:

$$m_{c0} = m_{b0} - m_{f0} \tag{3-2-8}$$

式中　m_{c0}——计算配比每立方米混凝土中的水泥用量(kg/m³)。

(5)确定砂率

①砂率应根据集料的技术指标、混凝土拌和物性能和施工要求,参考既有历史资料确定。

②当缺乏砂率的历史资料可参考时,混凝土砂率的确定应符合下列规定:

a. 坍落度小于10 mm 的混凝土,其砂率应经试验确定。(干硬性混凝土)

b. 坍落度为10~60 mm 的混凝土,其砂率可根据粗集料品种、最大公称粒径及水胶比按表 3-2-7 选取。在表内不能直接查取的,可用内插法计算后选取确定。

表 3-2-7　混凝土的砂率(%)

水灰比 W/C	卵石最大公称粒径(mm)			碎石最大公称粒径(mm)			
	10	20	40(31.5)	16	20	31.5	40
0.40	26~32	25~31	24~30	30~35	29~34	28~33	27~32
0.50	30~35	29~34	28~33	33~38	32~37	31~36	30~35
0.60	33~38	32~37	31~36	36~41	35~40	34~39	33~38
0.70	36~41	35~40	34~39	39~44	38~43	37~42	36~41

注:1. 本表数值系中砂的选用砂率,对细砂或粗砂,可相应地减少或增大砂率。

2. 一个单粒级粗集料配制混凝土时,砂率应适当增大。

3. 采用人工砂配制混凝土时,砂率可适当增大。

4. 为便于查取,表中列出了用内插法确定的碎石最大粒径31.5 mm 对应的砂率。

c. 坍落度大于 60 mm 的砂率,可经试验确定,也可在表 3-2-7 的基础上,按坍落度每增大 20 mm,砂率增大 1% 的幅度予以调整。

(6)计算粗集料和细集料的用量,确定初步配合比

①质量法。此法假定混凝土拌和物的表观密度为一定值,由混凝土拌和物的各组成材料单位用量之和组成,可按式(3-2-9)进行计算:

$$m_{f0} + m_{c0} + m_{g0} + m_{s0} + m_{w0} = m_{cp}$$

$$\beta_s = \frac{m_{s0}}{m_{g0} + m_{s0}} \times 100\%$$

(3-2-9)

式中 m_{g0}——每立方米混凝土的粗集料用量(kg/m^3);

m_{s0}——每立方米混凝土的细集料用量(kg/m^3);

β_s——砂率(%);

m_{cp}——每立方米混凝土拌和物的假定质量(kg),其值可取 2 350 ~ 2 450 kg。

②体积法。此法假定混凝土拌和物的体积等于各组成材料的绝对体积与混凝土拌和物中所含空气之和。可按式(3-2-10)计算确定:

$$\frac{m_{c0}}{\rho_C} + \frac{m_{f0}}{\rho_f} + \frac{m_{g0}}{\rho_g} + \frac{m_{s0}}{\rho_s} + \frac{m_{w0}}{\rho_w} + 0.01\alpha = 1$$

(3-2-10)

$$\frac{m_{s0}}{m_{s0} + m_{g0}} \times 100\% = \beta_s$$

式中 ρ_C——水泥密度(kg/m^3),可按现行国家标准《水泥密度测定方法》(GB/T 208—2014)进行测定,也可取 2 900 ~ 3 100 kg/m;

ρ_f——矿物掺和料密度(kg/m^3),可按现行国家标准《水泥密度测定方法》)(GB/T 208—2014)测定;

ρ_g——粗集料的表观密度(kg/m^3),应按《普通混凝土用砂、石质量及其检验方法标准》(JGJ 52—2006)测定;

ρ_s——细集料的表观密度(kg/m^3),应按《普通混凝土用砂、石质量及其检验方法》(JGJ 52—2006)测定;

ρ_w——水的密度(kg/m^3),可取 1 000 kg/m^3;

α——混凝土的含气量百分数,在不使用引气型外加剂时,α 可取 1。

通过以上两种方法可以看出,质量法计算过程比较简单,同时也不需要各种组成材料的密度资料。体积法是根据各组成材料实测的密度来计算的,所以能获得较为精确的结果,但工作量相对较大。如果施工单位已经积累了当地常用材料所组成的混凝土的表观密度资料,通过质量法计算也可得到较为准确的结果。在实际工程中,可根据具体情况选择使用。

经过上述计算,即可得到 1 m^3 混凝土各组成材料的用量。

2. 试配与调整

以上求出的初步配合比,是借助于经验公式、图表计算或查得的,能否满足混凝土的设计要求,还需要通过试验及试配调整来完成。

（1）混凝土拌和物试配的用量

混凝土试拌应采用强制式搅拌机进行搅拌，试验用拌和物的用量，每盘混凝土的最小搅拌量应符合表 3-2-8 的规定，并不应小于搅拌机公称容量的 1/4 且不应大于搅拌机公称容量。

表 3-2-8　混凝土试配的最小搅拌量

粗集料最大公称粒径（mm）	拌和物数量（L）
≤31.5	20
40	25

（2）在计算配合比的基础上进行试拌

按计算量称取各材料进行试拌，测定其坍落度，并观察黏聚性和保水性。当试拌得出的拌和物坍落度或维勃稠度不能满足要求，或黏聚性和保水性不好时，可作一定调整，调整方法见表 3-2-9。

表 3-2-9　混凝土拌和物和易性不良的调整方法

试拌混凝土拌和物的实测情况	调整方法
实测坍落度大于设计要求	保持砂率不变，增加砂石用量，每减少 10 mm 坍落度，增加 2%～5% 的砂石，或保持水灰比不变，减少水和水泥的用量
实测坍落度小于设计要求	保持水灰比不变，增加水和水泥的用量，每增加 10 mm 坍落度，需增加 5%～8% 的水泥浆
砂浆不足以包裹石子，黏聚性保水性差	单独加砂，即增大砂率

在和易性调整过程中，有时会出现增加水泥浆量，但坍落度不但不增加，拌和物的黏聚性和保水性还明显变差的情况，其原因是粗集料级配过差，砂率偏小，水泥砂浆不足以包裹粗集料的表面。在这种情况下，应增加砂率。当问题还不能解决时，应考虑改善粗集料的级配。

在和易性调整过程中，如果经验不足，重新试拌时，应将前一次的拌和物作为废料清除，按调整后的配合比称料拌和。如果经验丰富，可以利用原拌和物试拌。比如坍落度小于要求时，可以保持水灰比不变，适当增加水与水泥的用量。

在调整过程中，宜保持计算水胶比不变，以节约胶凝材料为原则，调整胶凝材料用量、用水量、外加剂用量和砂率等，直到混凝土拌和物性能符合设计和施工要求，然后修正计算配合比，提出试拌配合比。

3. 在试拌配合比基础上进行混凝土强度试验

（1）制作试件、检验强度。混凝土配合比除满足和易性要求外，还需满足强度的要求。检验混凝土强度时至少应采用三个不同的配合比。当采用三个不同的配合比时，其中，一个为试拌配合比，另外两个配合比的水胶比，宜较试拌配合比分别增加和减少 0.05；用水量应与试拌配合比相同，砂率可分别增加和减少 1%。

每个配合比制作一组（三块）试件，在制作混凝土强度试件时，应检验混凝土拌和物的坍落度（或维勃稠度）、黏聚性和保水性性能。在标准条件下养护 28 d，测得混凝土立方体抗压强度(也可通过快速检验或较早龄期试压方式确定),用作图法(横轴为灰水比,纵轴为立方体抗压强度)或插值法确定出与混凝土配制强度($f_{cu,0}$)对应的胶水比。

在实际生产过程中,上述做法(作图法)一般不被采用,通常直接选取一个强度等于或略大于试配强度的配合比,但这样做会浪费水泥,加大工程造价,因此,建议采用经济合理的配合比,较大限度地节约成本。

(2)在配合比确定过程中,用水量和外加剂用量应根据确定的水胶比进行调整,胶凝材料根据用水量乘以确定的胶水比计算得出。粗、细集料用量应根据用水量和胶凝材料用量进行调整。

(3)根据计算的各材料用量,确定混凝土的计算表观密度值,见式(3-2-11)。经坍落度(或维勃稠度)试验并测定其湿表观密度,然后计算混凝土配合比校正系数。

$$\rho_{c,c} = m_c + m_f + m_g + m_s + m_w \tag{3-2-11}$$

式中　$\rho_{c,c}$——混凝土拌和物的表观密度计算值(kg/m^3);

　　　m_c——每立方米混凝土的水泥用量(kg/m^3);

　　　m_f——每立方米混凝土的矿物掺和料用量(kg/m^3);

　　　m_g——每立方米混凝土的粗集料用量(kg/m^3);

　　　m_s——每立方米混凝土的细集料用量(kg/m^3);

　　　m_w——每立方米混凝土的用水量(kg/m^3)。

$$\delta = \frac{\rho_{c,t}}{\rho_{c,c}}$$

式中　δ——混凝土配合比校正系数;

　　　$\rho_{c,t}$——混凝土拌和物的表观密度实测值(kg/m^3);

　　　$\rho_{c,c}$——混凝土拌和物的表观密度计算值(kg/m^3)。

(4)当混凝土拌和物表观密度实测值与计算值之差的绝对值不超过计算值的2%时,试拌调整后的配合比则保持不变;当两者之差超过计算值的2%时,应将配合比中每项材料用量分别乘以校正系数δ。

(5)配合比调整后,应测定拌和物水溶性氯离子含量,并对设计要求的混凝土耐久性进行试验,设计出符合规定的配合比。

4.换算为施工配合比

在确定上述配合比时,集料均以干燥状态为基准,而现场的砂、石材料都含有一定的水分,因此,应根据现场砂、石的含水率,对试拌调整后的配合比进行换算。

若现场砂的含水率为$a\%$,石子的含水率为$b\%$,经换算后,每立方米混凝土中各种材料的用量分别为:

$$\begin{aligned}
m_s &= m_{sb}(1 + a\%) \\
m_g &= m_{gb}(1 + b\%) \\
m_w &= m_{wb} - m_{sb}a\% - m_{gb}b\% \\
m_c &= m_{cb} \quad m_f = m_{fb}
\end{aligned} \tag{3-2-12}$$

式中　m_{cb}, m_{fb}, m_{sb}, m_{gb}, m_{wb}——经试拌调整确定的每立方米混凝土中水泥、矿物掺和料、细集料、粗集料和水的用量；

　　　　m_c, m_f, m_s, m_g, m_w——施工配合比确定的每立方米混凝土中水泥、矿物掺和料、细集料、粗集料和水的用量。

思考题

1. 简述混凝土的定义及其组成材料。

2. 混凝土拌合及养护用水有哪些规定？

3. 衡量混凝土和易性指标有哪些？

4. 简述混凝土和易性的评价方法？

5. 影响混凝土和易性的主要因素以及改善混凝土和易性的措施。

6. 混凝土强度指标有哪些？

7. 简述影响混凝土抗压强度的因素。

8. 简述混凝土配合比设计的步骤。

9. 何为混凝土变形及其种类？

10. 简述混凝土耐久性指标。

项目④ 钢筋的性能检测及应用

项目概述

钢筋是广泛应用于建筑工程中的重要金属材料,只有了解和掌握钢筋的各种性能,才能正确、经济、合理的选择和使用钢筋。本项目将介绍钢筋的主要技术性能及其检验方法。

教学目标

知识目标

(1)掌握钢材的主要技术性质。

(2)熟悉常用钢材的标准与选用。

能力目标

具有对钢筋混凝土结构常用钢筋质量检测的能力。

模块1 钢筋的主要技术性能

模块描述

通过对本模块的学习,学生应掌握建筑钢材的基本分类、主要技术性能及工艺性能、钢材种类的选用;了解钢材的腐蚀原理、防护及防火措施。本模块的教学重点包括建筑钢材的主要技术性能、工艺性能及建筑工程钢材的选用。

教学目标

1. 能熟练使用万能试验机。

2. 掌握钢筋的分类及应用。

3. 掌握钢筋的力学性能和工艺性能。

4. 掌握屈服点、抗拉强度和伸长率的计算。

钢材的技术性质主要包括力学性能、工艺性能和化学性能等。力学性能主要包括抗拉性能、冲击韧性、耐疲劳和硬度等。工艺性能反应金属材料在加工制造过程中所表现出来的性质,如冷弯性能、焊接性能、热处理性能等。

4.1.1 钢材的力学性能

1. 拉伸性能（Extension Performance）

拉伸是建筑钢材的主要受力形式,所以拉伸性能是表示钢材性能和选用钢材的重要指标。将低碳钢(软钢)制成一定规格的试件,放在材料试验机上进行拉伸试验,可以绘出如图 4-1-1 所示的应力-应变关系曲线。从图 4-1-1 中可以看出,低碳钢受拉至拉断,经历了四个阶段:弹性阶段(OA)、屈服阶段(AB)、强化阶段(BC)和颈缩阶段(CD)。

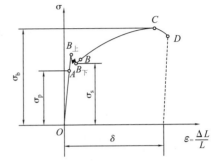

图 4-1-1　低碳钢受拉的应力-应变图

（1）弹性阶段（Elastic Stage）

曲线中 OA 段是一条直线,应力与应变成正比。如卸去外力,试件能恢复原来的形状,这种性质即为弹性,此阶段的变形为弹性变形。与 A 点对应的应力称为弹性极限,以 σ_p 表示。应力与应变的比值为常数,即弹性模量 E,$E = \sigma/\varepsilon$。弹性模量反映钢材抵抗弹性变形的能力,是钢材在受力条件下计算结构变形的重要指标。

（2）屈服阶段（Yield Stage）

应力超过 A 点后,应力、应变不再成正比关系,开始出现塑性变形。应力的增长滞后于应变的增长,当应力达 $B_\pm$ 点后(上屈服点),瞬时下降至 $B_\mp$ 点(下屈服点),变形迅速增加,而此时外力则大致在恒定的位置上波动,直到 B 点,这就是所谓的"屈服现象",似乎钢材不能承受外力而屈服,所以 AB 段称为屈服阶段。与 $B_\mp$ 点(此点较稳定、易测定)对应的应力称为屈服点(屈服强度),用以 σ_s 表示。

钢材受力大于屈服点后,会出现较大的塑性变形,已不能满足使用要求,因此屈服强度是设计钢材强度取值的依据,是工程结构计算中非常重要的一个参数。

（3）强化阶段（Strengthening Stage）

当应力超过屈服强度后,由于钢材内部组织中的晶格发生畸变,阻止晶格进一步滑移,钢材得到强化,所以钢材抵抗塑性变形的能力又重新提高,BC 呈上升曲线,称为强化阶段。对应于最高点 C 的应力值称为极限抗拉强度,简称抗拉强度。

显然,σ_b 是钢材受拉时所能承受的最大应力值。屈服强度和抗拉强度之比(即屈强比 $= \sigma_s/\sigma_b$)能反映钢材的利用率和结构安全可靠程度。屈强比越小,其结构的安全可靠程度越高,但屈强比过小时,说明钢材强度的利用率偏低,造成钢材浪费。建筑结构钢合理的屈强比一般为 0.60 ~ 0.75。

（4）颈缩阶段（Necking Stage）

试件受力达到最高点 C 点后,其抵抗变形的能力明显降低,变形迅速发展,应力逐渐下降,试件被拉长,在有杂质或缺陷处,断面急剧缩小,直至断裂,故 CD 段称为颈缩阶段。

中碳钢与高碳钢(硬钢)的拉伸曲线与低碳钢不同,屈服现象不明显,难以测定屈服点,则规定产生残余变形为原标距长度的 0.2% 时所对应的应力值,作为硬钢的屈服强度,也称条件屈服点,用$\sigma_{0.2}$表示,如图4-1-2所示。

2. 塑性(Plastic Property)

建筑钢材应具有很好的塑性。钢材的塑性通常用伸长率(Extension Percentage)和断面收缩率(Percentage Reduction in Area)表示。将拉断后的试件拼合起来,测定出标距范围内的长度和断面收缩率。将拉断后的试件拼合起来,测定出标距范围内的长度L_1(mm),其与试件原标距L_0(mm)之差为塑性变形值,塑性变形值与L_0之比称为伸长率δ,如图4-1-3所示。伸长率δ即如式(4-1-1)所示。

$$\delta_n = \frac{L_1 - L_0}{L_0} \times 100\% \tag{4-1-1}$$

式中　L_1——试件拉断后标距部分的长度(mm);

　　　L_0——试件的原标距长度(mm);

　　　n——原始标距与试件的直径之比。

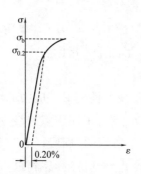

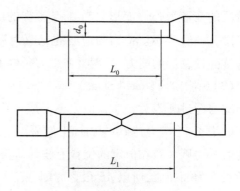

图4-1-2　中碳钢、高碳钢的$\sigma-\varepsilon$　　　　　图4-1-3　钢材拉伸试件图

伸长率是衡量钢材塑性的一个重要指标,δ越大,说明钢材的塑性越好。一定的塑性变形能力,可保证应力重新分布,避免应力集中,进而用于结构的钢材安全性越大。

塑性变形在试件标距内的分布是不均匀的,颈缩处的变形最大,离颈缩部位越远,其变形越小。所以原始标距与直径之比越小,则颈缩处伸长值在整个伸长值中的比重越大,计算出来的δ值就大。通常以δ_5和δ_{10},分别表示$L_0=5d_0$和$L_0=10d_0$时的伸长率。对于同一种钢材,$\delta_5>\delta_{10}$。

3. 冲击韧性(Impact Toughness)

冲击韧性是指钢材抵抗冲击荷载而不被破坏的能力。钢材的冲击韧性是用有刻槽的标准试件,在冲击试验机的一次摆锤冲击下,以破坏后缺口处单位面积上所消耗的功(J/cm^2)来表示,其符号为α_k。试验时将试件放置在固定支座上,然后以摆锤冲击试件刻槽的背面,使试件承受冲击弯曲而断裂,如图4-1-4所示。α_k值越大,冲击韧性越好。对于经常受较大冲击荷载作用的结构,要选用α_k值大的钢材。

影响钢材冲击韧性的主要因素有:化学成分、冶炼质量、冷作及时效、环境温度等。钢材的冲击韧性随温度的降低而下降,其规律是:开始冲击韧性随温度的降低而缓慢下降,但当温度降至一定的范围(狭窄的温度区间)时,钢材的冲击韧性骤然下降很多而呈脆性,即冷脆性,这时的温度称为脆性转变温度,见图4-1-5。脆性转变温度越低,表明钢材的低温冲击韧性越好。为此,在负温下使用的结构,设计时必须考虑钢材的冷脆性,应选用脆性转变温度低于最低使用温度的钢材。由于脆性转变温度的测定较为复杂,故规范中通常是根据气温条件规定的 − 20 ℃或 − 40 ℃的负温冲击韧性指标。

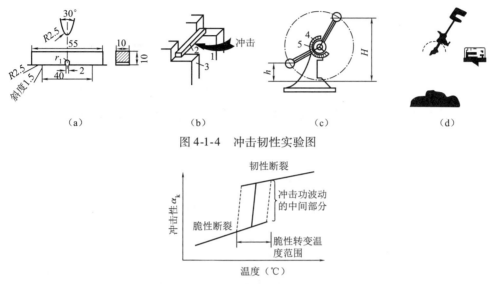

图 4-1-4　冲击韧性实验图

图 4-1-5　钢的脆性转变温度

4. 耐疲劳性(Fatigue Durability)

钢材在交变荷载的反复作用下,往往在最大应力远小于其抗拉强度时就发生破坏,这种现象称为钢材的疲劳性。疲劳破坏(Fatigue Failure)的危险应力用疲劳强度(或称疲劳极限)来表示,它是指疲劳试验时试件在交变应力作用下,在规定的周期基数内不发生断裂所能承受的最大应力。一般把钢材承受交变荷载 $10^6 \sim 10^7$ 次时不发生破坏的最大应力作为疲劳强度。设计承受反复荷载且需进行疲劳验算的结构时,应了解所用钢材的疲劳极限。

研究证明,钢材的疲劳破坏是拉应力引起的,首先在局部开始形成微细裂纹,其后由于裂纹尖端处产生应力集中而使裂纹迅速扩展直至钢材断裂。因此,钢材的内部成分的偏析、夹杂物的多少以及最大应力处的表面光洁程度、加工损伤等,都是影响钢材疲劳强度的因素。疲劳破坏经常是突然发生的,具有很大的危险性,往往造成严重事故。

5. 硬度(Hardness)

硬度是指金属材料在表面局部体积内,抵抗硬物压入表面的能力,亦即材料表面抵抗塑性变形的能力。测定钢材硬度采用压入法,即以一定的静荷载(压力),把一定的压头压在金属表面,然后测定压痕的面积或深度来确定硬度。按压头或压力不同,有布氏法、洛氏法等,相应的硬度试验指标称布氏硬度(HB)和洛氏硬度(HR)。较常用的方法是布氏法,其硬度指标是布氏硬度值。图 4-1-6 为布氏硬度测定示意图。

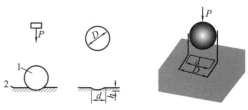

图 4-1-6　布氏硬度测定示意图

各类钢材的 HB 值与抗拉强度之间有一定的相关关系。材料的强度越高,塑性变形抵抗力越强,硬度值也就越大。由试验得出,其抗拉强度与布氏硬度的经验关系式如下:当 $HB < 175$ 时,$f_b \approx 0.36HB$;当 $HB > 175$ 时,$f_b \approx 0.35HB$。根据这一关系,可以直接在钢结构上测出钢材的 HB 值,并估算该钢材的 f_b。

4.1.2 钢材的工艺性能

良好的工艺性能,可以保证钢材顺利通过各种加工,而使钢材制品的质量不受影响。冷弯、冷拉、冷拔及焊接性能均是建筑钢材的重要工艺性能。

1. 冷弯(Cold Bending Property)

冷弯性能是指钢材在常温下承受弯曲变形的能力。钢材的冷弯性能指标是以试件弯曲的角度和弯心直径对试件厚度(或直径)的比值 d/α 来表示,如图 4-1-7 和图 4-1-8 所示。

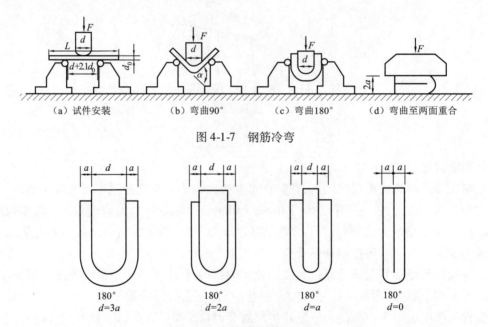

（a）试件安装　　（b）弯曲90°　　（c）弯曲180°　　（d）弯曲至两面重合

图 4-1-7　钢筋冷弯

$180°$　$d=3a$　　　$180°$　$d=2a$　　　$180°$　$d=a$　　　$180°$　$d=0$

图 4-1-8　钢筋冷弯规定的弯心

钢材的冷弯试验是通过直径(或厚度)为 n 的试件,采用标准规定的弯心直径 $d(d = na$,n 为整数)弯曲到规定的弯曲角度(180°或 90°)时,试件的弯曲处不发生裂缝、裂断或起层,即认为冷弯性能合格。钢材弯曲时的弯曲角度愈大,弯心直径愈小,则表示其冷弯性能愈好。

通过冷弯试验更有助于暴露钢材的某些内在缺陷。相对于伸长率而言,冷弯是对钢材塑性更严格的检验,它能揭示钢材是否存在内部组织不均匀、内应力和夹杂物等缺陷,冷弯试壁对焊接质量也是一种严格的检验,能揭示焊件在受弯表面存在未熔合、微裂纹及夹杂物等缺陷。

2. 焊接性能(Welding Performance)

在建筑工程中,各种型钢、钢板、钢筋及预埋件等需用焊接加工。钢结构有 90% 以上是焊接结构。焊接的质量取决于焊接工艺、焊接材垫及钢材本身的焊接性能。钢材的可焊性是指钢材是否适应通常的焊接方法与工艺的性能。可焊性好的钢材指易于用一般焊接方法和工艺施焊，焊口处不易形成裂纹、气孔、夹渣等缺陷；焊接后钢材的力学性能，特别是强度不低于原有钢材，硬脆倾向小。钢材可焊性能的好坏，主要取决于钢的化学成分。含碳量高将增加焊接接头的硬脆性，含碳量小于0.25%的碳素钢具有良好的可焊性。

钢筋焊接应注意的问题：冷拉钢筋的焊接应在冷拉之前进行；钢筋焊接之前，焊接部位应清除铁锈、熔渣、油污等；应尽量避免不同国家的进口钢筋之间或进口钢与国产钢筋之间的焊接。

钢材焊接后必须取样进行焊接质量检验。一般包括拉伸试验和冷弯试验，要求试验时试件的断裂不能发生在焊接处。

3.冷加工性能及时效处理

（1）冷加工强化处理

将钢材在常温下进行冷加工（Cold-working Strengthening），如冷拉、冷拔或冷轧，使之产生塑性变形，从而提高屈服强度，但钢材的塑性、韧性及弹性模量则会降低，这个过程称为冷加工强化处理。建筑工地或预制构件厂常用的方法是冷拉和冷拔。

冷拉是将热轧钢筋用冷拉设备加力进行张拉，使之伸长。钢材经冷拉后屈服强度可提高20% ～30%，可节约钢材10% ～20%，钢材经冷拉后屈服阶段缩短，伸长率降低，材质变硬。

冷拔是将光面圆钢筋通过硬质合金拔丝模孔强行拉拔，每次拉拔断面缩小应在10%以下。钢筋在冷拔过程中，不仅受拉，同时还受到挤压作用，因而冷拔的作用比纯冷拉作用强烈。经过一次或多次冷拔后的钢筋，表面光洁度高，屈服强度提高40% ～60%，但塑性大大降低，具有硬钢的性质。

（2）时效（Aging）

钢材经冷加工后，在常温下存放15 ～20 d或加热至100 ～200 ℃，保持2 h左右，其屈服强度、抗拉强度及硬度进一步提高，而塑性及韧性继续降低，这种现象称为时效。前者称为自然时效，后者称为人工时效。

钢材经冷加工及时效处理（Aging Treatment）后，其性质变化的规律，可明显地在应力应变图上得到反映，如图4-1-9所示。图中OABCD为未经冷拉和时效试件的 $\sigma - \varepsilon$ 曲线。当试件冷拉至超过屈服强度的任意一点K，卸去荷载，此时由于试件已产生塑性变形，则曲线沿KO′下降，KO′大致与AO平行。如立即再拉伸，则 $\sigma - \varepsilon$ 曲线将成为O′KCD（虚线），屈服强度由B点提高到K点。但如在K点卸荷后进行时效处理。然后再拉伸，则 $\sigma - \varepsilon$ 曲线将成为 $O′K_1C_1D_1$ ，这表明冷拉时效以后，屈服强度和抗拉强度均得到提高，但塑性和韧性则相应降低。

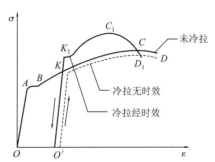

图4-1-9　钢筋冷拉时效后应力-应变图的变化

模块2　钢筋的标准与选用

模块描述

现代建筑工程中最常用的钢筋混凝土结构、预应力混凝土结构以及钢结构都离不开钢筋的使用。钢筋的种类很多、性质各异,不同的钢筋使用部位也不尽相同,通过对本模块的学习,要求学生掌握铁路桥涵建设中钢筋的基本分类及选用。

教学目标

1. 掌握铁路桥涵建设中常用钢筋种类、型号及表示方法。

2. 掌握钢筋的主要技术性能、特性及其选用。

桥涵工程中常用的钢筋混凝土结构及预应力混凝土结构钢筋,根据生产工艺、性能和用途的不同,主要品种有热轧钢筋、冷轧带肋钢筋、热处理钢筋、冷拔低碳钢丝、预应力混凝土用钢丝及钢绞线等。

1. 热轧钢筋

热轧钢筋是经热轧成形并自然冷却的成品钢筋,由低碳钢和普通合金钢在高温状态下压制而成,主要用于钢筋混凝土和预应力混凝土结构的配筋。热轧钢筋不仅具有较高的强度,而且具有良好的塑性、韧性和可焊性能。热轧钢筋分为热轧光圆钢筋(HPB)和热轧带肋钢筋(HRB),其中 H、P、R、B 分别为热轧、光圆、带肋、钢筋四个英文单词首字母。

(1)热轧光圆钢筋

热轧光圆钢筋是经过热轧成形,横截面通常为圆形,表面光滑的成品钢筋。热轧光圆钢筋强度较低,但具有塑形,焊接性能好,伸长率高,便于弯折成形和进行各种冷加工。根据《钢筋混凝土用钢 第 1 部分:热轧光圆钢筋》(GB/T 1499.1—2017),热轧光圆钢筋的牌号和化学成分应符合表 4-2-1 的规定,力学性能和工艺性能应符合表 4-2-2 的规定。

表 4-2-1　热轧光圆钢筋的牌号和化学成分(GB/T 1499.1—2017)

牌号	化学成分(质量分数)% 不大于				
	C	Si	Mn	P	S
HPB300	0.25	0.55	1.50	0.045	0.045

表 4-2-2　热轧光圆钢筋力学性能、工艺性能（GB/T 1499.1—2017）

牌号	下屈服强度 R_{eL}（MPa）	抗拉强度 R_m（MPa）	断后伸长率 A（%）	最大力总伸长率 A_{gt}	冷弯实验 180°
	不小于				
HPB300	300	420	25	10.0	$d=a$

注：d—弯芯直径；a—钢筋公称直径。

　　热轧光圆钢筋广泛用于普通钢筋混凝土构件中，主要用于钢筋混凝土构件的主要受力筋、构件的箍筋、钢、木结构的拉杆等；可作为冷轧带肋钢筋的原材料，盘条还可作为冷拔低碳钢丝的原材料。

　　（2）热轧带肋钢筋

　　热轧带肋钢筋常为圆形横截面且表面带有两条纵肋和沿长度方向均匀分布的横肋。

　　按钢筋晶相组织中晶粒度的粗细程度分为普通热轧带肋钢筋（HRB）和细晶粒热轧带肋钢筋（HRBF）。F 为"细"（fine）英单词首字母。

　　普通热轧带肋钢筋的金相组织主要是铁素体加珠光体，不得有影响使用性能的其他组织存在。

　　细晶粒热轧带肋钢筋是在热轧过程中，通过控扎和控冷工艺形成的细晶粒钢筋，其金相组织主要是铁素体加珠光体，不得有影响使用性能的其他组织存在，晶粒度不粗于 9 级。热轧带肋钢筋按肋纹的形状分为月牙肋和高等肋。月牙肋的纵横不相交，而高等肋则纵横相交。

　　月牙肋钢筋生产简便、强度高、应力集中敏感性小、抗疲劳性能好，但与其混凝土的黏结锚固性能稍逊于高等肋钢筋。根据《筋混凝土用钢　第 2 部分：热轧带肋钢筋》（GB/T 1499.2—2018），热轧带肋钢筋的牌号和化学成分应符合表 4-2-3 的规定，力学性能符合表 4-2-4 的规定。钢筋应进行弯曲试验，按表 4-2-5 规定的弯曲压头直径弯曲 180° 后，钢筋受弯曲部位表面不得产生裂纹。

表 4-2-3　热轧带肋钢筋的牌号和化学成分（GB/T 1499.2—2018）

牌号	化学成分（质量分数）（%）					碳当量 C_{eq}（%）
	C	Si	Mn	P	S	
	不大于					
HRB400						
HRBF400						
HRB400E						0.54
HRBF400E						
HRB500	0.25	0.80	1.60	0.045	0.045	
HRBF500						
HRB500E						0.55
HRBF500E						
HRB600	0.28					0.58

表 4-2-4　热轧带肋钢筋的力学性能（GB/T 1499.2—2018）

牌号	下屈服强度 R_{eL}（MPa）	抗拉强度 R_m（MPa）	断后伸长率 A（%）	最大力总伸长率 A_{gt}（%）	R_m^0/R_{eL}^0	R_{eL}^0/R_{eL}
			不小于			不大于
HRB400 HRBF400	400	540	16	7.5	—	—
HRB400E HRBF400E			—	9.0	1.25	1.30
HRB500 HRBF500	500	630	15	7.5	—	—
HRB500E HRBF500E			—	9.0	1.25	1.30
HRB600	600	730	14	7.5	—	—

注：R_m^0 为钢筋实测抗拉强度；R_{eL}^0 为钢筋实测下屈服强度。

表 4-2-5　热轧带肋钢筋的工艺性能（GB/T 1499.2—2018）

牌号	公称直径 d(mm)	冷弯试验	
		角度	弯心直径
HRB400	6～25		4d
HRBF400	28～40	180°	5d
HRB400E HRBF400E	40～50		6d
HRB500	6～25		6d
HRBF500	28～40	180°	7d
HRB500E HRBF500E	40～50		8d
HRB600	6～25		6d
	28～40	180°	7d
	40～50		8d

　　热轧带肋钢筋强度高，塑性和焊接性能较好，应表面带肋，加强了钢筋和混凝土之间的黏结力，广泛用于大、中型钢筋混凝土结构的受力钢筋，经过冷拉后可用作预应力钢筋。

　　2. 预应力混凝土用钢丝和钢绞线

　　（1）预应力混凝土用钢丝

　　预应力混凝土用钢丝是高碳钢盘条经淬火、酸洗、冷拉加工而制成的高强度钢丝。根据《预应力混凝土用钢丝》（GB/T 5223—2014）的规定，按钢丝按加工状态分为冷拉钢丝和消除应力钢丝两种。钢丝按外形分为光圆钢丝，螺旋肋钢丝，刻痕钢丝。预应力混凝土用钢丝具有强度高、柔性好、无接头等优点。施工方便,不需冷拉、焊接接头等加工,而且质量稳定,安全可靠。预应力混凝土用钢丝主要应用于大跨度屋架及薄腹梁、大跨度吊车梁、桥梁、电杆、轨枕或曲线配筋的预应力混凝土构件。刻痕钢丝由于屈服强度高且与混凝土的握裹力大,主要用于预应力钢筋混凝土结构以减少混凝土裂缝。

（2）预应力混凝土用钢绞线

预应力混凝土用钢绞线是由若干根一定直径的冷拉光圆钢丝或刻痕钢丝捻制,再经一定热处理清除内力而制成。根据成形及表面形状又分为标准型钢绞线、刻痕钢绞线、模拔型钢绞线三类。

钢绞线具有强度高、与混凝土黏结性好,断面面积大,使用根数少,在结构中布置方便,易于锚固等优点。钢绞线主要用于大跨度、大负荷的后张法预应力桥梁结构的预应力筋。

3.钢筋的选用

根据《铁路桥涵混凝土设计规范》（TB 10092—2017）,普通钢筋混凝土采用 HPB300 和未经高于穿水处理过的 HRB400、HRB500 钢筋,并应符合《钢筋混凝土用钢 第 1 部分:热轧光圆钢筋》GB/T 1499.1 和《筋混凝土用钢 2 分部分:热轧带肋钢筋》GB/T 1499.2 的规定;预应力钢丝应符合《预应力混凝土用钢丝》GB/T 5223 的规定;预应力混凝土用钢绞线应符合《预应力混凝土用钢绞线》GB/T 5224 的规定;当采用其他种类的钢筋时,应有实验资料为依据。

思考题

1. 钢材的力学与工艺性能主要有哪些?

2. 简述钢材拉伸性能包括几个阶段? 各阶段的指标如何?

3. 何为钢筋的冷加工性能?

4. 简述钢筋的时效处理。

5. 简述常用钢筋种类及性能。

6. 简述铁路桥涵对钢筋的选用标准。

项目 ⑤

桥涵设计一般规定

📋 项目概述

结构设计要解决的根本问题就是以适当的方法使结构达到相应的功能要求。通过对本项目的学习,要求学生掌握铁路桥涵设计荷载的分类和计算方法,理解容许应力法的概念和特点。

🖥 教学目标

知识目标

(1)掌握铁路桥涵设计荷载的概念和分类。

(2)掌握荷载的计算方法。

(3)理解容许应力法的规定。

能力目标

了解并学会使用行业规范、掌握容许应力法的相关规定。

模块1 桥涵的设计荷载

📖 模块描述

通过对本模块的学习,要求学生掌握铁路桥涵设计荷载的概念和计算方法。

📝 教学目标

1.理解铁路桥涵设计荷载的概念。

2.掌握铁路桥涵设计荷载的分类。

3.了解铁路桥涵设计荷载的计算。

5.1.1 荷载的分类

桥涵结构设计所采用的荷载,称为设计荷载。《铁路桥涵设计规范》(GB 10002—2017)规定,设计桥涵结构时,应根据结构的特性按表5-1-1所列的荷载,采用其可能的最不利组合情况进行计算。

表 5-1-1　桥涵荷载

荷载分类		荷载名称
主力	恒载	结构构件及附属设备自重 预加力 混凝土收缩和徐变的影响 土压力 静水压力及水浮力 基础变位的影响
	活载	列车竖向静活载 公路(城市道路)活载 列车竖向动力作用 离心力 横向摇摆力 活载土压力 人行道人行荷载 气动力
附加力		制动力或牵引力 支座摩擦阻力 风力 流水压力 冰压力 温度变化的作用 冻胀力 波浪力
特殊荷载		列车脱轨荷载 船只或排筏的撞击力 汽车撞击力 施工临时荷载 地震力 长钢轨纵向作用力(伸缩力、挠曲力和断轨力)

从表 5-1-1 可以看出,桥涵承受的荷载分为主力、附加力和特殊荷载三类。

1. 主力

主力是正常的、经常发生或时常重复出现的。它包括恒载和活载。

恒载指结构自重、土压力、静水压力及浮力、预应力混凝土结构的预加应力、混凝土收缩及徐变的影响等,这些荷载对桥梁经常起作用,其作用点一般也是固定不变的,故称恒载。

活载主要是指列车重量及由列车引起的荷载,即列车(机车和车辆)重量、离心力,冲击力和列车活载所产生的土压力,此外还有人行道荷载。公路铁路两用轿还需考虑公路活载。

2. 附加力

附加力产生的机会较少,其最大值并不经常出现,而各种附加力同时出现最大值的概率就更少。它包括制动力或牵引力、风力、列车横向摇摆力、流水压力、冰压力、因温度变化而

项目 5　桥涵设计一般规定

产生的附加力以及冻胀力等。

列车在桥上变更速度而产生的纵向水平力称为制动力或牵引力。

大风吹到桥跨结构、桥墩台和列车时所产生的风压力称为风力。方向与桥梁轴线垂直的风力称横向风力；方向与桥梁轴线方向一致的风力称纵向风力。

列车运行时，由于车轮轮箍与轨头之间有空隙，轨道不够平直等原因，会发生左右摇摆而产生一种作用于轨面的横向摇摆力。

流水压力是指水流作用于桥墩上游迎水面的压力。

冰压力分为两类：一是因流速大，使冰块流动而产生的撞击力；二是大块冰层以较小的流速挤压桥墩或因冰覆盖层受热膨胀而产生的压力。

3. 特殊荷载

特殊荷载包括船只或排筏撞击力、地震力和施工荷载等。

桥梁修建在地震烈度为 7 度及 7 度以上地震区时，应考虑地震力的作用；施工荷载是指在施工过程中作用于桥梁各部分的临时荷载，如人群荷载、临时运料线路和施工机具重等。

5.1.2 荷载的计算

1. 恒载

（1）由支座传来的梁及桥面的重量

梁的总重量可查有关标准图。

桥面自重按均布荷载计算。单线直线道砟槽桥面包括双侧人行道：木枕采用 38 kN/m，预应力混凝土枕采用 39.2 kN/m；曲线上：分别采用 46.3 kN/m 与 48.1 kN/m。单线明桥面的重量：无人行道时按 6 kN/m 计算，直线上双侧人行道铺设木步行板时，按 8 kN/m 计算，铺设钢筋混凝土或钢步行板时，按 10 kN/m 计算。

（2）圬工等自重

为各部分体积乘以所用材料的容重，一般常用材料容重应符合表 5-1-2 的规定。

表 5-1-2　一般常用材料容重表

材 料 名 称	材料容重（kN/m³）	材 料 名 称	材料容重（kN/m³）
钢、铸钢	78.5	碎（砾）石	21.0
铸铁	72.5	级配碎石	22.0
铅	114.0	填土	17.0～18.0
钢筋混凝土或预应力混凝土（配筋率在 3% 以内）	25.0～26.0	填石（利用弃渣）	19.0～20.0
		碎石道砟	21.0
混凝土和片石混凝土	24.0	浇筑的沥青	15.0
浆砌块石或料石	24.0～25.0	压实的沥青	20.0
浆砌片石	23.0	不注油的木材	7.5
干砌块石或片石	21.0	注油的木材	9.0

注：钢筋混凝土中配筋率大于 3% 时，其容重为单位体积中混凝土（扣除所含钢筋体积）自重加钢筋自重。

（3）基础襟边上土壤重量

按其体积与容重相乘来计算。对桥台可不考虑锥体填土的横向变坡影响。

（4）土压力

作用于墩台上土的侧压力，可按库仑理论推导的主动土压力计算。

对于实体圬工水浮力按 10 kN/m³ 计。位于透水地基上的墩台，应考虑水浮力。

对于土壤，只考虑土颗粒本身的水浮力，土壤颗粒容重一般为 27 kN/m³，干容重一般为 17 kN/m³。

2. 活载

（1）列车竖向静活载

铁路桥涵结构设计采用的列车荷载标准应符合现行《铁路列车荷载图式》（TB 3466—2016）的规定。

同时承受多线列车荷载的桥梁，其列车竖向静活载计算设计应符合下列规定：

①采用 ZKH 或 ZH 活载时，双线桥梁结构活载按两条线路在最不利位置承受 90% 计算；三线、四线桥梁结构活载按所有线路在最不利位置承受 80% 计算；四线以上桥梁结构活载按所有线路在最不利位置承受 75% 计算。

②采用 ZK 或 ZC 活载时，双线桥梁结构按两条线路在最不利位置承受 100% 的 ZK 或 ZC 活载计算。多于两线的桥梁结构应按以下两种情况最不利者考虑：按两条线路在最不利位置承受 100% 的 ZK 或 ZC 活载，其余线路不承受列车活载；所有线路在最不利位置承受 75% 的 ZK 或 ZC 活载。

③桥上所有线路不能同时运转时，应按可能同时运转的线路计算列车竖向力、离心力。

④对承受局部活载的杆件均按该列车竖向活载的 100% 计算。

⑤对于货物运输方向固定的多线重载铁路桥梁结构，列车竖向活载计算时可根据实际情况考虑相应折减。

设计加载时列车荷载图式可以任意截取。加载的结构（影响线）长度应符合下列规定：

①需要加载的结构（影响线）长度超过运营列车最大编组长度时，可采用列车最大编组长度。

②对于多符号影响线，可在同符号影响线各区段进行加载，异符号影响线区段长度不大于 15 m 时可不加活载；异符号影响线区段长度大于 15 m 时，可按空车活载 10 kN/m 加载。

③用空车检算桥梁各部构件时，竖向活载应按 10 kN/m 计算。

④疲劳验算时异符号影响线区段长度内均应按活载图式中的均布荷载加载。

列车静活载在桥台后引起的侧向土压力可按主动土压力计算，列车静活载可换算为当量均布土层厚度计算。

在计算列车竖向活载对涵洞的竖向压力和水平压力时，假定活载在轨底平面上的横向分布宽度为 2.6 m，其在路基内与竖直线成一角度（正切为 0.5）向外扩散，水平压力和竖向压力可按式（5-1-1）和式（5-1-2）计算：

水平压力 $$e = \xi q_{h} \qquad (5\text{-}1\text{-}1)$$

竖向压力 $$q_{\text{h}} = \frac{q}{2.6+h} \qquad (5\text{-}1\text{-}2)$$

式中 e, q_{h}——压力（kPa）；

ξ——水平土压力系数，见《铁路桥涵设计规范》（TB 10002—2017）第4.2.3条；

h——轨底以下的深度（m）；

q——特种活载分布集度（kN/m）。

桥涵结构计算应考虑列车竖向活载动力作用，可按竖向静活载乘以动力系数 $(1+\mu)$ 确定。实体墩台、基础计算可不考虑动力作用。

客货共线、重载铁路桥梁结构动力系数应按下列公式计算，且不小于1.0。

①简支或连续的钢桥跨结构和钢墩台动力系数应按式（5-1-3）计算：

$$1+\mu = 1 + \frac{40}{40+L} \qquad (5\text{-}1\text{-}3)$$

②钢与钢筋混凝土板的结合梁动力系数应按式（5-1-4）计算：

$$1+\mu = 1 + \frac{22}{40+L} \qquad (5\text{-}1\text{-}4)$$

③钢筋混凝土、素混凝土、石砌的桥跨结构及涵洞、刚架桥，其顶上填土厚度 h 大于等于3 m（从轨底算起）时不计列车竖向动力作用。当 h 小于3 m时，动力系数应按式（5-1-5）计算：

$$1+\mu = 1 + \alpha\left(\frac{6}{30+L}\right) \qquad (5\text{-}1\text{-}5)$$

式中 $\alpha = 0.32 \times (3-h)^2$，$h < 0.5$ m时 h 取0.5 m。式（5-1-3）～式（5-1-5）中的 L 以 m 计，除承受局部活载杆件为影响线加载长度外，其余均为桥梁跨度。

④空腹式钢筋混凝土拱桥的拱圈和拱肋动力系数应按式（5-1-6）计算：

$$1+\mu = 1 + \frac{15}{100+\lambda}\left(1+\frac{0.4L}{f}\right) \qquad (5\text{-}1\text{-}6)$$

式中 L——拱桥的跨度（m）；

λ——计算桥跨结构的主要杆件时为计算跨度（m）；对于只承受局部活载的杆件，则按其计算图式为一个或数个节间的长度（m）；

f——拱的矢高（m）。

⑤支座的动力系数计算公式与相应的桥跨结构计算公式相同。

（2）离心力

桥梁在曲线上时，应考虑列车竖向静活载产生的离心力。离心力的计算应符合下列规定：

①离心力应按式（5-1-7）计算：

$$F = f \cdot C \cdot W = f \cdot \frac{V^2}{127R} \cdot W \qquad (5\text{-}1\text{-}7)$$

式中 F——离心力（kN）；

C——离心力率，应不大于0.15；

W——列车荷载图式中的集中荷载或分布荷载（kN 或 kN/m）；

V——设计行车速度（kN/h）；

R——曲线半径（m）；

f——列车竖向活载折减系数，按式（5-1-8）计算；当计算值大于 1.0 时 f 取 1.0；当设计速度大于 250 km/h 时，f 按设计速度等于 250 km/h 计算；城际铁路、重载铁路 f 值取 1.0；

$$f = 1.00 + \frac{V-120}{1\ 000}\left(\frac{814}{V} + 1.75\right)\left(1 - \sqrt{\frac{2.88}{L}}\right) \qquad (5\text{-}1\text{-}8)$$

其中，L——桥上曲线部分荷载长度（m）：当 $L \leqslant 2.88$ m 或 $V \leqslant 120$ km/h 时，f 值取 1.0；当 $L > 150$ m 时，f 按 $L = 150$ m 计算。

②当设计速度大于 120 km/h 时，离心力和列车竖向活载组合时应考虑以下三种情况：

a. 不折减的列车竖向活载和按 120 km/h 速度计算的离心力（$f = 1.0$）。

b. 折减的列车竖向活载和按设计速度计算的离心力（$f < 1.0$）。

c. 曲线上的桥梁还应考虑没有离心力时列车竖向活载作用的情况。

③客货共线铁路离心力作用高度应按水平向外作用于轨顶以上 2.0 m 处计算，高速铁路、城际铁路离心力作用高度应按水平向外作用于轨顶以上 1.8 m 处计算。重载铁路离心力作用高度应按水平向外作用于轨顶以上 2.4 m 处计算。

（3）列车竖向动力作用

列车竖向动力作用时的列车竖向活载，等于列车静活载乘以动力系数（$1 + \mu$），但钢筋混凝土、混凝土、石砌的桥跨结构及涵洞、钢架桥，其顶上填土厚度 $h \geqslant 1$ m 时（从轨底算起）以及实体墩台均不计列车竖向动力作用。

（4）活载土压力

活载土压力为桥台后破坏棱体范围内因活载引起的侧向土压力，应按列车静活载换算为当量均布土层厚度计算。计算活载对涵洞的竖向压力和水平压力时，在轨底平面上的横向分布宽度假定为 2.6 m，在路基内与竖直线成一定角度向外分布计算，此角的正切值为 0.5。

3. 附加力

（1）制动力或牵引力

①制动力（牵引力）的大小与作用点：列车在桥梁上刹车或启动时，由于车轮与钢轨的摩擦，列车对钢轨将产生一水平力，并经支座传至桥墩台。刹车时产生与列车行进方向相同的纵向水平力，称为制动力；启动或加速时相反，称为牵引力。制动力与牵引力的大小接近相等，其值按计算长率内列车竖向静活载重量（对于桥墩台而言，是梁上或台上列车重量）的 10% 计算。

标准铁路的制动力或牵引力的作用点作用在轨顶以上 2 m 处，当计算墩台时须移到支座铰中心处，计算台顶制动力或牵引力时移至轨底，均不计算因移动作用点而产生的竖向力或力矩。

当制动力或牵引力与离心力或列车竖向动力作用同时计算时,考虑它们的最大值不可能同时发生,因此只按计算长度内列车竖向静活载重量的7%计算。双线桥应采用一线的制动力或牵引力计算。

采用铁路列车荷载图式中的特种活载时,不计算制动力或牵引力。

②制动力(牵引力)计算的规定:制动力或牵引力是经过支座传至墩台的,但支座种类不同,故传递力的大小也不同。简支梁传至墩台上的纵向水平力数值应按下列规定计算:

a. 固定支座为全孔的100%。

b. 滑动支座为全孔的50%。

c. 滚动支座为全孔的25%。

在一个桥墩上安设固定支座及活动支座时,应按上述数值相加。为避免出现计算值过大而不合理:对不等跨梁,此相加值不应大于其中较大跨的固定支座的纵向水平力;对等跨梁不应大于其中一跨的固定支座的纵向水平力。

桥台计算制动力或牵引力时,应分别计算梁跨部分和台上部分,计算方法同上。

桥头填方破坏棱体范围内的列车竖向活载所产生的制动力或牵引力不予计算,这是因为该力绝大部分已被轨道传走。

(2)风力

①风力是风作用在受风物体上的水平力,有纵向和横向两种,风荷载按强度可按式(5-1-9)计算:

$$W = K_1 K_2 K_3 W_0 \qquad (5\text{-}1\text{-}9)$$

式中 W——风荷载强度(Pa);

W_0——基本风压值(Pa),$W_0 = \dfrac{1}{1.6}v^2$,按平坦空旷地区,离地面20 m高,频率1/100的 10 min平均最大风速v(m/s)计算确定;一般情况W_0可按"全国基本风压分布图",并通过实地调查核实后采用;

K_1——桥墩风载体形系数,桥墩见表5-1-3,其他构件为1.3;

K_2——风压高度变化系数,见表5-1-4:风压随离地面或城市、常水位的高度而异,除特殊高墩个别计算外,为简化计算,全桥均取轨顶高度处的风压值;

K_3——地形、地理条件系数,见表5-1-5。

表5-1-3 桥墩风载体形系数 K_1

序号	截面形状		长宽比值	体形系数 K_1
1		圆形截面	—	0.8
2		与风向平行的正方形面	—	1.4

序号	截面形状		长宽比值	体形系教 K_1
3		短边迎风的矩阵截面	$l/b \leqslant 1.5$	1.2
			$l/b > 1.5$	0.9
4		长边迎风的矩阵截面	$l/b \leqslant 1.5$	1.4
			$l/b > 1.5$	1.3
5		短边迎风的圆端截面	$l/b \geqslant 1.5$	0.3
6		短边迎风的圆端截面	$l/b \leqslant 1.5$	0.8
			$l/b > 1.5$	1.1

表 5-1-4　风压高度变化系数 K_2

高地面或常水位高度(m)	≤20	30	40	50	60	70	80	90	100
K_2	1.00	1.13	1.22	1.30	1.37	1.42	1.47	1.52	1.56

表 5-1-5　地形、地理条件系数 K_3

地形、地理情况	K_3
一般平坦空旷地区	1.0
城市、林区盆地和有障碍挡风时	0.85 ~ 0.90
山岭、峡谷、垭口、风口区、湖面和水库	1.15 ~ 1.30
特殊风口区	按实际调查或观测资料计算

②列车横向受风面积应按 3 m 高的长方带计算,其作用点在轨顶以上 2 m 高度处;列车纵向风力不予计算。

③梁及桥面系横向风力的受风面积,对于整片结构为其轮廓面积,对于桁架结构则按轮廓面积适当折减。

④桥墩的纵、横向风力分别按两个方向的受风面积计算;检算桥台时,桥台本身所受风力不予计算。

⑤桥上有车时,风荷载强度采用 W 的 80% 计算,并不大于 1 250 Pa;桥上无车时按原值 W 计算。

(3)流水压力

作用于桥墩上的流水压力为 $P(\mathrm{kN})$,可按式(5-1-10)计算:

$$P = KA \frac{\gamma v^2}{2g_n}$$

(5-1-10)

式中　A——桥墩阻水面积(m^2),通常计算至一般冲刷线处;

　　　γ——水的重度,一般取 10 kN/m^3;

　　　v——计算时采用的流速(m/s);

　　　g_n——重力加速度(m/s^2);

　　　K——桥墩形状系数:方形桥墩为 1.47;矩形桥墩(长边与水流平行)为 1.33;圆形桥墩为 0.73;尖端形桥墩为 0.67;圆端形桥墩为 0.60。

流水压力的分布假定为倒三角形,其合力作用点位于水位线以下 1/3 水深处。

4. 特殊荷载

(1)地震力

地震力不与其他附加力同时计算。地震力的计算方法,详见《铁路工程抗震设计规范》(GB 50111—2006)(2009 年版)。

(2)其他荷载

在一般情况下不控制检算。

模块2　设计方法

模块描述

通过对本模块的学习,要求学生理解不同结构设计方法的内涵和应用范围。

教学目标

1. 理解容许应力法在铁路桥涵结构设计中的应用。

2. 区分四种结构设计理论。

5.2.1　概述

我们在钢筋混凝土结构设计中经常用到容许应力法和概率(极限状态)设计法,有些技术人员在设计计算中经常将二者混淆,因此有必要将两种设计计算方法进行介绍和比较,供广大技术人员参考。

5.2.2　四种结构设计理论简述

1. 容许应力法

容许应力法,以结构构件的计算应力 σ 不大于有关规范所给定的材料容许应力 $[\sigma]$ 的原则来进行设计的方法。设计表达式为 $\sigma \leqslant [\sigma]$。

结构构件的计算应力 σ 按荷载标准值以线性弹性理论计算;容许应力 $[\sigma]$ 由规定的材

料弹性极限(或极限强度、流限)除以大于1的单一安全系数而得。

容许应力法以线性弹性理论为基础,以构件危险截面的某一点或某一局部的计算应力小于或等于材料的容许应力为准则。在应力分布不均匀的情况下,如受弯构件、受扭构件或静不定结构,用这种设计方法比较保守。

容许应力法将材料视为理想弹性体,用线弹性理论方法,算出结构在标准荷载下的应力,要求任一点的应力,不超过材料的容许应力。材料的容许应力,是由材料的屈服强度,或极限强度除以安全系数 K 而得。

容许应力法的特点是:简洁实用,K 值逐步减小;对具有塑性性质的材料,无法考虑其塑性阶段继续承载的能力,设计偏于保守;用 K 使构件强度有一定的安全储备,但 K 的取值是经验性的,且对不同材料,K 值大并不一定说明安全度就高;单一 K 可能还包含了对其他因素(如荷载)的考虑,但其形式不便于对不同的情况分别处理(如恒载、活载)。

容许应力设计应用简便,是工程结构中的一种传统设计方法,目前在公路、铁路工程设计中仍在应用。它的主要缺点是由于单一安全系数是一个笼统的经验系数,因此给定的容许应力不能保证各种结构具有比较一致的安全水平,也未考虑荷载增大的不同比率或具有异号荷载效应情况对结构安全的影响。

2. 破坏阶段法

设计原则是:结构构件达到破坏阶段时的设计承载力不低于标准荷载产生的构件内力乘以安全系数 K。

破坏阶段法的特点是:以截面内力(而不是应力)为考察对象,考虑了材料的塑性性质及其极限强度;内力计算多数仍采用线弹性方法,少数采用弹性方法;仍采用单一的、经验的安全系数。

3. 极限状态法

极限状态法中将单一的安全系数转化成多个(一般为3个)系数,分别用于考虑荷载、荷载组合和材料等的不定性影响,还在设计参数的取值上引入概率和统计数学的方法(半概率方法)。

极限状态法的特点是:在可靠度问题的处理上有质的变化,这表现在用多系数取代单一系数,从而避免了单一系数笼统含混的缺点。继承了容许应力法和破坏阶段法的优点;在结构分析方面,承载能力状态以塑性理论为基础;正常使用状态以弹性理论为基础;对于结构可靠度的定义和计算方法还没法给予明确回答。

4. 概率(极限状态)设计法

该方法的设计准则是:对于规定的极限状态,荷载引起的荷载效应(结构内力)大于抗力(结构承载力)的概率(失效概率)不应超过规定的限值。

概率(极限状态)设计法的特点是:继承了极限状态设计的概念和方法,但进一步明确提出了结构的功能函数和极限状态方程式,及一套计算可靠指标和推导分项系数的理论和方法;设计表达式仍可继续采用分项安全系数的形式,以便与以往的设计方法衔接,但其中的系数是以一类结构为对象,根据规定的可靠指标,经概率分析和优化确定的。

思考题

1. 桥梁设计荷载如何分类?
2. 恒载包括哪些荷载?
3. 活载包括哪些荷载?
4. 荷载效应如何组合?
5. 列车在曲线上产生离心力,如何考虑?
6. 列车制动力如何取值? 怎样分配?

项目6

桥梁上部结构构件计算

项目概述

本项目内容为受弯构件正截面承载力计算,主要要求学生熟练掌握单筋矩形、双筋矩形和 T 形截面受弯构件正截面设计和复核的方法。

教学目标

知识目标

(1)深入理解适筋梁的三个受力阶段以及配筋率对梁正截面破坏形态的影响。

(2)熟练掌握单筋矩形、双筋矩形和 T 形截面受弯构件正截面设计和复核的方法。

(3)掌握梁、板的有关构造规定。

能力目标

能够进行受弯构件正截面承载力的计算。

模块1 受弯构件截面形式与钢筋布置

模块描述

通过对本模块的学习,要求学生掌握梁、板的构造要求。

教学目标

掌握梁、板的形式、尺寸、配筋等构造要求。

6.1.1 截面形式

钢筋混凝土受弯构件主要有板和梁两种,板的截面一般为矩形。当板仅有两边支承或虽四边支承而长边与短边之比不小于 2 时,称为梁式板(单向板)。板的一般构造见表 6-1-1。

表 6-1-1 板的一般构造

项 目	板的种类	
	道砟槽板	人行道板
板的最小厚度(mm)	120	80

项　　目	板的种类	
	道砟槽板	人行道板
板内受力钢筋最小直径(mm)	10	8
板内受力钢筋最大距离(mm)	200	200
板内受力钢筋伸入支点数量	不少于 3 根及跨度中间钢筋截面积的 1/4	—
板内分配钢筋最小直径(mm)	8	6
板内分配钢筋最大间距(mm)	300	

注:1. 预制人行道板的最小厚度可用 70 mm。

2. 在所有受力钢筋转折处均应设置分配钢筋。

梁的截面形状通常有矩形、T 形、箱形等。梁高应依刚度、经济指标及桥下净空等条件决定。普通钢筋混凝土铁路桥梁的主梁高度与跨度的比值,约为 1/6 ~ 1/9。

6.1.2　钢筋布置

按作用的不同,梁内钢筋有纵向受力钢筋(亦称主筋)、箍筋、斜筋(亦称弯起钢筋)和架立钢筋,板内钢筋有主筋和分配钢筋(亦称分布钢筋),如图 6-1-1 所示。

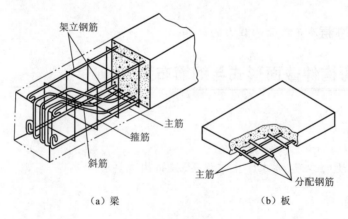

架立钢筋　主筋　箍筋　斜筋

主筋　分配钢筋

（a）梁　　　　　　　（b）板

图 6-1-1　钢筋骨架

1. 主筋

在受弯构件的受拉区混凝土中,用以承受荷载引起的拉应力的钢筋称为纵向受力钢筋,梁内主筋可以单根布置,也可以两根或三根为一束进行布置;可以布置成一层,也可以布置成数层。钢筋的净间距不应小于钢筋的直径 d 或 30 mm。当钢筋(或束筋)层数不少于三层时,其净距在横向不应小于 1.5 倍钢筋直径或 45 mm,竖向不得小于钢筋直径或 30 mm(见图 6-1-2)。

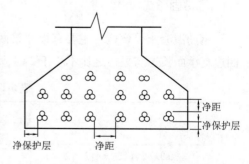

净距

净保护层

净保护层　净距

图 6-1-2　主筋的净距和保护层

由于板的宽度较大,所以板内主筋都是单根地布置成一层,采用的直径不宜过细、间距不宜过大。规范规定,道砟槽板的钢筋直径不得小于10 mm,人行道板的钢筋直径不得小于8 mm。受力钢筋的间距不得超过200 mm。为了使板的顶部和底部钢筋形成整体骨架以利吊装和维持构造钢筋的准确位置,可将部分主筋弯转,但板内主筋伸入支点的数量每米不得少于3根,亦不得少于跨中钢筋截面积的1/4。

2.斜筋和箍筋

在靠近梁的两端,常将部分主筋按45°角弯起以承受主拉力,其斜段称为斜筋,数量通常由计算决定。

箍筋通常垂直于梁轴布置,它的作用是:承受部分主拉力;固定主筋的位置,形成钢筋骨架;保证受拉区和受压区的良好联系。如有受压钢筋时,则同时可保证受压钢筋的稳定性,不论按计算需要与否,梁内均应配置箍筋。

3.架立钢筋和分配钢筋

架立钢筋用以架立箍筋,组成整体钢筋骨架,其直径通常为10~14 mm。

板内分配钢筋的作用是把荷载传递给主筋,同时承受温度变化及混凝土收缩引起的拉应力,并起固定主筋位置的作用。

分配钢筋沿与主筋垂直的方向布置,最大间距为300 mm,在主筋弯转处应设置一根。道砟槽板内分配钢筋的最小直径为8 mm,人行道板内的可为6 mm。

6.1.3 混凝土保护层

钢筋混凝土结构的保护层(见图6-1-2)作用可以概括为:①保护钢筋免受腐蚀,这主要与混凝土密实度和构件所处的环境等有直接关系。②保证钢筋与混凝土之间的黏结力能够充分发挥作用。

保护层厚度过小,则裂缝开展后水汽容易侵入或者施工时偶有误差便不能保护钢筋不受腐蚀;保护层厚度太大,混凝土表层因距钢筋过远容易碰坏;根据实践经验,考虑构件处于一般环境,梁内主要受力钢筋的保护层厚度定为30~50 mm。为提高耐久性,规定其他钢筋的保护层厚度均不得小于30 mm。

模块2 抗弯强度计算的基本原理

模块描述

掌握钢筋混凝土梁正截面工作的三个阶段及每个阶段的应力状态,超筋梁、少筋梁及适筋梁的特点。

教学目标

1.熟悉钢筋混凝土梁正截面工作的三个阶段(第Ⅰ阶段、第Ⅱ阶段、第Ⅲ阶段)及各自的应力特点。

2.掌握超筋梁、少筋梁及适筋梁的特点。

6.2.1　钢筋混凝土受弯构件的应力阶段及最小配筋率

1.应力阶段

钢筋混凝土受弯构件的许多实验结果表明,当荷载不断增加时,纯弯段梁的某一横截面上会经历下列几个阶段(见图6-2-1)。

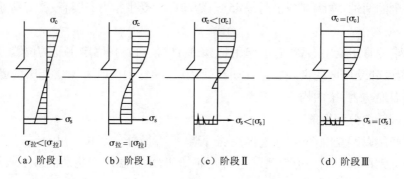

（a）阶段 Ⅰ　　　　（b）阶段 Ⅰₐ　　　（c）阶段 Ⅱ　　　　（d）阶段 Ⅲ

图 6-2-1　受弯构件的应力阶段

第Ⅰ阶段:当荷载很小,受拉区混凝土的拉应力小于混凝土抗拉强度[$\sigma_{拉}$]时,混凝土尚未开裂,全部截面均参加受力,钢筋混凝土梁大致处于弹性工作阶段。这时混凝土的应变大致与应力成正比,但因混凝土的受拉弹性模量小于其受压弹性模量,所以在图6-2-1(a)中,中性轴上、下表示应力图形的两条斜线的倾斜度稍有不同。

第Ⅰₐ阶段:随着荷载的增加,受拉区混凝土已明显出现塑性变形。受拉区边缘混凝土的拉应变达到了极限值,受拉区混凝土的应力已大部分达到或接近抗拉强度[$\sigma_{拉}$],应力图接近矩形。受压区混凝土也出现塑性变形,应力图呈曲线形。受拉区钢筋中的拉应力按受拉区混凝土上下缘的极限应变来估计约为20~30 MPa,远小于钢筋的抗拉强度。这个应力阶段是抗裂性计算的基础。

第Ⅱ阶段:荷载继续增加,受拉区混凝土出现裂缝,随着荷载继续增大,裂缝向中性轴发展,但裂缝宽度尚小。按裂缝处截面分析,受拉区混凝土已不能承受拉力,可以认为拉力全部由钢筋承担,但钢筋的应力尚未达到屈服强度[σ_s]。受压区混凝土已出现较为显著的塑性变形,应力图呈抛物线状。但受压区边缘混凝土的最大压应力还未达到抗弯极限强度[σ_c]。这个应力阶段是按容许应力法计算的基础。

第Ⅲ阶段:荷载继续增大,构件达到破坏阶段,构件破坏的情况随配筋量的多少而异。在常用配筋量的范围内,破坏前,钢筋应力首先达到屈服强度,材料显著出现塑性变形,受拉区混凝土裂缝急剧开展,然后,受压区混凝土达到抗压极限强度。破坏前,钢筋的变形尚未越过流幅,受压区混凝土的应力图形是某种曲线,按矩形应力图形进行计算,误差不大。这个应力阶段是按破坏阶段法或极限状态法计算的基础。

2.最小配筋率

如受拉区钢筋配置过多,构件达到破坏阶段时,受压区混凝土达到抗压极限强度,钢筋应力尚未达到屈服强度,这种梁不能充分发挥受拉钢筋的性能,常称为"超筋梁"。超筋梁破坏时,受压区混凝土突然被压碎,无明显预兆,因此应尽量避免采用这种"超筋设计"。

如受拉区钢筋配置过少,加荷后,在受拉区混凝土开裂前,拉力主要由受拉区混凝土承受。当受拉区出现第一条裂缝后,拉力几乎全部转由钢筋承受,由于配筋量过少,钢筋中的应力立即达到并超出屈服强度,进入强化阶段,甚至拉断钢筋,这种"少筋梁"虽配置了钢筋,但因数量过少,其承载能力与素混凝土梁相差不多,受压区混凝土的强度不能充分利用,而构件的变形与裂缝却已大大超过了正常使用的容许值。为了避免出现这种情况,《铁路桥涵混凝土结构设计规范》(TB 10092—2017)规定:在受弯及偏心受压构件中,配筋率μ(受拉钢筋截面积占混凝土有效截面积的百分数)不应低于表6-2-1所列的数值。

表 6-2-1　弯构件的截面最小配筋率(%)

钢筋种类	混凝土强度等级	
	C25 ~ C45	C50 ~ C60
HPB300	0.20	0.25
HRB400	0.15	0.20
HRB500	0.14	0.18

6.2.2　按容许应力法计算的基本假定

按容许应力法计算是以第Ⅱ阶段应力图形为计算基础,为简化应力图形,使计算方法简单实用,作以下几点假定:

1. 平截面假定

①所有与梁轴垂直的截面在梁受力弯曲后仍保持为平面,也就是平行于梁轴的各纵向纤维的变形与其离中性轴的距离成正比。

②由于钢筋与混凝土之间存在黏结力,钢筋的变形量必与同一水平位置的混凝土纵向纤维的变形量相等。

2. 弹性体假定

在第Ⅱ阶段,受压区混凝土的塑性变形还不大,可以近似地将混凝土看作弹性材料,也就是假定应力与应变成正比,将受压区混凝土的应力图形简化为三角形。

3. 受拉区混凝土不参加工作

实际上,在第Ⅱ阶段时,受拉区混凝土仍有一小部分参加工作,但其作用很小,可以略去不计,认为全部拉力均由钢筋承受。

根据以上三项假定得出一简化后的应力图形,如图6-2-2所示。

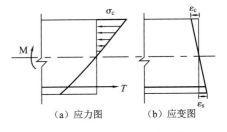

图 6-2-2　按容许应力法计算的
应力、应变图

6.2.3　换算截面

按容许应力法的计算时需直接应用材料力学匀质梁的公式进行。但钢筋混凝土梁并非匀质弹性材料,而是由钢筋和混凝土两种弹性模量不同的材料组成,所以计算时需将钢筋和混凝土组成的实际截面换算为假想的拉压性能相同的匀质截面,该假想的匀质截面称为换算截面(见图6-2-3)。对于换算截面可以用匀质梁的公式进行计算。

换算的方法是将主筋换算为能够承受拉力的假想混凝土,其弹性模量值等于混凝土受压的弹性模量值 E_c。在横截面上假想混凝土的形心与原来的主筋形心重合,且高度差极其微小。假想混凝土形心处的应变 ε_1 与主筋形心处的应变 ε_s 相等,即 $\varepsilon_1 = \varepsilon_s$。因为 $\varepsilon_1 = \sigma_1/E_c$;$\varepsilon_s = \sigma_s/E_s$,所以 $\sigma_s = \varepsilon_s E_s = \varepsilon_1 \cdot E_s = \dfrac{\sigma_1}{E_c} \cdot E_s$。如令 $n = E_s/E_c$,则:

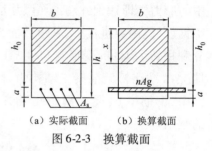

(a)实际截面　(b)换算截面

图 6-2-3　换算截面

$$\sigma_s = n\sigma_1 \text{ 或 } \sigma_1 = \frac{1}{n}\sigma_s \tag{6-2-1}$$

根据假想混凝土承受的总拉力应与主筋承受的总拉力相等,得 $A_1\sigma_1 = A_s\sigma_s$。即:

$$A_1 = A_s \frac{\sigma_s}{\sigma_1} = nA_s \tag{6-2-2}$$

由式(6-2-1)和(式6-2-2)可知,在换算截面中,受拉的假想混凝土应力 σ_1 为主筋应力 σ_s 的 $1/n$ 倍,而假想混凝土的截面积 A_1 等于实际截面中主筋截面积 A_s 的 n 倍,所以换算截面的受压区面积仍和实际截面的面积相同,其受拉区是 n 倍主筋截面积的假想混凝土,如图6-2-3(b)所示。

《铁路桥涵混凝土结构设计规范》(TB 10092—2017)规定:n 值为钢筋弹性模量与混凝土的变形模量之比,这里的变形模量是指因疲劳及持久荷载作用下徐变的影响而降低了的弹性模量,n 值按表6-2-2采用。表中规定计算桥跨结构及顶帽时需采用较大的 n 值,主要是考虑到疲劳的影响较大,使混凝土的弹性模量降低较多的缘故。

表 6-2-2　*n* 值

结构类型 \ 混凝土强度等级	C25 ~ C35	C40 ~ C60
桥跨结构及顶帽	15	10
其他结构	10	8

模块3　单筋矩形截面受弯构件的计算

📖 模块描述

通过对本模块的学习,要求学生掌握单筋矩形截面正截面承载力基本公式、适用条件以及基本公式的应用。

1. 掌握单筋矩形截面正截面承载力基本公式及其适用条件。
2. 掌握基本公式在复核问题和设计问题中的应用。

6.3.1 单筋矩形截面构件的复核

主筋仅设置在受拉区的矩形截面,称为单筋矩形截面。

工程实践中遇到的计算问题有两大类:一是复核问题,一是设计问题。所谓复核问题,就是根据已知的构件截面尺寸、主筋布置、材料品种和荷载情况计算混凝土和主筋中的最大应力值,据此判断是否安全和经济。所谓设计问题,通常是根据已知的荷载情况和材料品种,要求按安全和经济的原则,确定构件截面尺寸及主筋的用量和布置。

根据上节所述的基本假定和简化而得的应力图形,引入换算截面的概念进行复核,通常有下列三种方法:

1. 应用材料力学公式进行计算

已知一受弯构件的截面尺寸与主筋布置如图 6-3-1 所示,该截面在弯矩 M 的作用下,受压区混凝土最外边缘的压应力 σ_c 应满足式(6-3-1)要求:

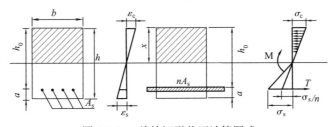

图 6-3-1　单筋矩形截面计算图式

$$\sigma_c = \frac{M}{I_0}x \leq [\sigma_b] \quad (6\text{-}3\text{-}1)$$

式中　I_0——换算截面对中性轴的惯性矩;

x——受压区混凝土的高度;

$[\sigma_b]$——弯曲时受压的允许应力。

受拉区主筋中的拉应力 σ_s,应满足式(6-3-2)要求:

$$\sigma_s = n\sigma_1 = n\frac{M}{I_0}(h_0 - x) \quad (6\text{-}3\text{-}2)$$

式中　σ_1——假想受拉混凝土中的拉应力;

h_0——混凝土截面有效高度,等于截面高度 h 减去主筋形心至受拉区边缘距离 a,即 $h_0 = h - a$。

由式(6-3-1)和式(6-3-2)得:

$$\frac{\sigma_s}{\sigma_c} = \frac{n\dfrac{M}{I_0}(h_0 - x)}{\dfrac{M}{I_0}x} = n\frac{h_0 - x}{x} \quad (6\text{-}3\text{-}3)$$

因此,当已知 σ_c 值时,主筋中的拉应力,也可由式[6-3-3(a)]计算:

$$\sigma_s = n\frac{h_0 - x}{x}\sigma_c \qquad [6\text{-}3\text{-}3(\text{a})]$$

应用上述公式核算主筋和混凝土中的应力时,应首先求出受压区高度 x 和换算截面对中性轴的惯性矩 I_0。

由于匀质梁的中性轴通过截面的形心,所以钢筋混凝土梁的中性轴也通过换算截面的形心,也就是换算截面受压区面积对中性轴的静面矩 S_a 等于换算截面受拉区面积对中性轴的静面矩 S_1,即 $S_a = S_1$,由图 6-3-1 可知:

$$S_a = bx\frac{x}{2} = \frac{1}{2}bx^2 \qquad S_1 = nA_s(h_0 - x)$$

所以

$$\frac{1}{2}bx^2 = nA_s(h_0 - x) \qquad (6\text{-}3\text{-}4)$$

解式(6-3-4),得

$$x = \frac{-nA_s + \sqrt{n^2A_s^2 + 2bh_0 \cdot nA_s}}{b} \qquad [6\text{-}3\text{-}4(\text{a})]$$

因配筋率 $\mu = \dfrac{A_s}{bh_0}$,因此,式[6-3-4(a)]可改写成:

$$x = \left(-\frac{nA_s}{bh_0} + \sqrt{\frac{n^2A_s^2}{b^2h_0^2} + \frac{2nA_s}{bh_0}}\right)h_0 = \left(\sqrt{n^2\mu^2 + 2n\mu} - n\mu\right)h_0 \qquad [6\text{-}3\text{-}4(\text{b})]$$

换算截面对中性轴的惯性矩 I_0 为:

$$I_0 = \frac{1}{3}bx^3 + nA_s(h_0 - x)^2 \qquad (6\text{-}3\text{-}5)$$

2. 内力偶法

内力偶为受拉区主筋的合力 T 与受压区混凝土的合力 D 组成的力偶(见图 6-3-1)。

在计算截面上,由于荷载产生的弯矩必和内力偶矩相平衡,所以:

$$M = T \cdot z = D \cdot z \qquad (6\text{-}3\text{-}6)$$

式中 $D = \dfrac{1}{2}bx\sigma_c, T = A_s\sigma_s$;

z——内力偶臂长,即 D 的作用点至 T 的作用点之间的距离。由图 6-3-1 可得:

$$z = h_0 - \frac{x}{3} \qquad (6\text{-}3\text{-}7)$$

由压力 D 对受拉主筋的形心取矩,得:

$$M = Dz = \frac{1}{2}bx\sigma_c\left(h_0 - \frac{x}{3}\right) \qquad (6\text{-}3\text{-}8)$$

故得受压区混凝土边缘的最大压应力的核算公式为:

$$\sigma_c = \frac{2M}{bx\left(h_0 - \dfrac{x}{3}\right)} \leqslant [\sigma_b] \qquad (6\text{-}3\text{-}9)$$

由拉力 T 对受压区混凝土的合力作用点取矩,得:

$$M = T \cdot z = A_s \sigma_s \left(h_0 - \frac{x}{3} \right) \tag{6-3-10}$$

故得主筋拉应力的核算公式为:

$$\sigma_s = \frac{M}{A_s \left(h_0 - \dfrac{x}{3} \right)} \leqslant [\sigma_s] \tag{6-3-11}$$

3. 应用系数表进行计算

在实际工作中。常将上述计算公式变换为由一些系数表达的形式,并将其中的各个系数事先计算好,制成表格,用以简化计算工作。系数表的种类较多,这里只介绍常用的一种。

由式[6-3-4(b)]得受压区混凝土的高度 x 为:

$$x = \left(\sqrt{n^2 \mu^2 + 2n\mu} - n\mu \right) h_0 = \alpha h_0 \qquad [6\text{-}3\text{-}4(c)]$$

式中 $\alpha = \sqrt{n^2 \mu^2 + 2n\mu} - n\mu$。

式[6-3-4(c)]代入式(6-3-7)得内力偶臂长 z 为:

$$z = h_0 - \frac{x}{3} = h_0 - \frac{\alpha h_0}{3} = \lambda h_0 \qquad [6\text{-}3\text{-}7(a)]$$

式中 $\lambda = 1 - \dfrac{\alpha}{3}$。

式[6-3-4(c)]代入式(6-3-9)得受压区混凝土边缘的最大压应力为:

$$\sigma_c = \frac{2M}{bx \left(h_0 - \dfrac{x}{3} \right)} = \frac{2M}{b\alpha h_0 \lambda h_0} = \beta \frac{M}{b h_0^2} \qquad [6\text{-}3\text{-}9(a)]$$

式中 $\beta = \dfrac{2}{\alpha \lambda}$。

式[6-3-4(c)]代入式(6-3-11)得主筋的拉应力为:

$$\sigma_s = \frac{M}{A_s \left(h_0 - \dfrac{x}{3} \right)} = \frac{M}{\mu b h_0 \lambda h_0} = \gamma \frac{M}{b h_0^2} \qquad [6\text{-}3\text{-}11(a)]$$

式中 $\gamma = \dfrac{1}{\mu \lambda}$。

由式[6-3-9(a)]及式[6-3-11(a)]得 σ_s 与 σ_c 的比值为:

$$\frac{\sigma_s}{\sigma_c} = \frac{\gamma \dfrac{M}{b h_0^2}}{\beta \dfrac{M}{b h_0^2}} = \frac{\gamma}{\beta} = k \tag{6-3-12}$$

式中 $k = \dfrac{\gamma}{\beta}$。

在上述式中引入了 α、λ、β、γ 和 k 五个系数,这些系数均为钢筋弹性模量与混凝土变形模量比 n 和配筋率 μ 的函数,因此,可以根据不同的 n 和 μ 值,事先计算出这些系数值,表6-3-1 ~ 表6-3-3就是分别按 $n = 8$、10、15 及 $\mu = 0.10\%$ ~ 4.5% 编制的矩形截面计算系数表。

表 6-3-1　矩形截面计算系数　　$n=8$

100μ	α	λ	β	γ	k	100μ	α	λ	β	γ	k
0.10	0.119	0.960	17.54	1041.2	59.37	1.65	0.398	0.867	5.79	69.9	12.08
0.12	0.129	0.957	16.17	870.9	53.87	1.70	0.403	0.866	5.73	68.0	11.85
0.14	0.139	0.954	15.10	749.0	49.60	1.75	0.407	0.864	5.68	66.1	11.64
0.16	0.148	0.951	14.24	657.4	46.16	1.80	0.412	0.863	5.68	64.4	11.43
0.18	0.156	0.948	13.53	586.0	43.31	1.85	0.416	0.861	5.58	62.8	11.24
0.20	0.164	0.945	12.93	528.8	40.90	1.90	0.420	0.860	5.54	61.2	11.05
0.22	0.171	0.943	12.41	482.0	38.83	1.95	0.424	0.859	5.49	59.7	10.87
0.24	0.178	0.941	11.96	437.02	37.02	2.00	0.428	0.857	5.45	58.3	10.70
0.26	0.184	0.939	11.57	409.8	35.43	2.05	0.432	0.856	5.41	57.0	10.53
0.28	0.190	0.937	11.21	381.4	34.01	2.10	0.436	0.855	5.37	55.7	10.37
0.30	0.196	0.935	10.90	356.7	32.73	2.15	0.439	0.854	5.33	54.5	10.21
0.32	0.202	0.933	10.61	335.1	31.58	2.20	0.443	0.852	5.30	53.3	10.06
0.34	0.208	0.931	10.35	316.0	30.53	2.25	0.446	0.851	5.26	52.2	9.92
0.36	0.213	0.929	10.11	299.0	29.57	2.30	0.450	0.850	5.23	51.1	9.78
0.38	0.218	0.927	9.89	283.8	28.69	2.35	0.453	0.849	5.20	50.1	9.65
0.40	0.223	0.926	9.69	270.1	27.87	2.40	0.457	0.848	5.17	49.1	9.52
0.42	0.228	0.924	9.50	057.7	27.12	2.45	0.460	0.847	5.13	48.2	9.39
0.44	0.232	0.923	9.33	246.4	36.42	2.50	0.463	0.846	5.11	47.3	9.27
0.46	0.237	0.921	9.16	236.0	25.76	2.55	0.467	0.844	5.08	46.4	9.15
0.48	0.241	0.920	9.01	226.6	25.14	2.60	0.470	0.843	5.05	45.6	9.03
0.50	0.246	0.918	8.87	217.8	24.57	2.65	0.473	0.842	5.02	44.8	8.92
0.52	0.250	0.917	8.73	209.8	24.02	2.70	0.476	0.841	5.00	44.0	8.81
0.54	0.254	0.915	8.61	203.2	23.51	2.75	0.479	0.840	4.97	43.3	8.71
0.56	0.258	0.914	8.49	195.4	23.02	2.80	0.482	0.839	4.95	42.5	8.60
0.58	0.262	0.913	8.37	188.9	22.56	2.85	0.485	0.838	4.92	41.8	8.50
0.60	0.266	0.911	8.26	182.9	22.13	2.90	0.488	0.837	4.90	41.2	8.41
0.62	0.269	0.910	8.16	177.2	21.71	2.95	0.490	0.837	4.88	40.5	8.31
0.64	0.273	0.909	8.06	171.9	21.32	3.00	0.493	0.836	4.85	39.9	8.22
0.66	0.276	0.908	7.97	166.9	20.94	3.05	0.496	0.835	4.83	39.3	8.13
0.68	0.280	0.907	7.88	162.2	20.58	3.10	0.499	0.834	4.81	38.7	8.04
0.70	0.283	0.906	7.80	157.8	20.24	3.15	0.501	0.833	4.79	38.1	7.96
0.72	0.287	0.904	7.71	153.6	19.91	3.20	0.504	0.832	4.77	37.6	7.87
0.74	0.290	0.903	7.64	149.6	19.59	3.25	0.507	0.831	4.75	37.0	7.79
0.76	0.293	0.902	7.56	145.8	19.29	3.30	0.509	0.830	4.73	36.5	7.71
0.78	0.296	0.901	7.49	142.3	19.00	3.35	0.512	0.829	4.71	36.0	7.64
0.80	0.299	0.900	7.42	138.9	18.72	3.40	0.514	0.829	4.69	35.5	7.56
0.82	0.303	0.899	7.35	135.6	18.45	3.45	0.517	0.828	4.68	35.0	7.49
0.84	0.306	0.898	7.29	132.5	18.19	3.50	0.519	0.827	4.66	34.5	7.41
0.86	0.308	0.897	7.23	129.6	17.93	3.55	0.521	0.826	4.64	34.1	7.34
0.88	0.311	0.896	7.17	126.8	17.69	3.60	0.524	0.825	4.63	33.7	7.27
0.90	0.314	0.895	7.11	124.1	17.46	3.65	0.526	0.825	4.61	33.2	7.21
0.92	0.317	0.894	7.05	121.5	17.23	3.70	0.528	0.824	4.59	32.8	7.41
0.94	0.320	0.893	7.00	119.1	17.01	3.75	0.531	0.823	4.58	32.4	7.08
0.96	0.323	0.892	6.95	116.7	16.80	3.80	0.533	0.822	4.56	32.0	7.01
0.98	0.325	0.892	6.90	114.4	16.60	3.85	0.535	0.822	4.55	31.6	6.95
1.00	0.328	0.891	6.85	112.3	16.40	3.90	0.537	0.821	4.53	31.2	6.89
1.05	0.334	0.889	6.73	107.2	15.92	3.95	0.539	0.820	4.52	30.9	6.83
1.10	0.341	0.886	6.62	102.6	15.48	4.00	0.542	0.819	4.51	30.5	6.77
1.15	0.347	0.884	6.52	98.3	15.07	4.05	0.544	0.819	4.49	30.2	6.71
1.20	0.353	0.882	6.43	94.4	14.69	4.10	0.546	0.818	4.48	29.8	6.66
1.25	0.358	0.881	6.34	90.8	14.33	4.15	0.548	0.817	4.47	29.5	6.60
1.30	0.364	0.879	6.26	87.5	13.99	4.20	0.550	0.817	4.45	29.2	6.55
1.35	0.369	0.877	6.18	84.5	13.67	4.25	0.552	0.816	4.41	28.8	6.49
1.40	0.374	0.875	6.10	81.6	13.37	4.30	0.554	0.815	4.43	28.5	6.44
1.45	0.379	0.874	6.03	79.0	13.08	4.35	0.556	0.815	4.42	28.2	6.30
1.50	0.384	0.872	5.97	76.5	12.81	4.40	0.558	0.814	4.40	27.9	6.34
1.55	0.389	0.870	5.90	74.1	12.55	4.45	0.560	0.813	4.39	27.6	6.29
1.60	0.394	0.869	5.84	71.9	12.31	4.50	0.562	0.813	4.38	27.3	6.24

表 6-3-2　矩形截面计算系数　　　n = 10

100μ	α	λ	β	γ	k	100μ	α	λ	β	γ	k
0.10	0.132	0.956	15.87	1045.9	65.89	1.65	0.433	0.856	5.40	70.8	13.11
0.12	0.143	0.952	14.65	875.2	59.74	1.70	0.437	0.854	5.35	68.0	12.86
0.14	0.154	0.949	13.70	752.9	54.97	1.75	0.442	0.853	5.31	37.0	12.63
0.16	0.164	0.945	12.93	661.0	51.12	1.80	0.446	0.851	5.26	65.3	12.40
0.18	0.173	0.942	12.30	589.5	47.94	1.85	0.451	0.850	5.22	63.6	12.18
0.20	0.181	0.940	11.76	532.1	45.25	1.90	0.455	0.848	5.18	62.0	11.98
0.22	0.189	0.937	11.30	485.1	42.93	1.95	0.459	0.847	5.14	60.6	11.78
0.24	0.196	0.935	10.90	445.9	40.92	2.00	0.463	0.846	5.11	59.1	11.58
0.26	0.204	0.932	10.54	412.6	39.14	2.05	0.467	0.844	5.07	57.8	11.40
0.28	0.210	0.930	10.23	384.1	37.55	2.10	0.471	0.843	5.03	56.5	11.22
0.30	0.217	0.928	9.94	359.3	36.13	2.15	0.475	0.842	5.00	55.3	11.05
0.32	0.223	0.926	9.69	337.6	34.84	2.20	0.479	0.840	4.97	54.1	10.88
0.34	0.229	0.924	9.46	318.4	33.67	2.25	0.483	0.839	4.94	53.0	10.72
0.36	0.235	0.922	9.24	301.4	32.60	2.30	0.486	0.838	4.91	51.9	10.57
0.38	0.240	0.920	9.05	286.1	31.62	2.35	0.490	0.837	4.88	50.9	10.42
0.40	0.246	0.918	8.87	272.3	30.71	2.40	0.493	0.836	4.85	49.9	10.28
0.42	0.251	0.916	8.70	259.8	29.86	2.45	0.497	0.834	4.83	48.9	10.14
0.44	0.256	0.915	8.54	248.5	29.08	2.50	0.500	0.833	4.80	48.0	10.00
0.46	0.261	0.913	8.40	238.1	28.35	2.55	0.503	0.832	4.77	47.1	9.87
0.48	0.266	0.911	8.26	228.6	27.66	2.60	0.507	0.831	4.75	46.3	9.74
0.50	0.270	0.910	8.14	219.8	27.02	2.65	0.510	0.830	4.73	45.5	9.62
0.52	0.275	0.908	8.02	211.7	26.41	2.70	0.513	0.829	4.70	44.7	9.50
0.54	0.279	0.907	7.90	204.2	25.84	2.75	0.516	0.828	4.68	43.9	9.38
0.56	0.283	0.906	7.80	197.2	25.30	2.80	0.519	0.827	4.66	43.2	9.27
0.58	0.287	0.904	7.69	190.7	24.78	2.85	0.522	0.826	4.64	42.5	9.16
0.60	0.292	0.903	7.60	184.6	24.30	2.90	0.525	0.825	4.62	41.8	9.05
0.62	0.296	0.901	7.51	178.9	23.83	2.95	0.528	0.824	4.60	41.1	8.95
0.64	0.299	0.900	7.42	173.6	23.39	3.00	0.531	0.823	4.58	40.5	8.84
0.66	0.303	0.899	7.34	168.6	22.97	3.05	0.533	0.822	4.56	39.9	8.75
0.68	0.307	0.898	7.26	163.8	22.57	3.10	0.536	0.821	4.54	39.3	8.65
0.70	0.311	0.896	7.18	159.4	22.19	3.15	0.539	0.820	4.52	38.7	8.55
0.72	0.314	0.895	7.11	155.1	21.82	3.20	0.542	0.819	4.51	38.1	8.46
0.74	0.318	0.894	7.04	151.1	21.47	3.25	0.544	0.819	4.49	37.6	8.37
0.76	0.321	0.893	6.97	147.4	21.13	3.30	0.547	0.818	4.47	37.1	8.29
0.78	0.325	0.892	6.91	143.8	20.81	3.35	0.549	0.817	4.46	36.5	8.20
0.80	0.328	0.891	6.85	140.3	20.50	3.40	0.552	0.816	4.44	36.0	8.12
0.82	0.331	0.890	6.79	137.1	20.19	3.45	0.554	0.815	4.42	35.6	8.04
0.84	0.334	0.889	6.73	134.0	19.90	3.50	0.557	0.814	4.41	35.1	7.96
0.86	0.338	0.887	6.68	131.0	19.63	3.55	0.559	0.814	4.40	34.6	7.88
0.88	0.341	0.886	6.62	128.2	19.36	3.60	0.562	0.813	4.38	34.2	7.80
0.90	0.344	0.885	6.57	125.5	19.09	3.65	0.564	0.812	4.37	33.7	7.73
0.92	0.347	0.884	6.52	122.9	18.84	3.70	0.566	0.811	4.35	33.3	7.65
0.94	0.350	0.883	6.47	120.4	18.60	3.75	0.569	0.810	4.34	32.9	7.58
0.96	0.353	0.882	6.43	118.0	18.36	3.80	0.571	0.810	4.33	32.5	7.51
0.98	0.355	0.882	6.38	115.8	18.13	3.85	0.573	0.809	4.31	32.1	7.44
1.00	0.358	0.881	6.34	113.6	17.91	3.90	0.575	0.808	4.30	31.7	7.38
1.05	0.365	0.878	6.24	108.4	17.39	3.95	0.578	0.807	4.29	31.4	7.31
1.10	0.372	0.876	6.14	103.8	16.90	4.00	0.580	0.807	4.28	31.0	7.25
1.15	0.378	0.874	6.05	99.5	16.44	4.05	0.582	0.806	4.26	30.6	7.18
1.20	0.384	0.872	5.97	95.6	16.02	4.10	0.584	0.805	4.25	30.3	7.12
1.25	0.390	0.870	5.89	92.0	15.62	4.15	0.586	0.805	4.24	29.9	7.06
1.30	0.396	0.868	5.82	88.6	15.24	4.20	0.588	0.804	4.23	29.6	7.00
1.35	0.402	0.866	5.75	85.5	14.88	4.25	0.590	0.803	4.22	29.3	6.94
1.40	0.407	0.864	5.68	82.7	14.55	4.30	0.592	0.803	4.21	29.0	6.89
1.45	0.413	0.862	5.62	80.0	14.23	4.35	0.594	0.802	4.20	28.7	6.83
1.50	0.418	0.861	5.56	77.5	13.93	4.40	0.596	0.801	4.19	28.4	6.77
1.55	0.423	0.859	5.50	75.1	13.64	4.45	0.598	0.801	4.18	28.1	6.72
1.60	0.428	0.857	5.45	72.9	13.37	4.50	0.600	0.800	4.17	27.8	6.67

表 6-3-3　矩形截面计算系数　　$n = 15$

100μ	α	λ	β	γ	k	100μ	α	λ	β	γ	k
0.10	0.159	0.947	13.29	1055.0	79.43	1.65	0.498	0.834	4.18	72.7	15.10
0.12	0.173	0.942	12.30	884.2	71.91	1.70	0.503	0.832	1.77	70.7	14.80
0.14	0.185	0.938	11.52	761.2	66.08	1.75	0.508	0.831	4.74	68.8	14.52
0.16	0.196	0.935	10.90	668.8	61.37	1.80	0.513	0.829	4.70	67.0	14.25
0.18	0.207	0.931	10.38	596.7	57.48	1.85	0.517	0.828	4.67	65.3	13.99
0.20	0.217	0.928	9.94	538.9	54.19	1.90	0.522	0.826	4.64	63.7	13.74
0.22	0.226	0.925	9.57	491.6	51.37	1.95	0.526	0.825	4.61	62.2	13.50
0.24	0.235	0.922	9.24	452.0	48.90	2.00	0.531	0.823	4.58	60.7	13.27
0.26	0.243	0.919	8.96	418.5	46.73	2.05	0.535	0.822	4.55	59.4	13.05
0.28	0.251	0.916	8.70	389.7	44.80	2.10	0.539	0.820	4.52	58.0	12.83
0.30	0.258	0.914	8.47	364.7	43.06	2.15	0.543	0.819	4.50	56.8	12.63
0.32	0.266	0.911	8.26	342.8	41.49	2.20	0.547	0.818	4.47	55.6	12.43
0.34	0.272	0.909	8.07	323.5	40.06	2.25	0.551	0.816	4.45	54.4	12.24
0.36	0.279	0.907	7.90	306.3	38.76	2.30	0.554	0.815	4.42	53.3	12.05
0.38	0.285	0.905	7.74	290.8	37.55	2.35	0.558	0.814	4.40	52.3	11.88
0.40	0.292	0.903	7.60	276.9	36.45	2.40	0.562	0.813	4.38	51.3	11.71
0.42	0.298	0.901	7.46	264.3	35.42	2.45	0.565	0.812	4.36	50.3	11.54
0.44	0.303	0.899	7.34	252.8	34.46	2.50	0.569	0.810	4.34	49.4	11.37
0.46	0.309	0.897	7.22	242.3	33.57	2.55	0.572	0.809	4.32	48.5	11.22
0.48	0.314	0.895	7.11	232.7	32.73	2.60	0.575	0.808	4.30	47.6	11.07
0.50	0.319	0.894	7.01	223.8	31.95	2.65	0.579	0.807	4.28	46.8	10.92
0.52	0.325	0.892	6.91	215.6	31.21	2.70	0.582	0.806	4.26	46.0	10.78
0.54	0.330	0.890	6.82	208.0	30.51	2.75	0.585	0.805	4.25	45.2	10.64
0.56	0.334	0.889	6.73	201.0	29.86	2.80	0.588	0.804	4.23	44.4	10.50
0.58	0.339	0.887	6.65	194.4	29.23	2.85	0.591	0.803	4.21	43.7	10.37
0.60	0.344	0.885	6.57	188.2	28.64	2.90	0.594	0.802	4.20	43.0	10.24
0.62	0.348	0.884	6.50	182.5	28.08	2.95	0.597	0.801	4.18	42.3	10.12
0.64	0.353	0.882	6.43	177.1	27.54	3.00	0.600	0.800	4.17	41.7	10.00
0.66	0.357	0.881	6.36	172.0	27.03	3.05	0.603	0.799	4.15	41.0	9.88
0.68	0.361	0.880	6.30	167.2	26.55	3.10	0.606	0.798	4.14	40.4	9.77
0.70	0.365	0.878	6.24	162.7	26.08	3.15	0.608	0.797	4.12	39.8	9.66
0.72	0.369	0.877	6.18	158.4	25.63	3.20	0.611	0.796	4.11	39.2	9.55
0.74	0.373	0.876	6.12	154.3	25.21	3.25	0.614	0.795	4.10	38.7	9.44
0.76	0.377	0.874	6.07	150.5	24.80	3.30	0.616	0.795	4.08	38.1	9.34
0.78	0.381	0.873	6.02	146.8	24.40	3.35	0.619	0.794	4.07	37.6	9.24
0.80	0.384	0.872	5.97	143.4	24.02	3.40	0.621	0.793	4.06	37.1	9.14
0.82	0.388	0.871	5.92	140.1	23.66	3.45	0.624	0.792	4.05	36.6	9.04
0.84	0.392	0.869	5.87	136.9	23.31	3.50	0.626	0.791	4.04	36.1	8.95
0.86	0.395	0.868	5.83	133.9	22.97	3.55	0.629	0.790	4.02	35.6	8.86
0.88	0.398	0.867	5.79	131.0	22.64	3.60	0.631	0.790	4.01	35.2	8.77
0.90	0.402	0.866	5.75	128.3	22.33	3.65	0.633	0.789	4.00	34.7	8.68
0.92	0.405	0.865	5.71	125.7	22.02	3.70	0.636	0.788	3.99	34.3	8.59
0.94	0.408	0.864	5.67	123.1	21.73	3.75	0.638	0787	3.98	33.9	8.51
0.96	0.412	0.863	5.63	120.7	21.44	3.80	0.640	0787	3.97	33.5	8.43
0.98	0.415	0.862	5.60	118.4	21.16	3.85	0.643	0.786	3.96	33.1	8.34
1.00	0.418	0.861	5.56	116.2	20.89	3.90	0.645	0.785	3.95	32.7	8.27
1.05	0.425	0.858	5.48	111.0	20.26	3.95	0.647	0.784	3.94	32.3	8.19
1.10	0.433	0.856	5.40	106.2	19.67	4.00	0.649	0.784	3.93	31.9	8.11
1.15	0.440	0.853	5.33	101.9	19.12	4.05	0.651	0.783	3.92	31.5	8.04
1.20	0.446	0.851	5.26	97.9	18.60	4.10	0.653	0.782	3.91	31.2	7.97
1.25	0.453	0.849	5.20	94.2	18.12	4.15	0.655	0.782	3.91	30.8	7.89
1.30	0.459	0.847	5.14	90.8	17.66	4.20	0.657	0.781	3.90	30.5	7.82
1.35	0.465	0.845	5.09	87.7	17.23	4.25	0.659	0.780	3.89	30.2	7.76
1.40	0.471	0.843	5.03	84.7	16.83	4.30	0.661	0.780	3.88	29.8	7.60
1.45	0.477	0.841	4.99	82.0	16.45	4.35	0.663	0.779	3.87	29.5	7.62
1.50	0.483	0.839	4.94	79.4	16.08	4.40	0.665	0.778	3.86	29.2	7.56
1.55	0.483	0.837	4.80	77.0	15.74	4.45	0.667	0.778	3.86	28.9	7.49
1.60	0.483	0.836	4.85	74.8	15.41	4.50	0.669	0.777	3.85	28.6	7.43

最后还应指出:对于梁的截面是否安全,除了用复核应力的形式外,也可用核算截面所能承受的最大弯矩与实际荷载弯矩相比较的形式来判别。

当受压区混凝土的最大应力达到容许应力$[\sigma_b]$时,截面容许承受的最大弯矩为:

$$[M_c] = \frac{1}{2}[\sigma_b]bx\left(h_0 - \frac{x}{3}\right) = \frac{1}{\beta}[\sigma_b]bh_0^2 \qquad (6\text{-}3\text{-}13)$$

当主筋拉应力达到容许应力$[\sigma_s]$时,截面容许承受的最大弯矩为:

$$[M_s] = A_s[\sigma_s]\left(h_0 - \frac{x}{3}\right) = \frac{1}{\gamma}[\sigma_s]bh_0^2 \qquad (6\text{-}3\text{-}14)$$

梁在所考虑的截面处能够承受的最大弯矩为$[M_c]$、$[M_s]$中的较小值。

式中混凝土和钢筋的容许应力取值见表6-3-4和表6-3-5,钢筋弹性模量见表6-3-6。

表6-3-4　混凝土的容许应力

序号	应力种类	符号	混凝土强度等级							
			C25	C30	C35	C40	C45	C50	C55	C60
1	中心受压	$[\sigma_c]$	6.8	8.0	9.4	10.8	12.0	13.4	14.8	16.0
2	弯曲受压及偏心受压	$[\sigma_b]$	8.5	10.0	11.8	13.5	15.0	16.8	18.5	20.0
3	有箍筋及斜筋时的主拉应力	$[\sigma_{tp\text{-}1}]$	1.80	1.98	2.25	2.43	2.61	2.79	2.97	3.15
4	无箍筋及斜筋时的主拉应力	$[\sigma_{tp\text{-}2}]$	0.67	0.73	0.83	0.90	0.97	1.03	1.10	1.17
5	梁部分长度中全由混凝土承受的主拉应力	$[\sigma_{tp\text{-}3}]$	0.33	0.37	0.42	0.45	0.48	0.52	0.55	0.58
6	纯剪应力	$[\tau_c]$	1.00	1.10	1.25	1.35	1.45	1.55	1.65	1.75
7	光圆钢筋混与凝土之间的黏结力	$[c]$	0.83	0.92	1.04	1.13	1.21	1.29	1.38	1.46
8	局部承压应力	$[\sigma_{c\text{-}1}]$	$6.8 \times \beta$	$8.0 \times \beta$	$9.4 \times \beta$	$10.8 \times \beta$	$12.0 \times \beta$	$13.4 \times \beta$	$14.8 \times \beta$	$16.0 \times \beta$

表6-3-5　钢筋的容许应力（MPa）

类别	主力	主力+附加力	施工临时荷载	主力+特殊荷载
HPB300 钢筋	160	210	230	240
HRB400 钢筋	210	270	297	315
HRB500 钢筋	260	320	370	390

表6-3-6　钢筋弹性模量（MPa）

钢筋种类	符号	弹性模量
钢丝	E_p	2.05×10^5
钢绞线	E_p	1.95×10^5
预应力螺纹钢筋	E_p	2.0×10^5
HPB300	E_s	2.1×10^5
HRB400、HRB500	E_s	2.0×10^5

6.3.2 单筋矩形截面构件的设计

构件截面设计分平衡设计、底筋设计和超筋设计三种。超筋设计既不安全、又不经济，应尽量避免采用。

1. 平衡设计

平衡设计是从充分利用材料性能的观点出发，在荷载弯矩作用下，使钢筋和混凝土两者的应力同时达到各自的容许应力值，设计步骤如下。

（1）确定受压区高度 x 及系数 α

在平衡设计中，从充分利用材料性能出发，使 $\sigma_s = [\sigma_s]$、$\sigma_c = [\sigma_b]$。将其带入式（6-3-3）中，得 $\dfrac{\sigma_s}{\sigma_c} = \left[\dfrac{\sigma_s}{\sigma_b}\right] = n\dfrac{h_0 - x}{x}$，整理后得：

$$x = \frac{n[\sigma_b]}{n[\sigma_b] + [\sigma_s]} h_0 = \alpha h_0 \tag{6-3-15}$$

其中，$\alpha = \dfrac{n[\sigma_b]}{n[\sigma_b] + [\sigma_s]}$。

（2）确定混凝土截面尺寸 b 及 h

由式（6-3-9）得：

$$[\sigma_b] = \frac{2M}{bx\left(h_0 - \dfrac{x}{3}\right)} = \frac{2M}{b\alpha h_0\left(h_0 - \dfrac{\alpha h_0}{3}\right)} = \beta\frac{M}{bh_0^2}$$

$$bh_0^2 = \frac{2M}{\alpha\left(1 - \dfrac{\alpha}{3}\right)[\sigma_b]} = \frac{\beta M}{[\sigma_b]} \tag{6-3-16}$$

根据算出的 bh_0^2 值，计算 b 和 h_0，然后由 $h = h_0 + a$ 算得 h_0。

（3）确定受拉钢筋截面积 A_s

由式（6-3-11）得：

$$A_s = \frac{M}{\left(h_0 - \dfrac{x}{3}\right)[\sigma_s]} = \frac{M}{\left(h_0 - \dfrac{\alpha h_0}{3}\right)[\sigma_s]} = \frac{M}{\lambda h_0[\sigma_s]} \tag{6-3-17}$$

或

$$A_s = \mu bh_0$$

算出钢筋截面积 A_s 后，再选择所需钢筋的直径和根数进行布置，使混凝土保护层、钢筋间距都符合构造要求，由于设计时所采用的截面尺寸 b、h 和钢筋截面积 A_s 不一定和计算所要求的数值相同，因此按上述计算步骤拟定了 b、h 和 A_s 后，还须根据实际采用的配筋率核算 σ_c 和 σ_s 值。

2. 低筋设计

平衡设计的出发点是使主筋和受压区混凝土的应力同时达到容许应力值。但这样并不一定是最经济的设计，因为钢筋价格比混凝土的高得多。如果适当加大混凝土的截面尺寸（较平衡设计的大），虽然多用了一些混凝土，但可节省钢筋用量，总价格可能较低。在这种情况下,主筋的应力达到容许应力值时,受压区混凝土中的应力仍低于容许应力值,梁的抗弯强度系由主筋中的应力所控制,这种设计称为低筋设计。

低筋设计时,已知 b、h_0 和 M,要求按 $\sigma_s = [\sigma_s]$ 的条件,计算主筋截面积 A_s。

由式(6-3-1)得:

$$\gamma = \frac{[\sigma_s] b h_0^2}{M} \tag{6-3-18}$$

依式(6-3-18)算出的 γ 值,在表6-3-1~表6-3-3中查出相应的 μ 和 λ 值,再按式(6-3-17)或式(6-3-18)计算需要的 A_s 值,最后应按[6-3-9(a)]核算受压区混凝土中的最大应力。

应当指出,采用低筋设计时,配筋率 μ 不得小于规定的最小配筋率值。

模块4　双筋矩形截面受弯构件的计算

模块描述

掌握双筋矩形截面梁的应用范围,双筋矩形截面梁正截面承载力计算公式及适用条件以及公式的应用。

教学目标

1. 熟悉双筋矩形截面梁的应用范围。
2. 掌握双筋矩形截面梁正截面承载力计算公式及适用条件。
3. 掌握公式的应用。

6.4.1　双筋矩形截面的应用范围

除在受拉区设置纵向受力钢筋外,在受压区混凝土中也配置受力钢筋以承受部分压力的截面,称为双筋截面(见图6-4-1)。通常在双筋截面中,受压纵筋的应力达不到容许应力值,不能充分利用其材料性能,所以双筋截面是不经济的,因而很少采用。只在下列特殊情况下,才采用双筋截面。

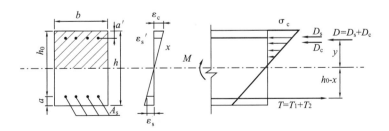

图 6-4-1　双筋矩形截面计算图式

(1)梁上承受的荷载较大,而混凝土截面尺寸又受到建筑高度等构造条件的限制,以致采用单筋截面会成为超筋梁时,宜用双筋截面。

（2）在不同的荷载情况下，梁的截面需要承受正负弯矩，在截面的上、下区域内都需配置受力钢筋时，可按双筋截面处理。

6.4.2 双筋矩形截面构件的复核

复核双筋矩形截面时，利用内力偶法进行计算比较方便。设受压钢筋的截面积为 A_s'，则换算截面积 A_0 为：

$$A_0 = bx + nA_s + nA_s' \tag{6-4-1}$$

因中性轴通过换算截面的形心，所以 $S_0 = S_1$，即：

$$\frac{1}{2}bx^2 + nA_s'(x - a') = nA_s(h_0 - x) \tag{6-4-2}$$

式中　a'——受压钢筋的形心至受压区混凝土边缘的距离。

由式（6-4-2）得：

$$x = \left(\sqrt{A^2 + B} - A \right)h_0$$

$$A = \frac{n(A_s + A_s')}{bh_0} \tag{6-4-2(a)}$$

$$B = \frac{2n(A_s h_0 + A_s' a')}{bh_0^2}$$

内力偶臂　　　　　　　$z = h_0 - x + y \tag{6-4-3}$

式中　y——受压区压应力的合力 D 的作用点到中性轴的距离，按式（6-4-4）计算：

$$y = \frac{I_a}{S_a} = \frac{\frac{1}{3}bx^3 + nA_s'(x - a')^2}{\frac{1}{2}bx^2 + nA_s'(x - a')} \tag{6-4-4}$$

式中　I_a——受压区换算截面对中性轴的惯性矩；

S_a——受压区换算截面对中性轴的静面矩。

受拉钢筋中的应力：

$$\sigma_s = \frac{M}{A_s z} \leqslant [\sigma_s] \tag{6-4-5}$$

受压区混凝土边缘最大压应力可由比例关系求得：

$$\sigma_c = \frac{\sigma_s}{n} \cdot \frac{x}{h_0 - x} \leqslant [\sigma_b] \tag{6-4-5(a)}$$

受压钢筋中的应力也可由比例关系求得：

$$\sigma_s' = \sigma_s \cdot \frac{x - a'}{h_0 - x} \leqslant [\sigma_s] \tag{6-4-5(b)}$$

6.4.3 双筋矩形截面构件的设计

双筋矩形截面所承受的弯矩 M，可以认为是两组弯矩之和（见图 6-4-2）即：

$$M = M_1 + M_2 \tag{6-4-6}$$

式中 M_1——无受压钢筋时混凝土截面所能承受的弯矩,其对应的受拉钢筋截面积为 A_{s1};

M_2——由受压钢筋 A_s' 及附加的受拉钢筋 A_{s2} 所承受的弯矩。

一般情况下,双筋矩形截面的尺寸 b、h 在设计前由其他条件选定。设计时,只需按已定截面尺寸 b、h 和已知弯矩 M 计算需要的钢筋截面积 $A_s = A_{s1} + A_{s2}$ 和 A_s'。

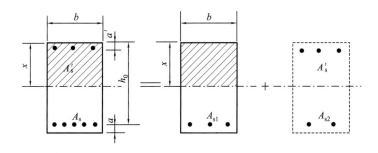

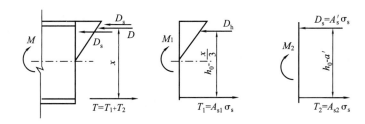

图 6-4-2 双筋矩形截面设计的计算图

1. 求 A_{s1}

A_{s1} 是按单筋矩形截面进行设计计算的。设计时,从充分利用材料性能的原则出发,使 σ_s 和 σ_c 同时达到容许应力值,所以可以利用任务 3 所述的单筋矩形截面设计公式。首先计算 α 或 k 值。

$$\alpha = \frac{n[\sigma_b]}{n[\sigma_b] + [\sigma_s]} \text{或} k = \frac{[\sigma_s]}{[\sigma_b]} \tag{6-4-7}$$

由 σ 或 k 值查表 6-3-1 ~ 表 6-3-3 得相应的 β、γ 和 μ 值,再按式(6-3-13)、式(6-3-14)和式(6-3-17)计算 M_1 和 A_{s1}。

$$M_1 = \frac{1}{\beta}[\sigma_b]bh_0^2 \tag{6-4-8}$$

或

$$M_1 = \frac{1}{\gamma}[\sigma_s]bh_0^2 \tag{6-4-9}$$

$$A_{s1} = \mu bh_0 \tag{6-4-10}$$

2. 求 A_{s2} 和 A_s

由图 6-4-2 可知:

$$M_2 = M - M_1 = T_2(h_0 - a') = A_{s2}[\sigma_s](h_0 - a') \tag{6-4-11}$$

所以

$$A_{s2} = \frac{M_2}{[\sigma_s](h_0 - a')} \tag{6-4-12}$$

$$A_s = A_{s1} + A_{s2} \tag{6-4-13}$$

3. 求 A'_s

由图 6-4-2 可知:

$$M_2 = D_s(h_0 - a') = A'_s \sigma'_s(h_0 - a') \tag{6-4-14}$$

通常,σ'_s 达不到容许应力值,其值可由比例关系求出:

$$\sigma'_s = \frac{x - a'}{h_0 - x}[\sigma_s] \tag{6-4-15}$$

式中

$$x = \alpha h_0 = \frac{n[\sigma_b]}{n[\sigma_b] + [\sigma_s]}h_0$$

$$A'_s = \frac{M_2}{\sigma'_s(h_0 - a')} = \frac{M_2(h_0 - x_0)}{(x - a')[\sigma_s](h_0 - a')} = A_{s2}\frac{h_0 - x}{x - a'} \tag{6-4-16}$$

在配置了钢筋截面 A_s 和 A'_s 后,应按复核问题分别核算混凝土和钢筋中的应力。

模块5　T形截面受弯构件的计算

📖 模块描述

通过对本模块的学习,要求学生熟悉 T 形截面梁的分类及判别,掌握 T 形截面梁正截面承载力计算公式、使用条件以及公式的应用。

📊 教学目标

1. 熟悉 T 形截面梁的分类及判别。
2. 掌握 T 形截面梁正截面承载力计算公式及使用条件。
3. 掌握公式的应用。

6.5.1　T形截面的构造

在钢筋混凝土桥梁中,桥面板(翼缘或翼板)和支承它的梁梗(梁肋)总是浇筑成整体的。有时为了增强翼板与梁梗的连结,在二者连结处设一承托,称为梗肋(见图 6-5-1)。在荷载作用下,翼板不但作为支承于梁梗上的受弯构件而工作,同时也作为整个梁的一部分与梁梗共同弯曲受力。在正弯矩作用下,梁上部受压,位于受压区的翼板作为梁的有效截面的一部分参与工作,梁的截面成为 T 形截面。与矩形截面比较,T 形截面减少了不计入有效截面之内的受拉区混凝土,所以既节省了混凝土用量,又减轻了梁的自重。但在负弯矩作用下,梁上部受拉,位于受拉区的翼板不参加工作,所以梁的有效截面仍是与梁梗等宽的矩形截面。

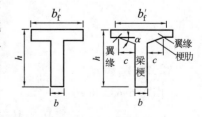

图 6-5-1　T 形截面

6.5.2　T形截面计算的有关规定

在梁高已经确定的情况下,一般地说,翼板的宽度较大,
厚度较小,节省材料较多。但是T形梁破坏时,受压区混凝土的压应力沿翼板外伸方向的分布
是不均匀的,距梁梗较近处应力较大,离梁梗越远,则应力越小。此外,如翼板厚度太小,翼板
与梁梗相连接截面上的剪应力太大,可能会使混凝土因剪切而破坏。因此在计算中,对翼板的
最大宽度和最小厚度均有一定的限制,规范对翼板采用的计算尺寸,作了下列规定:

(1)梁梗两边伸出的翼板对称时,翼板的计算宽度应采用下列三项中的最小值。

①梁计算跨度的1/3。

②两相邻梁轴线间的距离。

③$b + 2c + 12h'_f$,即翼板伸出梁梗或梗肋边缘的悬伸臂长度不应超过$6h'_f$。

当伸出梁梗边缘的两边悬伸长度为不对称时,较长的悬伸臂(从梁梗中线算起)小于①、
③项的一半时,可按实际宽度采用。

(2)翼板的厚度应符合下列规定:

①无梗肋时,$h'_f \geqslant \dfrac{1}{10}h$。

②有梗肋而梗肋边坡 $\tan\alpha \leqslant \dfrac{1}{3}$ 时,则 $h'_f \geqslant \dfrac{1}{10}h$。

③有梗肋而梗肋边坡 $\tan\alpha > \dfrac{1}{3}$ 时,则 $h'_f + \dfrac{1}{3}c \geqslant \dfrac{1}{10}h$。

如果翼板的厚度符合上述规定,且中性轴位于梁梗内(即 $x \geqslant h'_f$)时,按T形截面计算
[见图6-5-2(a)]。

如果翼板的厚度符合上述规定,但中性轴位于翼板内(即 $x \leqslant h'_f$)时,按宽度为翼板计算
宽度 b'_f 的矩形截面计算[图6-5-2(b)]。

如果翼板的厚度不符合上述规定时,则计算中不考虑翼板参与工作,仅按宽度为梁梗宽
度 b 的矩形截面计算[见图6-5-2(c)]。

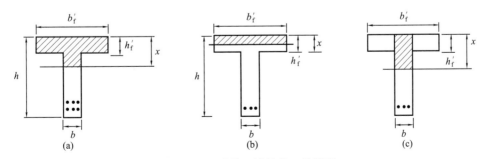

图6-5-2　T形截面计算的三种情况

6.5.3　T形截面的复核

T形截面的复核,需首先判别中性轴的位置。已知 h、h'_f、b、b'_f、A_s、α 及材料品种时,可先

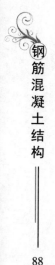

假定中性轴在翼板内,按宽度为 b_f'、有效高度为 $h_0 = h - a$ 的矩形截面计算中性轴离受压区边缘的距离 x 值。由 $\mu = \dfrac{A_s}{b_f' h_0}$ 及 n 值查矩形截面计算系数表 6-3-1 ~ 表 6-3-3 得 α 值,则 $x = \alpha h_0$。T 形截面计算图如图 6-5-3 所示。

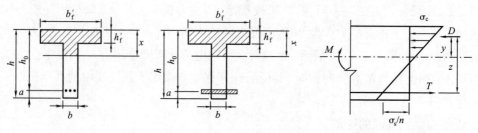

图 6-5-3　T 形截面计算图

当 $x \le h_f'$,表明中性轴在翼板内,与原来的假设相符,可按宽度为 b_f' 的矩形截面计算。

当 $x \ge h_f'$,表明中性轴位于梁梗内,与原来的假设不符,应按下述公式重新计算 x 值,并据以核算应力。

由 $S_a = S_1$ 得:

$$\frac{1}{2} b_f' x^2 - \frac{1}{2}(b_f' - b)(x - h_f')^2 = nA_s(h_0 - x) \tag{6-5-1}$$

解式(6-5-1)得:

$$x = \left(\sqrt{A^2 + B} - A \right) h_0 = \alpha h_0$$

$$A = \frac{nA_s + h_f'(b_f' - b)}{bh_0} \tag{6-5-2}$$

$$B = \frac{2nA_s h_0 + h_f'^{\,2}(b_f' - b)}{bh_0^2}$$

换算截面对中性轴的惯性矩 I_0 为:

$$I_0 = \frac{1}{3} b_f' x^3 - \frac{1}{3}(b_f' - b)(x - h_f')^3 + nA_s(h_0 - x)^2 \tag{6-5-3}$$

然后应用材料力学均质梁的应力公式进行复核:

$$\sigma_c = \frac{M}{I_0} x \le [\sigma_b]$$

$$\sigma_s = n \frac{M}{I_0}(h_0 - x) \le [\sigma_s] \tag{6-5-4}$$

在求得 x 值后,也可用内力偶法进行复核:

内力偶臂长 $\qquad\qquad z = h_0 - x + y \tag{6-5-5}$

式中　y——受压区压应力的合力 D 的作用点至中性轴的距离,按式(6-5-6)计算:

$$y = \frac{I_a}{S_a} = \frac{2[b_f' x^3 - (b_f' - b)(x - h_f')^3]}{3[b_f' x^2 - (b_f' - b)(x - h_f')^2]} \tag{6-5-6}$$

于是钢筋和混凝土的应力也可用式(6-5-7)进行计算:

$$\sigma_s = \frac{M}{A_s z} \leqslant [\sigma_s]$$

$$\sigma_c = \frac{x}{n(h_0 - x)}\sigma_s \leqslant [\sigma_b]$$ (6-5-7)

应当指出,由式(6-5-7)及前面所述的单筋、双筋矩形截面应力复核公式中求得的钢筋应力都是指主筋形心处的平均应力。当主筋布置成数层时,根据基本假定,各层主筋中的应力与其至中性轴的距离成正比,显然最外一层主筋中的应力 σ_{s1} 必大于形心处的应力 σ_s,所以主筋布置成数层时,应当核算最外一层主筋中的应力。若最外一层主筋到受拉区混凝土边缘的距离为 a_1,则它至中性轴的距离为 $h - x - a_1$,则最外一层主筋应力的核算公式为:

$$\sigma_{s1} = \sigma_s \frac{h - x - a_1}{h_0 - x} \leqslant [\sigma_s]$$ (6-5-8)

6.5.4 T形截面的设计

通常在形截面设计之前,翼板的尺寸 b'_f 和 h'_f 已经确定。梁梗宽度 b 及梁高 h 通常是由构造要求及以往设计经验的数据决定的。所以设计时,只需根据已知的荷载弯矩 M 及材料品种决定主筋的截面积。

主筋的截面积 A_s,可由式(6-5-9)估算;

$$A_s = \frac{M}{[\sigma_s]z}$$ (6-5-9)

式中内力偶臂长 z 可近似地按 $z = h_0 - \frac{h'_f}{2}$ 或 $z = 0.92h_0$ 取用。

按式(6-5-9)算得的 A_s 只是近似值,因此在选定主筋用量和进行配筋布置之后,应该复核截面应力。必要时,修改主筋数量,重新复核,直到满足要求的条件为止。

模块6　钢筋混凝土梁的抗剪计算

模块描述

通过对本模块的学习,要求学生掌握主应力迹线、剪跨比、抗剪承载力的影响因素,斜拉、剪压、斜压特点及防止破坏的措施。掌握梁、板的斜截面受剪承载力计算公式及适用条件,学会斜截面受剪承载力计算方法及步骤。

教学目标

1. 掌握钢筋混凝土斜截面抗剪承载力的影响因素有哪些以及它们是如何作用的。
2. 掌握斜截面破坏形态以及它们的特点。
3. 掌握钢筋混凝土受弯构件斜截面承载力的计算。
4. 掌握施工中钢筋混凝土梁中弯起钢筋、斜筋与箍筋的设置。

6.6.1 剪应力的计算

在荷载作用下,受弯构件内除产生弯矩外,同时还有剪力,由于弯曲应力与剪应力的结合,构件中产生了斜向的主拉应力,因此,钢筋混凝土梁的强度计算除了按本项目任务 2～任务 4 的方法验算正应力外,还要验算剪应力和主拉应力,并在梁内设置箍筋和斜筋以承担主拉应力。

对于钢筋混凝土梁,引进换算截面的概念后,可以作为匀质梁进行计算,横截面中性轴处的剪应力 τ,可按式(6-6-1)计算:

$$\tau = \frac{V S_0}{b I_0} \tag{6-6-1}$$

式中 V——计算横截面上的剪力;

S_0——换算截面中性轴以上或以下部分对中性轴的静面矩;

I_0——换算截面对中性轴的惯性矩;

b——中性轴处横截面宽度。

由于按容许应力法计算时,受拉区混凝土不参加工作,全部拉力均由主筋承受,所以在中性轴以下至受拉主筋间的剪应力为一常数。截面上的剪应力分布如图 6-6-1 所示。

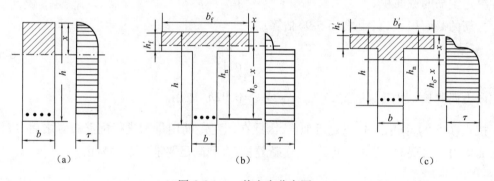

图 6-6-1 剪应力分布图

为了简化计算,钢筋混凝土梁截面中性轴处的最大剪应力,通常用较简便的公式进行计算,介绍如下:

如图 6-6-2 所示,沿梁纵轴取长度为 dl 的一段隔离体来分析,在中性轴以下用一水平截面 A-A 将梁段 dl 截开,其上的水平剪力必与主筋中拉力之差相平衡。

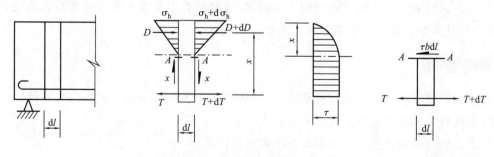

图 6-6-2 剪应力计算图式

根据平衡条件，$\sum H = 0$ 得，$\tau b \mathrm{d}l = \mathrm{d}T$，所以

$$\tau = \frac{\mathrm{d}T}{b\mathrm{d}l} \qquad (6\text{-}6\text{-}2)$$

而 $M = Tz$，因 $\mathrm{d}l$ 很小，可以认为在 $\mathrm{d}l$ 长度范围内的内力偶臂长 z 值不变。$M + \mathrm{d}M = (T + \mathrm{d}T)z$，得 $\mathrm{d}M = z \cdot \mathrm{d}T$，即 $\mathrm{d}T = \dfrac{\mathrm{d}M}{z}$，将其代入式（6-6-2），并根据 $\dfrac{\mathrm{d}M}{\mathrm{d}l} = Q$ 得：

$$\tau = \frac{\mathrm{d}T}{b\mathrm{d}l} = \frac{\mathrm{d}M}{bz\mathrm{d}l} = \frac{V}{bz} \qquad (6\text{-}6\text{-}3)$$

内力偶臂长 z 通常在抗弯强度计算中已经求出。在初步计算中，也可以近似地采用下列数值：

对单筋矩形截面 $\qquad\qquad\qquad z \approx \dfrac{7}{8}h_0$

对 T 形截面 $\qquad\qquad\qquad z = h_0 - \dfrac{h_f'}{2}$ 或 $z \approx 0.92h_0$

6.6.2 主拉应力的计算

由材料力学得知,如弯曲应力 σ 与剪应力 τ 同时作用在梁内某一小单元体上,则在某一方向将出现主拉应力,而在与其垂直的方向则出现主压应力,其大小和方向为:

主拉应力 $\qquad\qquad\qquad \sigma_{zl} = \dfrac{\sigma}{2} + \sqrt{\dfrac{\sigma^2}{4} + \tau^2} \qquad (6\text{-}6\text{-}4)$

主压应力 $\qquad\qquad\qquad \sigma_{za} = \dfrac{\sigma}{2} - \sqrt{\dfrac{\sigma^2}{4} + \tau^2} \qquad (6\text{-}6\text{-}5)$

主应力方向与弯曲应力方向之交角为 α,而

$$\tan 2\alpha = -\frac{2\tau}{\sigma} \qquad (6\text{-}6\text{-}6)$$

上述三式中,弯曲应力 σ 以拉为正、压为负。

钢筋混凝土梁按容许应力法计算时,认为受拉区混凝土不能承受拉力,因而中性轴以下混凝土中的弯曲应力 $\sigma = 0$,故上述公式中 $\sigma_{zl} = \tau$,主拉应力与弯曲应力方向的交角成 $45°$ 角（见图6-6-3）。也就是钢筋混凝土梁受拉区中任一点的主拉应力值与该点的剪应力值相等,而其方向与梁的纵轴成 $45°$ 角。

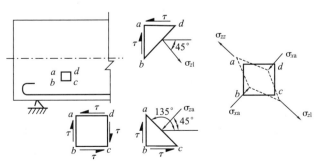

图 6-6-3　主应力图

由于混凝土的抗剪强度一般为抗拉强度的两倍以上,所以主拉应力较剪应力更为危险。因为 $\sigma_{zl} = \tau$,习惯上就把主拉应力的强度计算称为抗剪计算。

主压应力虽然有可能大于主拉应力,但因混凝土抗压强度比较高,一般不会出现危险。

6.6.3 主拉应力图与剪应力图

按容许应力法进行梁的抗剪强度计算时,需要确定梁的某一段长度内的主拉应力的总值,即斜拉力值。通常利用绘制的主拉应力图或剪应力图来计算这一项斜拉力。

剪应力图(或主拉应力图)表示了剪应力(或主拉应力)沿梁纵轴方向变化的情况。剪应力图的基线平行于梁的纵轴方向,而主拉应力图的基线与梁纵轴方向成45°角,所以主拉应力图的基线长度为剪应力图的 $\sqrt{2}/2$ 倍。

图 6-6-4 所示一均布荷载作用下的半跨钢筋混凝土梁的剪应力图和主拉应力图。因为 $\sigma_{zl} = \tau$,所以主拉应力图的面积 ω_{zl} 为剪应力图的面积 ω 的 $\sqrt{2}/2$ 倍,即:$\omega_{zl} = \sqrt{2}/2\,\omega$

在实际计算中,可只作剪应力图,如梁梗宽度为 b,则半跨范围内的全部斜拉力为:

$$T_{zl} = \omega_{zl} \cdot b = \frac{\sqrt{2}}{2}\omega b$$

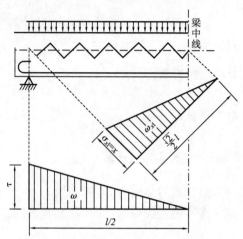

图 6-6-4　主拉应力图与剪应力图的对应关系

6.6.4 剪力钢筋设计的规定

在钢筋混凝土梁中,如某处的主拉应力超过了混凝土的抗拉强度 R_l,则会产生斜向裂缝,为了防止因这种斜裂缝的开展而引起梁的破坏,就需要在梁内配置竖向的箍筋和与梁纵轴方向成45°角的斜筋,这两种钢筋合称剪力钢筋。

根据《铁路桥涵混凝土结构设计规范》(TB 10092—2017),设计剪力钢筋时,应根据梁中最大的主拉应力 σ_{zl} 值的大小,分三种情况进行处理:

(1)当最大主拉应力 σ_{zl}(即最大剪应力)超过有箍筋及斜筋时的主拉应力容许值 $[\sigma_{zl-1}]$ 时,必须增大混凝土截面尺寸或提高混凝土等级,然后重新验算。这是因为主拉应力太大,斜裂缝会开展得过宽。所以必须增大截面尺寸以降低最大主拉应力值,或提高混凝土等级以增强混凝土的抗拉强度值。

(2)当最大主拉应力 σ_{zl} 不超过无箍筋及斜筋时的主拉应力容许值 $[\sigma_{zl-2}]$ 时,全部主拉应力都可由混凝土承受,就不必按斜拉力设置剪力钢筋。但为了使梁具有一定的韧性,以防止因偶然因素而出现的斜裂缝,所以仍需按构造要求配置一定数量的剪力钢筋。

(3)当最大主拉应力 σ_{zl} 值在 σ_{zl-1} 和 $[\sigma_{zl-2}]$ 之间时,由于已出现斜裂缝,混凝土就不能承受主拉应力了,故必须设置箍筋和斜筋。考虑到梁中主拉应力较大处的斜裂缝会向主拉应力较小处延伸,所以在这种情况下,《桥规》规定:混凝土承担的主拉应力只限于 $\sigma_{zl} \leqslant [\sigma_{zl-3}]$ 的区段。$[\sigma_{zl-3}]$ 为梁部分长度中全由混凝土承受的主拉应力容许值,其值约为 $[\sigma_{zl-2}]$ 值的一半。而在 $[\sigma_{zl}] > [\sigma_{zl-3}]$ 的区段中,考虑到斜裂缝已出现和延伸,所以该区段的斜拉力应全部由剪力钢筋承受。

在设计剪力钢筋时,须按上述三种情况进行判别,当属于第三种情况时,应在剪应力图(或主拉应力图)上先划出由混凝土承担的部分(见图6-6-5),然后计算箍筋所能承担的部分。最后根据图中剩余的部分,计算斜筋的数量。

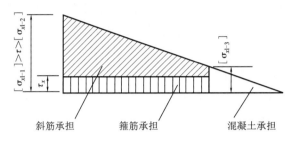

图6-6-5　斜筋、箍筋、混凝土各自分担剪应力的部分

6.6.5　箍筋的构造与计算

1. 箍筋的构造

箍筋除了承受主拉应力外,还起着把受压区和受拉区联系起来的作用,并与主筋、架立钢筋组成钢筋骨架,以便施工。所以不论计算需要与否,均应设置。

箍筋的形式有开口式和闭口式两种(见图6-6-6),一般在跨中正弯矩区段用开口式箍筋,有受压纵筋时,则用闭口式箍筋。

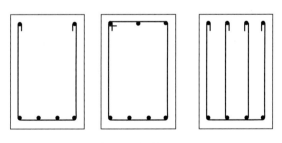

图6-6-6　箍筋的形式

《铁路桥涵混凝土结构设计规范》(TB 10092—2017)规定:梁内箍筋直径不应小于8 mm。箍筋的肢数根据梁宽和所箍纵筋的数目而定,每一箍筋一行上所箍的受拉纵筋不应多于5根;受压纵筋不应多于3根。通常梁宽小于300 mm,且所箍纵筋不超过上述数目时,多用双肢箍筋。箍筋的混凝土保护层不应小于15 mm。

固定受拉纵筋的箍筋,其间距不应大于梁高的3/4或300 mm。固定受压纵筋的箍筋,其间距则不应大于受压纵筋直径的15倍或300 mm。为了便于施工,箍筋一般沿梁纵轴方向等间距布置。在梁的跨度较大时,为了节约箍筋用量,也可在剪应力较小处采用较大的间距,在剪应力较大处采用较小的间距。

箍筋的四个转角需牢牢地绑扎在纵向钢筋上,若该处无纵向钢筋,应加设架立钢筋以组成骨架。架立钢筋的直径通常为 10 ~ 14 mm。

2.箍筋的计算

通常根据构造要求先确定箍筋的直径、间距和肢数,然后计算箍筋所能承受的主拉应力。

假设箍筋的间距为 σ_k、肢数为 n_k、每肢箍筋的截面积为 A_{k1},则每道箍筋所能承受的拉力为 $n_k A_{k1}[\sigma_g]$。因为箍筋系竖直布置,而主拉应力方向与梁纵轴方向成45°角,因此箍筋所能承受的竖直拉力在主拉应力方向上的分力为 $n_k A_{k1}[\sigma_g]\cos 45°$,这是竖直拉力中能承受主拉应力的有用部分。

再设需要由箍筋承受的主拉应力为 σ_k(其数值等于 τ_k),则每道箍筋所管辖范围 a_k 内的主拉应力的合力为 $ba_k\sigma_k\cos 45°$。显然,箍筋所能承受主拉应力的有用部分应与箍筋所辖范围内的主拉应力的合力相等,即:

$$n_k A_{k1}[\sigma_g]\cos 45° = ba_k\sigma_k\cos 45° \tag{6-6-7}$$

$$\sigma_k = \tau_k = \frac{n_k A_{k1}[\sigma_g]}{ba_k} \tag{6-6-8}$$

如果沿梁纵轴方向各处箍筋的直径、肢数、间距等都相同,则由箍筋承受的主拉应力 σ_k 沿梁纵轴方向均匀分布。如果箍筋的直径、肢数、间距等沿梁纵轴方向有变化,则 σ_k 值的图形就呈台阶形。

由式(6-6-8)求得 τ_k 后,在剪应力图(或主拉应力图)上,绘出由箍筋承受的主拉应力部分,剩余的部分则由斜筋承担(见图6-6-7)。

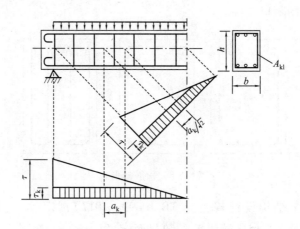

图 6-6-7   主拉应力由箍筋承担的部分

6.6.6   弯起钢筋的计算与布置

1.弯起钢筋的计算

设计弯起钢筋时,首先应计算需要由弯起钢筋中斜筋部分承受的斜拉力的大小。为此,应从主拉应力图(或剪应力图)中,先剔去由混凝土承受的主拉应力部分,即小于$[\sigma_{zl-3}]$的区段,再划出箍筋承受的主拉应力部分τ_k,则主拉应力图中剩余的部分应由斜筋承受。设剩余部分的面积为ω_{zl}(见图6-6-8),则其主拉应力的合力为:

$$\omega_{zl} \cdot b = \frac{\sqrt{2}}{2}\omega b \tag{6-6-9}$$

由于斜筋布置的方向与主拉应力的方向相同,所以斜筋所能承受的斜拉力为$A_s[\sigma_s]$。由平衡条件得:

$$A_s[\sigma_s] = \omega_{zl} \cdot b = \frac{\sqrt{2}}{2}\omega b \tag{6-6-10}$$

则

$$A_s = \frac{\sqrt{2}\,\omega b}{2[\sigma_s]}$$

如果斜筋的直径相同,每根斜筋的截面积为A_{s1},则需要斜筋的根数n_c为:

$$n_c = \frac{\sqrt{2}\,\omega b}{2A_{s1}[\sigma_s]} \tag{6-6-11}$$

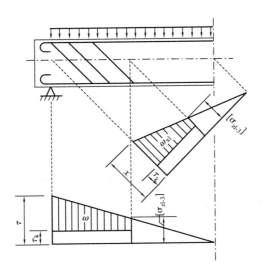

图6-6-8 主拉应力由斜筋承担的部分

2.斜筋的布置

斜筋一般是由梁内纵向受拉钢筋弯起而成。受弯构件中,一般跨中的正弯矩大,而靠近支座处正弯矩逐渐减小,所以可将纵向主筋分批弯起一部分作为斜筋以承受主拉应力。

斜筋布置的原则是将由斜筋承担部分的主拉应力图(或剪应力图)划分成几个小块面积,每根斜筋承受一小块面积所代表的斜拉力。如每根斜筋的截面积相等,应将主拉应力图形中由斜筋承受的部分ω_{zl}分成n_c等份。如各根斜筋的截面积不相等则划分的各小块面积应与每根斜筋的截面积成正比。

主拉应力图(或剪应力图)中由斜筋承受的部分通常是三角形或梯形。划分成小块面积的方法常用图解法。现举例介绍于下：

设需要将三角形 *abc* 划分为三等分的小块面积[见图 6-6-9(a)]。其法是：

以三角形底边 *ab* 为直径画一半圆，再将 *ab* 分为三等分，通过等分点 1、2 作底边 *ab* 的垂线交半圆于 1′、2′，再以 *b* 为圆心，以 *b*1′、*b*2′为半径作圆弧，与底边 *ab* 交于 1″、2″。通过 1″、2″作底边 *ab* 的垂线，交 *bc* 于 1‴、2‴。则 1″1‴及 2″2‴这两根垂线就是三角形 *abc* 面积的三等分线。当各道斜筋截面积不相等时，需将底边按各道斜筋截面积的比例分成各段长度，然后按上述方法作图分块。

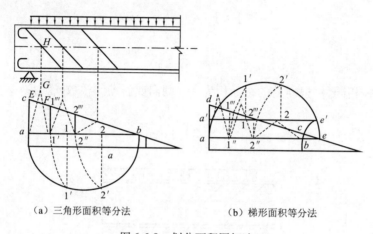

| (a) 三角形面积等分法 | (b) 梯形面积等分法 |

图 6-6-9　划分面积图解法

如需将梯形 *abcd*[见图 6-6-9(b)]的面积等分，应首先延长 *ab* 和 *dc* 交于 *e* 点，以 *ae* 为直径画一半圆，然后以 *e* 为圆心，以 *eb* 为半径作圆弧，交半圆于 *e*′点，过 *e*′点作平行于 *ea* 的直线，交 *ad* 于 *a*′点，得 *e*′*a*′直线，再将 *e*′*a*′按各道斜筋截面积的比例分成各段长度，然后按上述方法作图分块。

划分小块面积后，尚需定出斜筋的位置，例如图 6-6-9(a)中梁端部第一道斜筋的位置可按下法定出：先将 *c*1‴线段三等分，得分点 *E*、*F*，连接 *a*、*E* 与 1″、*F* 并延长交于 *G* 点，过 *G* 点向梁作平行于 *ac* 的直线，它就通过小梯形 *ac*1‴1 的形心。同时得此直线与梁高二等分线的交点 *H*，再过 *H* 作与水平线成 45°角的斜线，此斜线即为斜筋的位置。

《铁路桥涵混凝土结构设计规范》(TB 10092—2017)规定，在需要设置斜筋的区段内，任一垂直于梁纵轴的截面上，至少有一道斜筋与之相交。按图解法确定斜筋位置后，要进行检查，如不满足此项要求，应将斜筋位置作适当调整。

6.6.7　材料图形

部分主筋弯起成为斜筋后，根据各截面剩余主筋的抵抗弯矩值所绘制的图形，称为材料图形。材料图形应该采用与弯矩包络图同一比例尺绘制，其纵坐标代表该处的梁截面容许承受的弯矩。如果材料图形能全部包络住弯矩包络图，则表示全梁任一截面容许承受的弯矩大于该截面由荷载产生的最大弯矩，全梁属于安全。

当梁的截面尺寸沿梁纵轴方向保持不变时,常假定内力偶臂长沿梁纵轴方向也不变,可近似地认为任一截面具有的抵抗弯矩值与主筋截面面积成正比。

材料图形绘制的步骤为:

(1)按最不利荷载布置计算出各截面的最大弯矩值,据以绘出弯矩包络图。

(2)计算跨中截面全部纵向主筋容许承受的弯矩:

$$[M] = A_s[\sigma_s]z \qquad (6\text{-}6\text{-}12)$$

(3)如各根主筋的直径相同,可将$[M]$值按主筋根数等分,例如图 6-6-10 中为 8 根相同直径的主筋,就将$[M]$分成 8 等分。如果主筋的直径不相同,则将$[M]$分成与各主筋截面面积成正比的 n 段。

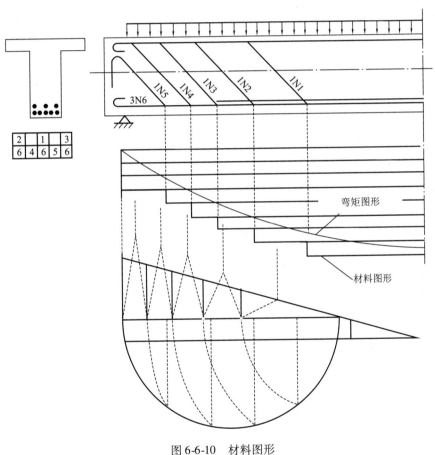

图 6-6-10　材料图形

(4)随着自跨中向支座方向的弯矩逐渐减小,主筋可在适当的地点弯起作为斜筋,或者予以切断(应伸出规定的锚固长度)。

当按斜筋设计的要求弯起主筋后,材料图形不能包络住弯矩包络图,表示主筋弯起过多。处理的方法是:只弯起按材料图形判断允许弯起的那几根主筋,不足的斜筋,另外补充。补充的斜筋应焊接在主筋和架立钢筋上,如图 6-6-10(b)所示,采用双侧焊缝,如采用图 6-6-11(a)的形式(称为鸭筋),可不焊接。但在任何情况下,不得采用如图 6-6-11(c)所示的不与主筋相焊接的浮筋。

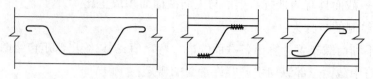

图 6-6-11　补充斜筋的构造

6.6.8　T 形梁中翼板与梁梗连接处的剪应力

T 形梁在翼板和梁梗连接处存在着水平剪应力 τ'_h（见图 6-6-12）。当翼板厚度很小时，τ'_h 常达很大数值，有时甚至大于中性轴处的剪应力。为此，《铁路桥涵混凝土设计规范》（TB 10092—2017）规定应检算翼板与梁梗连接处（图 6-6-12 中 A-A 截面）的水平剪应力。

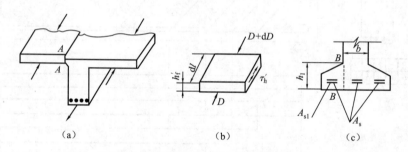

图 6-6-12　翼板与梁梗连接处的受力情况

沿梁纵轴方向取长度为 $\mathrm{d}l$ 的隔离体，再以 A-A 截面切出翼板部分如图 6-6-11（b）所示，若翼板厚度 h'_f 很小，可以近似地认为 τ'_h 沿厚度均匀分布。

由切出的翼板部分来分析，翼板两端的弯曲正应力之差 $\mathrm{d}D$ 应与截面 A-A 上的剪应力之合力 $h'_f \mathrm{d}l \tau'_h$ 相平衡，所以：

$$\tau'_h = \frac{\mathrm{d}D}{h'_f \mathrm{d}l} = \frac{VS_a}{h'_f I_0} \qquad (6\text{-}6\text{-}13)$$

式中　S_a——截面 A-A 以左部分的翼板面积对中性轴的静面矩。

因为 T 形梁中性轴处的剪应力为 $\tau = \dfrac{VS_0}{bI_0}$，因此

$$\tau'_h = \tau \cdot \frac{bS_a}{h'_f S_0} \qquad (6\text{-}6\text{-}14)$$

一些试验资料表明：受压区翼板在梁端支点附近不是全部宽度都参加受力的，可认为距离支点一倍梁高处，翼板全部宽度才参加工作，因此产生最大剪应力 τ'_h 的截面可定在距支点一倍梁高处。当计算的 $\tau'_h > [\sigma_{u\text{-}1}]$ 时，则应增加翼缘厚度，以提高抗剪能力。

由于主拉应力较剪应力更为危险，所以在距支点一倍梁高处，翼板与梁梗连接处的主拉应力 σ_{zl} 应按式（6-6-15）检算：

$$\sigma_{zl} = \frac{\sigma_c}{2} - \sqrt{\left(\frac{\sigma_c}{2}\right)^2 + \tau_h'^2} \leqslant [\sigma_{zl-2}] \tag{6-6-15}$$

式中 σ_c —— 检算截面混凝土中的弯曲压应力,可按平均板厚中心处的数值采用。

T 形梁受拉区梁梗与翼板连接处[图 6-6-12(c)中的 $B-B$ 截面]的水平剪应力 τ_h(与其主拉应力值相等)应按式(6-6-16)检算:

$$\tau_c = \tau \cdot \frac{bA_{si}}{h_f A_s} \leqslant [\sigma_{zl-2}] \tag{6-6-16}$$

式中 τ —— 支点处的剪应力;

h_f —— 截面 $B-B$ 处的厚度;

A_{si} —— 翼板悬出部分纵向受拉钢筋的截面积。

模块7 受弯构件裂缝宽度的检算

模块描述

通过对本模块的学习,要求学生掌握施工及设计时钢筋混凝土构件的变形计算。

教学目标

1. 掌握钢筋混凝土构件裂缝宽度的计算公式及应用。

2. 掌握钢筋混凝土构件的裂缝限值。

6.7.1 钢筋混凝土受弯构件裂缝的主要形式及其产生的原因

对使用中的铁路钢筋混凝土简支梁的调查和试验表明,梁的裂缝主要有下列三种形式(见图 6-7-1)。

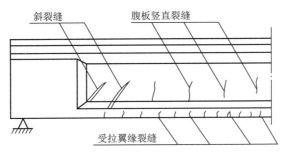

图 6-7-1 裂缝形式示意图

(1)受拉翼缘裂缝

这种裂缝出现于受拉翼缘的侧面和底面,其方向垂直于受拉主筋,裂缝分布的规律是邻近跨中部分较密,向两端渐稀,这种裂缝产生的原因是因混凝土的抗拉能力很低,其极限拉伸应变很小的缘故。当钢筋中的拉应力超过 20~30 MPa 时,钢筋周围混凝土中的拉应力和拉应变均超过了极限值,混凝土中就开始出现裂缝。实际上,在设计荷载作用下,铁路桥梁中的钢筋应力均在 120 MPa 以上。因此钢筋混凝土梁的受拉区出现裂缝是不可避免的。

(2)斜裂缝

这种裂缝多发生在距两端支座一定距离(约一个梁高)处,在受拉主筋水平位置以上的受拉区。裂缝向跨中倾斜角度约为 45°~60°,斜裂缝的产生主要由主拉应力所引起,其位置正是主拉应力较大的部位,如腹板变薄处附近。

(3)腹板竖直裂缝

这种裂缝产生在梁的腹板较薄之处,呈竖直方向,大体上由梁的半高线向上、向下延伸,多是中间宽、两端窄。腹板竖直裂缝主要因混凝土的收缩引起,特别在养护不好、混凝土密实度较差的梁中尤为严重。

6.7.2 裂缝宽度的检算

裂缝宽度的检算方法,适用于设计荷载产生的垂直于主筋方向的受拉翼缘裂缝的宽度。至于斜裂缝和腹板竖直裂缝,一般根据经验在构造上采用一定的措施加以控制。钢筋混凝土受弯构件在正常使用时,受拉区有裂缝出现和一定限度的开展,并不意味着构件的破坏。实践表明,当裂缝开展的宽度较小时,对构件的强度和耐久性影响不大。但当裂缝宽度开展过大,大气中的水汽和侵蚀性气体进入裂缝,将引起钢筋锈蚀,使钢筋截面减小,导致构件的抗弯强度降低。此外,裂缝开展过大,由于冰冻和风化作用也会影响到梁的耐久性。因此《铁路桥涵混凝土结构设计规范》(TB 10092—2017)要求,钢筋混凝土结构构件的计算裂缝宽度不应超过表 6-7-1 所规定的容许值。

表 6-7-1　裂缝宽度容许值

环境类别	环境等级	$[\omega_f]$
碳化环境	T1、T2、T3	0.20
氯盐环境	L1、L2	0.20
	L3	0.15
化学腐蚀环境	H1、H2	0.20
	H3、H4	0.15
盐类结晶破坏环境	Y1、Y2	0.20
	Y3、Y4	0.15
冻融破坏环境	D1、D2	0.20
	D3、D4	0.15
磨蚀环境	M1、M2	0.20
	M3	0.15

注:1. 表列数值为主力作用时的容许值,当主力 + 附加力作用时可提高 20%。

　　2. 当钢筋保护层实际厚度超过 30 mm 时,可将钢筋保护层厚度的计算值取为 30 mm。

试验研究表明:影响钢筋混凝土结构构件裂缝产生和开展的主要因素除了施工质量和构件所处的环境条件以外,还有钢筋应力的大小,钢筋的直径及表面形状,钢筋布置方式、混凝土保护层的厚度、混凝土等级以及荷载特征等因素。目前对裂缝宽度的计算公式多属于半经验半理论的公式。《铁路桥涵混凝土结构设计规范》(TB 10092—2017)规定,计算裂缝宽度 ω_f (mm)按式(6-7-1)计算。

$$\omega_f = K_1 K_2 \gamma \frac{\sigma_s}{E_s}\left(80 + \frac{8 + 0.4d}{\sqrt{\mu_z}}\right) \tag{6-7-1}$$

式中　K_1——钢筋表面形状影响系数,对光钢筋 $K_1 = 1.0$,对螺纹钢筋 $K_1 = 0.72$;

　　　K_2——荷载特征影响系数,对光钢筋 $K_2 = 1 + 0.5\dfrac{M_1 + M_2}{M}$,对螺纹钢筋 $K_2 = 1 +$

　　　　　$0.3\dfrac{M_1}{M} + 0.5\dfrac{M_2}{M}$;

　　其中　M_1——活载作用下的弯矩(MN·m);

　　　　　M_2——恒载作用下的弯矩(MN·m);

　　　　　M——全部计算荷载作用下的弯矩(MN·m);

主力作用时:　　　　　　　　$M = M_1 + M_2$

主力加附加力作用时:　　　　$M = M_1 + M_2 + M_3$

其中,M_3——由于附加力引起的弯矩(MN·m)。

　　　　γ——中性轴至受拉区边缘的距离与中性轴至受拉钢筋重心的距离之比,对梁和板,γ 可分别采用 1.1 和 1.2;

　　　　σ_s——受拉钢筋重心处的钢筋应力(MPa);

　　　　E_s——钢筋的弹性模量(MPa);

　　　　d——受拉钢筋的直径(mm);

　　　　μ_z——受拉钢筋的有效配筋率,其值按式(6-7-2)计算:

$$\mu_z = \frac{(\beta_1 n_1 + \beta_2 n_2 + \beta_3 n_3)A_{s1}}{A_{h1}} \tag{6-7-2}$$

　　其中　n_1、n_2、n_3——单根、两根一束、三根一束的钢筋根数;

　　　　　β_1、β_2、β_3——考虑成束钢筋的系数,对单根钢筋 $\beta_1 = 1.0$,两根一束 $\beta_2 = 0.85$,三根一束 $\beta_3 = 0.70$;

　　　　　A_{s1}——单根钢筋的截面积(m²);

　　　　　A_{h1}——与受拉钢筋相互作用的受拉混凝土面积(m²),取为与受拉钢筋重心相重合的混凝土面积(图 6-7-2 中的阴影面积,图中 a 为钢筋形心至受拉医边缘的距离),$A_{h1} = 2ab$。

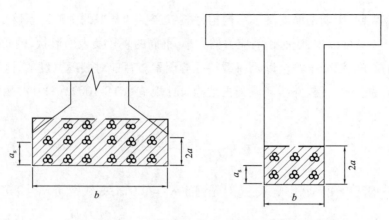

图 6-7-2 　与受拉钢筋相互作用的受拉混凝土面积

6.7.3　控制裂缝开展的措施

影响钢筋混凝土梁裂缝形成和开展的因素很多,要控制裂缝的开展,应从设计、施工和使用等多方面综合考虑。

设计时,应采用较小直径的钢筋,使在钢筋截面积相同的情况下具有较大的表面积,这样,与混凝土的黏结力就较好。螺纹钢筋与混凝土的黏结力比光钢筋要大得多,采用螺纹钢筋是控制裂缝开展的有效措施。

设计时还应从构造上采取必要的措施,尽量避免结构外形出现尖锐的突变,以减少应力集中。为了控制梁内腹板部分因混凝土收缩而引起的竖直裂缝,当梁高大于 1 m 时,应在腹板两侧沿梁高设置纵向水平钢筋,其间距为 100 ~ 150 mm,直径不应小于 8 mm。

施工质量对裂缝的形成和开展影响很大,有的桥梁由于施工质量差,运营后,裂缝宽竟高达 0.8 mm,还有某些尚未架设的梁,混凝土收缩裂缝就已宽达 0.3 mm。因此构件的施工质量必须严格保证。施工中,应严格控制水灰比,不要用增加水泥用量的办法来提高强度,正确地选择砂石级配,保持骨料洁净,振捣密实,保证混凝土的密实性。注意养护,特别是初期养护,养护得好的混凝土产生收缩裂缝的可能性就较小。

钢筋混凝土桥梁所处的使用条件,对梁体裂缝的发展情况也有不同程度的影响。如气候条件、线路运营情况(线路是否平顺、线路中线偏离桥梁中线的情况、列车密度及其在桥上行驶的速度等)以及桥梁支座是否因锈蚀或污垢而转动不灵活等。此外,还应定期检查梁体裂缝情况,当发现有超限裂缝时,应及时采取修补措施。

应当指出,防止裂缝形成和开展的最根本的办法是采用预应力混凝土结构。

模块 8　桥梁支座

模块描述

通过对模块学习,要求学生掌握支座的作用、布置方式以及常用支座的类型。

教学目标

1.掌握桥梁支座的作用。
2.掌握理解桥梁支座的布置方法。
3.掌握铁路桥梁支座的类型和适用范围。

6.8.1　概述

桥梁支座(Bridge Bearing)是设置在桥梁上部结构和下部结构之间的重要部件,其作用是将桥梁上部结构在各种荷载作用下所产生的反力(包括静载、活载、制动力和风力)和变形(位移和转角)传递给桥梁下部结构,并且使得桥跨结构能够适应温度变化、混凝土收缩徐变等因素所产生的位移,从而使桥梁上下结构受力情况更能符合结构的静力图式。支座作用如图6-8-1所示。

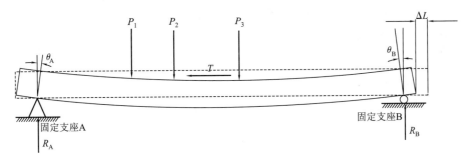

图6-8-1　支座作用

桥梁支座主要作用具体表现如下三点:

(1)使反力明确作用到墩台的指定位置,并将集中反力扩散到一个足够大的面积上,以保证墩台工作的安全可靠。

(2)保证桥跨结构在支点按计算图式所规定的条件变形。

(3)保证桥跨结构在墩台上的位置充分固定,不至滑落。

桥梁支座按其容许位移有固定支座与活动支座。固定支座既要固定主梁在墩台上的位置并传递竖向力和水平力,又要保证主梁发生挠曲变形时在支承处能自由转动。

活动支座则只能传递竖向力,它允许上部结构既能转动又能水平移动。活动支座又可分为单向活动支座和多向活动支座。

桥梁支座应根据不同情况进行布置:

(1)对于简支梁桥,一端设固定支座,另一端设活动支座。T构桥的挂孔按简支梁处理,如图6-8-2和图6-8-3所示。

(2)对于多跨连续梁桥,一般每联只有一个固定支座。为避免活动端的伸缩变形过大,一般将固定支座设

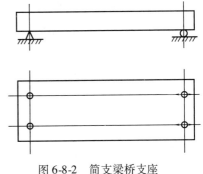

图6-8-2　简支梁桥支座
布置示意图

在每联的中间桥墩上。但若该处墩身较高,则应考虑避开,或采取特殊措施,以避免该墩顶承受过大的水平力(这会导致墩底弯矩过大)。

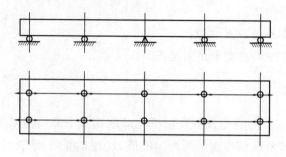

图 6-8-3　连续梁桥支座布置示意图

(3)曲线连续梁桥的支座布置会直接影响到梁的内力分布,同时,支座的布置应使其能充分适应曲梁的纵、横向自由转动和移动的可能性,宜采用球面支座,且为多向活动支座。曲线箱梁中间常设单支点支座,仅在一联范围内的梁的端部(或桥台上)设置双支座,以承受扭矩。有意将曲梁支点向曲线外侧偏离,可调整曲梁的扭矩分布。图 6-8-4 为曲梁支座布置的示意图。

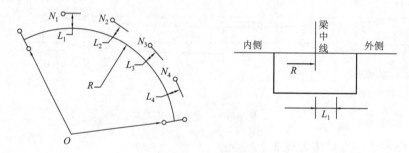

图 6-8-4　曲线桥梁支座布置示意图

(4)对于悬臂梁桥,锚固跨一侧设固定支座,另一侧设活动支座。

铁路桥梁固定支座、活动支座的布置应遵循以下原则:

①对于桥跨结构而言,最好要使梁(支承处)的下缘在制动力的作用下受压,从而抵消一部分竖向荷载在下缘产生的拉力。一般固定支座设置在坡桥较低侧以及行车方向的前方侧。在车站附近,固定支座宜设置在车站一侧,对于坡道应设置在高程较低一侧。

②对于纵桥向设有两个支座的桥墩而言,最好能让制动力的方向指向桥墩中心,使制动力能抵消一部分竖向荷载所产生的偏心距。

③对于桥台而言,最好能让制动力的方向指向堤岸,使墩台顶部的圬工材料处于受压状态,由此能平衡一部分台后土压力。

④在区间平道上,支座设置在重车方向的前端,对于双线桥,两线固定支座均设于两端中主要重车方向的前端。

6.8.2　桥梁支座的类型和构造

随着桥梁结构体系发展的日新月异,支座种类也相应地得到了迅速的发展。早期桥梁中钢支座应用较多,随着化学工业的发展,出现了橡胶支座及使用聚四氟乙烯板的平面滑动支座,随后又出现了盆式橡胶支座与板式橡胶支座,并且很快发展成为最主要的桥梁支座形式。在 20 世纪 70 年代开始研制的球形支座很快在弯梁桥上应用。德国交通局的研究调查表明在 1965 年以后开始采用橡胶支座,1970 年以后开始采用球形支座,盆式橡胶支座应用比例越来越大。在我国,1964 年首次使用板式橡胶支座,20 世纪 80 年代研制成功球形支座。而目前新建的公路桥梁,几乎 100% 地使用板式橡胶支座和盆式橡胶支座。目前我国桥梁支座的加工水平已达到或接近国际先进水平。

桥梁支座具体可根据桥梁跨径长短、支座反力大小、支座允许的转动和位移量、选用的支座材料以及对桥梁变形和本身建筑高度以及满足桥梁抗震、防震等要求选用。本节主要介绍一些常用的支座类型。

支座分类主要按以下原则划分:按变形的可能性、按选用材料种类和按结构形式三种分类方式。

1. 按支座容许变形的可能性划分

(1)固定支座

主要承担桥跨结构支承处顺桥向、横桥向的水平力和竖向反力,并约束相应的线位移。

(2)单向活动支座

承担竖向反力的同时,能约束顺桥向、横桥向水平位移中的一个方向的线位移。

(3)多向活动支座

它仅承担竖向反力,容许顺桥向、横桥向两个方向发生线位移。其中梁式桥主要用固定支座和单向活动支座。

上述支座通常布置情况:简支梁桥一般一端采用固定支座,一端采用活动支座;连续梁一般每一联中的一个桥墩设固定支座。支座的设置应有利于墩台传递水平力。

2. 按支座材料划分

(1)钢支座

该支座传力是通过钢的接触面滚动来实现其变位和转动功能。其特点是承载能力高,是铁路桥常采用的支座。它按材料可分为铸钢支座和新型钢支座。

(2)聚四氟乙烯支座

该支座是滑动支座,它是普通支座板式橡胶支座上按照尺寸大小粘贴一层 2 ~ 4 mm 的聚四氟乙烯板和不锈钢板作为支座的相对滑移面,与钢对钢的滑动系数相比起摩擦系数要小的许多。

(3)橡胶支座

它主要是通过橡胶板来实现其传力。支座位移则通过聚四氟乙烯板的滑动或橡胶的剪切变形来实现,而支座转角则是通过橡胶的压缩变形来实现。

(4)钢筋混凝土支座

它主要由钢筋混凝土这种材料来承担其传力,有摆柱式支座和混凝土铰两类。

(5)铅芯橡胶支座

该支座是一种抗震支座,它相当于在一般板式橡胶支座的中心放入铅棒,而铅棒能改善橡胶支座的阻尼性能。

3. 按支座结构形式划分

（1）弧形支座

该支座是将平板支座上、下摆的平面接触改为弧面接触，使反力能集中传递，梁端也能自由转动。

（2）摇轴支座

摇轴支座由上摆、底板和两者之间的辊子组成，将圆辊多余部分削去成为扇形，就形成所谓的摇辊。

（3）辊轴支座

为了克服摇轴支座的缺点，跨度更大的梁可采用该类型的支座。辊轴支座适用于各种大型桥梁。

（4）板式橡胶支座

该型支座构造较为简单，从外形上看它就是一块放在上、下部结构之间的矩形黑色橡胶板。其活动机理是：利用橡胶的不均匀弹性压缩实现转角变位，利用其剪切变形实现水平位移。中小跨度公路桥一般采用板式橡胶支座，应用范围较广。

（5）四氟板式橡胶支座

它主要是由四氟板构成的一种板式橡胶支座。

（6）盆式橡胶支座

该支座是在板式橡胶支座的基础上，将钢部件与橡胶部件组合而成的一种橡胶支座。通常的盆式橡胶支座（Pot Bearing）处于无侧限受压状态，从而其抗压强度不够高，加之位移量取决于橡胶剪切变形和支座高度，而位移量越大要求支座做的越厚，因此板式橡胶支座的承载能力和位移量受到相应的限制。大跨度连续梁桥一般采用盆式橡胶支座。

（7）球形支座

球形支座是在盆式橡胶支座的基础上发展起来的一种新型桥梁支座。其特点是传力可靠，转动灵活，它不但具备盆式橡胶支座承载能力大、允许支座位移大等的优点，而且能更好地适应支座大转角的需要。

还有一些划分为特殊用途的支座，诸如拉力支座、减震支座和水平限位支座。拉力支座是既能承受压力又能承受拉力的支座。减震支座是一种应用在地震多发区的新型桥梁支座。它是利用阻尼和摩擦耗能，使桥梁阻尼增大，消减最大地震力峰值，减缓强烈地震力的动力反应和冲击作用。常用的减震支座有盆式橡胶支座和辊轴减震支座两种。

4. 铁路桥梁常用支座

（1）简易垫层支座

简易垫层支座（见图6-8-5）是指在梁底与墩台之间设置垫层来支承上部结构。垫层材料有油毛毡、石棉或铅板等，主要是利用这些材料的柔韧特性以此来适应梁端较小的转动，也正是这些材料的本身特性从而使它的使用寿命较其他支座相比明显降低，并且适用范围也很小，这在下面的应用条件也容易看出。

图 6-8-5　简易垫层支座

对于标准跨径小于 10 m 的简支桥或简支梁桥(公路桥跨径在 10 m 以内,铁路梁桥跨径小于 4~5 m 的小跨径桥梁),为方便简单起见,可以不设专门的支座结构,而直接使板或梁的端部支承在几层油毛毡或石棉做成的简易垫层上面,如需在梁的一端设置固定支座时,则需在墩台中预埋铆钉,然后使它穿入到预埋于板或梁端中的套管内。垫层经压实后的厚度不应小于 1 cm。实践经验指出,这种简易垫层的变形性能较差。为了防止墩、台顶部前缘被压碎并避免上部结构端部和墩、台顶部可能被拉裂,通常应将墩、台顶部的前缘削成斜角,并最好在板或墩、台顶部内增设 1~2 层钢筋网予以加强。

(2)钢支座

钢支座是靠钢部件的滚动、摇动和滑动来完成支座的位移和转动功能。其最大的特点是承载能力高,能适应桥梁的位移和转动的需要。常用的有铸钢支座和新型钢支座等。

①平板支座

平板支座(见图 6-8-6)是桥梁支座最早而又最简单的一种支座形式。它由上、下摆两块平面钢板组成,固定支座的上、下平板间用钢销固定。活动支座只将上平板销孔改成长圆形。平板支座构造简单、加工容易,但缺点是反力不集中,梁端不能自由转动,伸缩时要克服较大的摩阻力,故只适用于小跨度的桥梁。

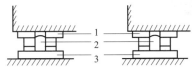

图 6-8-6　平板支座
1—底板;2—销钉;3—垫板

为了减少钢板接触面上的摩擦力以免阻碍纵向滑动,可将钢板的接触面在刨床上刨光并涂以石墨润滑剂(但是有时积垢与锈蚀常使这种支座"冻死"失效)。将薄铅板夹于钢板之间虽有助益,但铅板经常被挤出来。若能免除污垢、灰尘,则嵌有石墨化合物自行润滑的青铜平板就能良好地工作。平板支座的位移量是很有限的,而且梁的支承端也不能完全自由旋转。所以平板支座一般用于小跨度桥梁,在铁路桥上可用到 8 m 跨度,在公路桥中常用到 12～15 m 的跨度。目前平板支座大部分已被板式橡胶支座所取代。

②弧形支座

弧形支座由两块厚度约为 4～5 cm 铸钢制成的上、下支座板和销钉组成,如图 6-8-7 所示。按约束情况可分为齿槽式和销钉式两种。上支座板是一块平直的矩形钢板,下支座板是一块顶面呈圆弧形的钢板,并且分别预埋在主梁端部和墩(台)帽中,这样,上垫板沿着下垫板弧形接触面的相对滑动和转动实现了活动支座的功能要求。上、下支座板之间在销钉孔处设有销钉(或齿板),并且通过销钉(或齿板)的抗剪来承受水平力的作

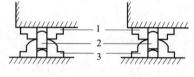

图 6-8-7　弧形支座
1—上座板;2—销钉;3—下座板

用。通常应使齿槽比齿板宽 2 mm,且齿板顶部应削斜,从而可以使上垫板自由转动。当用销钉固定时,销钉直径也应较销孔小 2 mm,且伸出的顶头也应做成顶部缩小的圆锥形。但是这种支座目前已较少采用,只在一些老桥上还能见到,固定支座的上、下支座板的销钉孔均为圆孔,由销钉承受纵向水平力。活动支座的销钉孔为长圆孔,以使支座可做少量的滑移。

弧型支座在使用过程中,经常发生转动不灵活或锚栓(齿板)剪断的现象。主要原因是由于弧型接触面接触应力过大被压平,使支座转动困难,伸缩时要克服较大的摩阻力,所以只能适用于较小跨度的梁,弧型支座一般用于跨度在 16 m 以下(规定要求在 8～12 m)的铁路桥上。同时由于支座锚栓(齿板)与梁底钢板焊接后,使锚栓抗剪强度降低。目前不少桥梁的弧形支座已被板式橡胶支座所代替。

③摇轴支座

摇轴支座(见图 6-8-8)是由上摆、底板和两者之间的辊子组成,将圆辊多余部分削去成为扇形,就形成摇轴。随着摇轴的直径的加大其承载能力也在提高,但支承反力大的摇轴直径也大,势必要增加其高度。跨度在 20～30 m 之间的铁路桥梁通常均采用铸钢摇轴支座。摇轴支座按是否活动有固定支座和活动支座之分。活动支座由底板、下摆(摇轴)和梁底直接相连的上摆组成。下摆的底面均做成圆曲面形,能自由转动,并由下摆转动后顶、底面的位移差来适应梁体位移的需要。

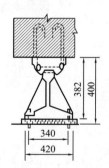

图 6-8-8　摇轴支座

④辊轴支座

为了克服摇轴支座的缺点,辊轴支座特别是在大跨度桥梁和钢桥上得到了广泛的应用。它通常是由若干个小直径的辊轴并列、组联在一起,梁体位移是通过辊轴转动来实现的。支座反力的大小直接决定了辊轴数量的多少,一般情况为 2 ~ 10 个。根据线接触应力的大小来确定。辊轴支座如图6-8-9所示。

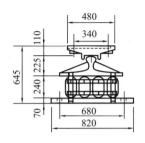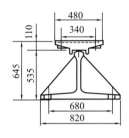

图 6-8-9　辊轴支座

(3)橡胶支座

橡胶支座的应用是源于橡胶工业的迅速发展,从 20 世纪 50 年代起已尝试应用优质合成橡胶来制造桥梁支座。多年来的工程实践经验表明,橡胶支座具有构造简单、加工方便、造价低、结构高度小、安装方便和使用性能优良等一系列优点。此外,它能方便地适应任意方向的变形,特别对于宽桥、曲线桥和斜交桥具有很好的适用性。并且橡胶的弹性还能削减上下部结构所受的动力作用,对抗震十分有利。鉴于此,近年来橡胶支座在桥梁工程中得到了广泛的应用。橡胶支座用的材料主要是化学合成的氯丁橡胶,它具有一定的抗压强度、抗油蚀性和耐老化性。尽管老化性不可避免,但实践应用表明,从适用性和经济性上考虑,这类支座依然值得推广。橡胶支座如图6-8-10。

图 6-8-10　橡胶支座

总之,板式橡胶支座与钢支座相比具有下列优点:

①橡胶支座构造简单、加工制造方便、成本低廉、节约钢材。

②橡胶支座工作性能可靠,具有良好的弹性阻尼、可减少动载对桥跨结构及墩台的冲击作用,改善桥梁受力性能。

③橡胶支座几乎不需要经常的养护,减少养护工作量。

④基于橡胶支座水平动力阻尼特性,可改善桥梁的整体抗震性能。

橡胶支座一般可分为板式橡胶支座、四氟橡胶滑板式支座、球冠圆板式橡胶支座和盆式橡胶支座四类。

a. 板式橡胶支座

板式橡胶支座的构造非常简单,从外形上看就如一块置于上下部结构间的橡胶板,它是由几层橡胶和薄钢板叠合而成。构造特点:常用的板式橡胶支座采用薄钢板或钢丝网作为加劲层以提高支座的竖向承载能力。

板式橡胶支座的变形机理为:①橡胶的不均匀弹性压缩实现转动。②橡胶的剪切变形实现水平位移。

《铁路桥梁板式橡胶支座》(TB/T 1983—2006)中将支座竖向承载力系列分为15级(单位为 kN):300、400、500、600、750、875、1 000、1 250、1 500、1 750、2 000、2 250、2 500、2 750 和 3 000。活动支座主位移方向的位移分3级(单位为 mm):±20、±30 和 ±40。固定支座和单向活动(纵向和横向活动)支座在限位方向的最大允许位移不大于 ±1 mm。另外还规定,固定支座顺、横桥向和纵向活动支座横桥向、横向活动支座顺桥向所承受的水平力宜为支座竖向设计承载力的15% 和30%,在特殊情况下,支座的水平力可根据需要确定。

板式橡胶支座多用于活动支座,但是,也可作为固定支座。板式橡胶支座有矩形和圆形。其中矩形构造最为简单,圆形和球冠圆形在平面上各向同性,圆形板上的球冠可调节受力状况,既适用于一般梁桥,也适用于各种变位较复杂的立交桥及高架桥。常用的矩形橡胶支座是中小跨径梁最常用的支座形式之一,主要用于混凝土梁桥。

支座的橡胶材料以氯丁橡胶为主,也可采用天然橡胶或者是由天然橡胶配方的耐高温橡胶支座。氯丁橡胶一般用于最低气温不超过 -25 ℃ 的地区,天然橡胶适用于温度不低于 -30 ~ -40 ℃ 的地区。

支座按其适用的温度范围分为常温型和耐寒型两类。常温型支座的适用温度范围为 -25 ~ +60 ℃,宜采用氯丁橡胶(CR);耐寒型支座的适用温度范围为 -40 ~ +60 ℃,应采用天然橡胶(NR)。

b. 四氟橡胶滑板式支座

聚四氟乙烯滑板式橡胶支座简称四氟滑板式支座,是在普通板式橡胶支座基础上按照支座尺寸大小粘一层厚 2 ~ 4 mm 的聚四氟乙烯板材而成,所以它是板式橡胶支座的一种特殊形式。另外在主梁支点底面设置一块有一定光洁度的不锈钢板,以利用聚四氟乙烯板贴在它下面自由滑动,聚四氟乙烯板与不锈钢板之间的摩擦力系数可取为 0.05 ~ 0.10。除了能水平向自由伸缩外,滑板式橡胶支座与非滑板式橡胶支座其他性能相同。图 6-8-11 所示为聚四氟乙烯滑板式橡胶支座,适用于较大跨度的简支梁桥、桥面连续的梁桥和连续梁桥;此外,还可用作连续梁桥顶推施工的滑块。

c. 球冠圆板式橡胶支座

球冠圆板式橡胶支座(见图 6-8-12)是一种改进后的圆形板式橡胶支座,其中间层橡胶和钢板布置与圆形板式橡胶支座完全相同,而在支座顶面用纯橡胶制成球形表面,球面中心橡胶最大厚度为 4 ~ 10 mm。球冠圆板式橡胶支座具有传力均匀,可明显改善或避免支座底面产生偏压、脱空等不良现象特性,在平面上各向同性,并以其球冠调节受力状况。该支座不但适用于一般桥梁,也适用于各种布置复杂、纵横较大的立交桥及高架桥,其坡度使用范围为 3%～5%,也可根据不同坡度需要调整球冠半径。

图 6-8-11　四氟橡胶滑板式支座

图 6-8-12　球冠圆板式橡胶支座

球冠支座可分为球冠圆板式橡胶支座和聚四氟乙烯球冠圆板式橡胶支座。

d. 盆式橡胶支座

一般的盆式橡胶支座处于无侧限受力状态,故其抗压强度不高,加之其位移量取决于橡胶的容许剪切变形和支座高度,要求的位移量越大,就要做的愈厚,所以无侧限橡胶支座的承载能力和位移值受到一定的限制,正因此盆式橡胶支座的开发于是就应运而生。盆式橡胶支座是利用被半封闭钢制钢盆内的弹性橡胶块,盆顶用钢盖盖住。其作用犹如液压千斤顶中的黏性液体,盆盖相当于千斤顶的活塞。在三向受力状态下具有流体的性质特点,来实现桥梁上部的转动,同时依靠中间钢板上板与上座板的不锈钢板之间的低摩擦系数来实现上部结构的水平位移,使支座所承受的剪切变位不再由橡胶完全承担,而间接作用于钢制底盆与不锈钢之间的滑移上。由于有边缘与盆壁的很好的密和,橡胶在盆内不能横向伸长,竖向压缩也将小了许多。从试验的数据来看,橡胶处于三向约束状态时的抗压弹性模量为 50 000 kN/cm^2,比无侧向约束的抗压弹性模量增大近 20 倍,因而支座承载能力大为提高,解决了板式橡胶支座承载能力的局限,能满足大的支承反力、大的水平位移及转角要求。图 6-8-13 所示为我国铁路常用 TPZ 型桥梁盆式橡胶支座构造。

图 6-8-13　TPZ 型桥梁盆式橡胶支座

《铁路桥涵混凝土结构设计规范》(TB 10092—2017)规定盆式橡胶支座竖向承载力(kN)可分级为:1 000、1 500、2 000、2 500、3 000、3 500、4 000、4 500、5 000、5 500、6 000、

7 000、8 000、9 000、10 000、12 500、15 000、17 500、20 000、22 500、25 000、27 500、30 000、32 500、35 000、37 500、40 000、45 000、50 000、55 000、60 000。盆式橡胶支座的活动支座(纵向和多向)纵向位移量(mm)可按 ±30、±50、±100、±150、±200 和 ±250 设计,多向和横向活动支座横桥向位移(mm)可按 ±10、±20、±30 和 ±40 设计。当有特殊要求时,设计位移可根据需要调整。

6.8.3 铁路桥梁支座计算

在具体进行一座桥梁的设计时,首先要分析支座所受的竖向力和水平力以及所需适应的 位移和转角,然后由此来确定支座相关尺寸,并进行强度、位移(广义位移)和稳定性一些相关验算。钢支座的设计主要包括支座的平面尺寸,支座上、下板的厚度和圆弧面(弧形、摇轴及辊轴)的曲面半径的设计,固定支座还要验算销钉及锚栓等受剪材料的抗剪强度。板式橡胶支座的设计主要按现行《铁路桥涵混凝土结构设计规范》(TB 10092—2017)进行设计,并借鉴国际铁路联盟《铁路桥梁橡胶支座使用规程》的有关规定进行设计和计算。盆式橡胶支座着重考虑支座材料本身的相关参数进行设计。其他类型的支座设计与计算也是相应地参照相关规范和规程,并且最好在结合工程实践经验的基础上进行。具体计算通过受力分析、位移分析按照规范要求进行设计计算。工程上的一般中小桥梁直接通常初算预估更座最大反力,从桥梁支座厂选配使用。

下面将以板式橡胶支座为来说明桥梁支座的设计与计算过程。

板式橡胶支座是工厂制造的定型产品,支座设计的主要内容是根据结构反力和变位设计计算据此进行支座选型。具体计算包括:确定支座平面尺寸、确定支座厚度、验算支座的受压偏转情况和支座的抗滑移性。板式橡胶支座按其内部构造分为无加劲支座和有加劲支座两种,前者只有一层单纯的橡胶构成,因其容许应力小(通常约为 3 MPa)、承载能力小,所以只适用于小跨度桥。实际使用中的板式橡胶支座绝大多数采用加劲形式,它是由若干层橡胶片(厚为 5 mm、8 mm、11 mm、15 mm)和薄钢板(厚为 2 mm、3 mm、5 mm)作为刚性加劲物(有多种形式,例如钢丝网和钢筋等)组合而成,加劲层的作用是提高支座的抗压弹性模量,减小支座的压缩变形。铁路桥梁上使用的支座的设计,应按现行《铁路桥涵混凝土结构设计规范》(TB 10092—2017)的规定进行设计。

设计中应遵循以下原则:①板式橡胶支座的容许最大压应力为 10 MPa,最小压应力为 2 MPa;②板式橡胶支座弹性模量的选取要根据支座形状系数来确定;③容许剪切角应满足 $\tan\alpha < 0.7$,快速加载时则应满足 $\tan\alpha < 0.25$;④稳定条件为厚度应小于短边长度的 1/5;⑤抗滑移摩擦系数取值为钢板面可采用 0.2,混凝土面可采用 0.3。

支座部件计算可根据梁的类型、支座布置及荷载组合确定固定支座及活动支座的竖向力及水平力,并应符合下列规定:

①计算竖向力时,列车活载应考虑动力效应并计入离心力引起的竖向效应。

②计算水平力时,列车活载可不考虑动力效应。

③支座的纵向水平力应考虑列车制动力或牵引力、风力、温度作用、长钢轨纵向力、支座

摩阻力、地震力等荷载,横向水平力应考虑列车离心力、横向摇摆力、风力、温度力、支座摩阻力等荷载。

④固定支座应按承受全部纵向水平力考虑,且不得小于活动端的支座摩阻力。

⑤活动支座的最大摩阻力 T 应按式(6-8-1)计算:

$$T = \mu \cdot N \tag{6-8-1}$$

式中 μ——活动支座的摩擦系数,板式橡胶支座取 $0.1 \sim 0.2$,盆式橡胶支座、球型支座及柱面支座可根据所采用的不同的滑动材料而定,采用聚四氟乙烯滑板时取 0.05,采用改性超高分子量聚乙烯滑板时取 0.03;

N——由恒载和活载所产生的最大竖向反力(MN)。

具体设计步骤如下:

(1)确定支座平面尺寸

决定平面尺寸 $a \times b$ 的因素有:橡胶板材的抗压强度、梁部或墩台顶部混凝土的局部承压强度。

梁部或墩台顶部混凝土的局部承压强度的验算,可按现行规范规定进行,相关内容可参照"混凝土结构设计原理"进行计算。但是国内生产的规格从 $100 \text{ mm} \times 150 \text{ mm} \sim 120 \text{ mm} \times 250 \text{ mm}$ 不等,其局部承压强度一般能够满足要求,亦即平面尺寸 $a \times b$ 由橡胶整体抗压强度来控制设计。

板式橡胶支座的平均压应力按式(6-8-2)计算,支座最小压应力 $\sigma_{\min}$ 不应小于 2 MPa。

$$\sigma_{\mathrm{m}} = \frac{N}{ab} \leqslant [\sigma_{\mathrm{m}}] \tag{6-8-2}$$

式中 σ_{m}——平均压应力(MPa);

N——支座设计竖向反力(MN);

a, b——支座短边及长边长度(m);

$[\sigma_{\mathrm{m}}]$——橡胶板允许平均压应力(MPa),取 10 MPa。

【例 6-1】 一铁路桥梁支座尺寸 $a \times b$,钢板之间橡胶层的厚度为 3 mm,上部作用总竖向荷载设计值 $N = 500 \text{ kN}$。试确定支座平面尺寸 $a \times b$?

【解】 假定 $[\sigma_{\mathrm{m}}] = 10\ 000 \text{ kPa}$,由式(6-8-2)知:

$$A = a \times b = \frac{N}{[\sigma_{\mathrm{m}}]} = \frac{500 \times 10^3}{10\ 000 \times 10^{-3}} = 50\ 000 \text{ mm}^2$$

假设支座拟定为方形支座,边长 $b = \sqrt{A} = \sqrt{50\ 000} = 223.6 \text{ mm}$,故选支座边长 $b = 250 \text{ mm}$。

形状条数 s 为:

$$s = \frac{a \cdot b}{2(a+b)h_i} = \frac{250 \times 250}{2 \times (250 + 250) \times 3} = 20.8 > 3$$

(2)支座厚度的确定

板式橡胶支座的重要特点是:梁的水平位移要通过全部橡胶片剪切变形,根据橡胶支座的变位机理,梁端的水平位移全部由橡胶支座的剪切变形来实现,那么支座厚度就取决于梁端所需要的纵向最大水平位移 Δ。显然,橡胶片的总厚度 $\sum t$ 与水平位移 Δ 之间应满足如下关系:

$$\tan\alpha = \frac{\Delta}{\sum t}0.7 \qquad (6\text{-}8\text{-}3)$$

由制动力快速加载产生的剪切角应满足 $\tan\alpha < 0.25$。

据此改写式(6-8-3):

$$\sum t \geqslant 1.43(\Delta_D + \Delta_L) \qquad (6\text{-}8\text{-}4)$$

式中　Δ_D——由上部结构温度变化、桥面纵坡等因素引起的支座顶面相对于底面的水平位移;

　　　Δ_L——由于制动力引起的支座顶面相对于底面的水平位移,按式(6-8-5)计算:

$$\Delta_L = \sum t\alpha_t = \sum t\frac{\tau_t}{G'} = \frac{\sum tT}{2Gab} \qquad (6\text{-}8\text{-}5)$$

其中　α、τ——作用于支座上的制动力所引起的剪切角、剪应力;

　　　G'——活载作用时的动态剪切模量($G' \approx 2G$,$G \approx 1.1$ MPa);

　　　T——汽车制动力。

将式(6-8-5)代入式(6-8-4),可以得到式(6-8-4)的另一表达形式:

$$\sum t \geqslant \frac{\Delta_D}{0.7 - \dfrac{T}{2Gab}} \qquad (6\text{-}8\text{-}6)$$

同时,考虑到橡胶支座工作的稳定性,《铁路桥涵混凝土结构设计规范》(TB 10092—2017)还规定 $\sum t$ 不应大于支座顺桥向边长的0.2倍。橡胶片的总厚度 $\sum t$ 定后,再加上金属加劲薄板的总厚度,就可以得到所需支座的总厚度 h。

【例6-2】　一铁路桥梁支座尺寸 $a \times b = 250$ mm $\times 250$ mm,钢板之间橡胶层的厚度为3 mm,钢板厚5 mm。由上部结构温度变化、桥面纵坡等因素引起的支座顶面相对于底面的总水平位移 $\Delta_D = 5$ mm,计入制动。试确定支座厚度 h?

【解】　由式(6-8-6)知:

橡胶层的总厚度 $\sum t \geqslant \dfrac{\Delta_D}{0.7 - \dfrac{T}{2Gab}} = \dfrac{5}{0.7 - \dfrac{16\,000}{2 \times 1.1 \times 250 \times 250}} = 8.567$ mm

橡胶层的总厚度取整 $\sum t = 9$ mm,共设4层钢板,内夹三层橡胶。

支座上下保护层取5 mm。

故支座总厚度 $h = 2 \times 5 + 3 \times 3 + 4 \times 5 = 39$ mm。

(3)验算支座受压偏转情况

梁端发生转动后,如果转角过大,则可能导致支座的局部与梁体脱空,形成支座局部承压;为此验算支座的受压偏转,就是要保证支座不与梁底脱空,也即支座外侧最小竖向压缩变形 $\delta_1 \geqslant 0$。

主梁受荷后发生挠曲变形,由此引起梁端的转角 θ。此时支座将出现线性压缩变形,梁端一侧的压缩变形量为 δ_1,梁体一侧的压缩变形量为 δ_2,那么其平均压缩变形:

$$\delta = \frac{1}{2}(\delta_1 + \delta_2) \tag{6-8-7}$$

支座随梁端的偏转角为:

$$\theta = \frac{1}{\alpha}(\delta_2 - \delta_1) \tag{6-8-8}$$

由式(6-8-7)和式(6-8-8),得 $\delta_1 = \dfrac{N\sum t}{abE} - \dfrac{\alpha\theta}{2}$。

又由支座不脱空条件 $\delta_1 \geqslant 0$ 可得

$$\delta_1 = \frac{N\sum t}{abE} - \frac{\alpha\theta}{2} \geqslant \frac{\alpha\theta}{2}$$

由此,支座的平均压缩变形应该满足:

$$\delta = \frac{N\sum t}{abE} \geqslant \frac{\alpha\theta}{2}$$

(4)验算支座的抗滑移稳定性

板式橡胶支座通常就放置在墩台顶面与梁底之间,橡胶面直接与混凝土相接触。当梁体由于温度变化等因素以及活载制动力作用时,支座将承受相应的作用力。为了保证橡胶支座与梁底或墩台顶面之间不发生相对滑动,则应满足以下条件:

不计汽车制动力时

$$\mu R_{Gk} \geqslant 1.4 G_e A_1 \frac{\Delta_1}{\sum t} \tag{6-8-9}$$

计入汽车制动力时

$$\mu R_{Gk} \geqslant 1.4 G_e A_g \frac{\Delta_1}{\sum t} + F_{bk} \tag{6-8-10}$$

式中　R_{Gk}——结构自重引起的反力标准值;

　　　R_{Ck}——结构自重标准值和 0.5 倍汽车荷载标准值(计入冲击系数)引起的支座反力;

　　　μ——橡胶与混凝土之间或钢板间的摩擦系数;

　　　Δ_1——上部结构温度变化、混凝土收缩徐变等作用标准值引起的剪切变形和纵向力标准值产生的支座剪切变形,但不计汽车制动力引起的剪切变形;

　　　R_{bk}——由汽车荷载引起的制动力标准值;

　　　R_g——支座平面毛面积。

思考题

1. 钢筋混凝土受弯构件承受不断增加的荷载时,要经历哪几个应力阶段? 各应力阶段具有哪些特性?

2. 什么是超筋梁、少筋梁？

3. 按容许应力法计算的基本假定是什么？什么是换算截面？

4. 钢筋混凝土梁中的裂缝,主要有哪些形式？这些裂缝由什么原因引起？应采取哪些措施以控制这些裂缝的开展？

5. 平衡设计和低筋设计之间的区别是什么？低筋梁和少筋梁有何不同？

6. 设计问题和复核问题有什么区别？

7. 规范对 T 形截面翼板的有效尺寸作了哪些规定？

8. 何为双筋矩形截面？在什么情况下才采用双筋截面？

9. 一钢筋混凝土简支板,计算跨度 $l = 4.0$ m,板厚 140 mm,混凝土 C25,HPB300 钢筋,直径为 $\phi10$,间距为 120 mm,保护层厚度 15 mm,如果承受均布荷载,试问每平方米面积上能承受多大均布活载？

10. 如上题中的混凝土采用 C30,HRB400 钢筋,其他条件相同,试问每平方米面积上能承受多大均布荷载？

11. 一钢筋混凝土简支梁,$l = 6.0$ m,承受均布活载 6.5 kN/m,并在跨中三分点处各作用一集中力 6 kN,混凝土强度等级为 C25,HRB400 钢筋,要求按平衡设计确定跨中的截面尺寸及主筋用量。

12. 如上题截面尺寸已知 $b = 200$ mm,$h = 550$ mm,其他条件相同,试确定跨中截面主筋用量。

13. 已知一矩形截面尺寸 $b = 250$ mm,$h = 500$ mm,混凝土为 C25,HPB300 为钢筋,承受荷载弯矩 $M = 76$ kN·m(包括自重产生的弯矩),要求设计此矩形梁。

14. 一简支 T 形梁的计算跨度 $l = 8.0$ m,承受均布荷载 70 kN/m(其中包括自重 9.5 kN/m),混凝土强度等级为 C30,HRB400 钢筋,截面尺寸 $b'_f = 1.0$ m,$h'_f = 0.12$ m,$b = 0.30$ m,$h = 0.80$ m,要求进行下列计算：

(1) 主筋用量的计算；

(2) 剪力钢筋的配置；

(3) 检算翼板与梁梗连接处的剪应力；

(4) 裂缝宽度的检算。

15. 已知梁的截面尺寸 $b \times h = 200$ mm × 500 mm,受拉钢筋采用 4 根直径是 16 mm 的 HRB400 级钢筋,混凝土强度等级为 C30,设该梁承受的最大弯矩矩设计值 $M = 100$ kN·m,试复核核梁是否安全。

16. 已知双筋矩形截面梁截面尺寸为 $b \times h = 250$ mm × 500 mm,混凝土采用 C30,布置 3 根直径为 25 mm 的 HRB335 级钢筋,截面承担的弯矩设计值 $M = 180$ kN·m 试验算梁的正截面承载力是否满足要求。

17. 已知矩形截面梁截面尺寸 $b \times h = 200$ mm × 500 mm,采用 C25 混凝土,钢筋 HRB335 级,设在梁的压区配有 2 根直径为 16 mm 的受压钢筋,在拉区配有 4 根直径为 18 mm 的受拉钢筋,求该梁的受弯承载力设计值 M_u。

项目⑦

预应力混凝土结构

项目概述

采用预应力混凝土结构是避免混凝土过早开裂、有效利用高强材料的有效方法之一。通过对本项目的学习,要求学生掌握预应力混凝土结构的概念、特点、分类及预应力损失机理。

教学目标

知识目标

(1)掌握预应力混凝土结构的特点和分类。

(2)掌握预应力混凝土结构的受力机理。

(3)掌握预应力损失的机理。

能力目标

具备能够根据预应力混凝土结构特点和材料性质设计施工的能力。

模块1 预应力混凝土结构

模块描述

通过对本模块的学习,要求学生掌握预应力混凝土结构的原理、特点以及预应力混凝土结构对所用钢材和混凝土的要求。

教学目标

1. 掌握预应力混凝土结构的特点。

2. 掌握预应力度的定义。

3. 掌握加筋混凝土结构的分类。

4. 掌握预应力混凝土结构对所用钢材和混凝土的要求。

7.1.1 预应力混凝土结构的基本原理

对混凝土或钢筋混凝土的受拉区预先施加压应力,是一种人为建立的应力状态,这种应力的大小和分布规律,能有利抵消因荷载作用而产生的应力,进而使混凝土构件在使用荷载下允许出现拉应力而不致开裂,或推迟开裂,或限制裂缝宽度大小。

7.1.2 预应力混凝土结构的特点

1. 预应力混凝土结构的优点

(1)提高了构件的抗裂度和刚度。对构件施加预应力,大大推迟裂缝的出现。在使用荷载作用下,构件可不出现裂缝,或使裂缝推迟出现,提高了构件的刚度,增加了结构的耐久性。

(2)可以节省材料,减小自重。预应力混凝土必须采用高强度材料,因而可以减少钢筋用量和减小构件截面尺寸,使构件自重减轻,利于预应力混凝土构件建成大跨度承重结构。

(3)减小梁的竖向剪力和主拉应力。预应力混凝土梁的曲线钢筋(束)可使梁内支座附近的竖向剪力减小,又因混凝土截面上预压应力的存在,使荷载作用下的主拉应力相应减小,有利于减小梁的腹板厚度,使预应力混凝土梁的自重可以进一步减小。

(4)结构质量安全可靠。施加预应力时,钢筋(束)与混凝土同时都经受了一次强度检验。如果在张拉钢筋时构件质量表现良好,那么,在使用时也认为是安全可靠的。

(5)预应力可作为结构构件链接的手段,促进了桥梁结构新体系与施工方法的发展。

此外,预应力还可以增加结构的耐疲劳性能。因为具有较强预应力的钢筋,在使用阶段由加载或卸载所引起的应力变化幅度相对较小,所以引起疲劳破坏的可能性也小,这对承受动荷载的桥梁结构来说是很有利的。

2. 预应力混凝土结构的缺点

(1)预应力混凝土工艺较复杂,对质量要求高,因而需要配备一支技术较熟练的专业队伍。

(2)需要有一定的专门设备,如张拉机具、灌浆设备等。

(3)预应力反拱不易控制,它随混凝土徐变的增加而加大。

(4)预应力混凝土结构的开工费用较大,对于跨径小、构件数量少的工程,成本较高。

7.1.3 预应力度

国内通常把混凝土结构内配有纵筋的结构总称为加筋混凝土结构系列(根据国内工程界的习惯,将采用加筋的混凝土结构按其预应力度分成全预应力混凝土、部分预应力混凝土和钢筋混凝土等三种结构)。

所谓预应力度,是指施加于预应力混凝土结构上预应力大小的程度,它影响着结构在受外荷载作用下受拉边缘混凝土的应力状态。《铁路桥涵混凝土结构设计规范》(TB 10092—2017)将预应力度定义为 λ,且不宜小于 0.7。预应力度 λ 应按式(7-1-1)计算:

$$\lambda = \frac{\sigma_c}{\sigma} \tag{7-1-1}$$

式中 σ——由设计荷载(不包括预加力)引起的构件控制截面受拉边缘的应力(MPa);

σ_c——由预加力(扣除全部预应力损失)引起的构件控制截面受拉边缘的预压应力(MPa)。

当预应力度 $\lambda \geq 1$,在运营阶段设计荷载作用下不出现拉应力,对于钢筋混凝土构件,其 $\lambda = 0$,从加载开始不久,即在中性轴以下出现拉应力,因假设混凝土不能承受拉应力,故在外荷载作用下,将在截面的中性轴以下出现裂缝。允许出现拉应力但不允许开裂或允许开裂的预应力混凝土构件的预应力度介于 0 与 1 之间。

预应力度的定义目前有如下几种:第一种是采用弯矩比或应力比来表达;第二种是采用预应力钢筋和非预应力钢筋混合配筋的预应力比(或预应力指标)来表达;第三种是采用平衡荷载的比值来表达。

对于铁路预应力混凝土梁采用应力比的方式定义。由于承受较大的疲劳荷载作用,为保证梁的抗疲劳性能,预应力度不宜小于 0.7。

7.1.4 预应力混凝土的材料

1. 钢材

用于预应力混凝土结构中的钢材有钢筋、钢丝、钢绞线三大类(见图 7-1-1 和图 7-1-2)。工程上对于预应力钢材有下列要求:

(1)在混凝土中建立的预应力取决于预应力钢筋张拉应力的大小。张拉应力愈大,构件的抗裂性能愈好。但为了防止张拉钢筋时所建立的应力因预应力损失而丧失殆尽,对预应力钢材要求有很高的强度。

(2)在先张法中预应力钢筋与混凝土之间必须有较高的黏着自锚强度,以防止钢筋在混凝土中滑移。

(3)预应力钢材要有足够的塑性和良好的加工性能。所谓良好的加工性能是指焊接性能良好及采用镦头锚具时钢筋头部经过镦粗后不影响原有的力学性能。

(4)应力松弛损失要低。钢筋的应力随时间增长而降低的现象称为松(也称徐舒)。由于预应力混凝土结构中预应力筋张力完成后长度基本保持不变,应力松弛是对预应力筋性能的一个主要影响因素。应力松弛值的大小因钢的种类而异,并随着应力的增加和作用(荷载)持续时间的增长而增加。为满足此要求,可对钢筋进行超张拉,或采用低松弛钢丝钢绞线。

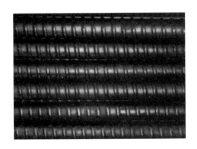

图 7-1-1 精轧螺纹

图 7-1-2 钢筋钢绞线

2. 工程中常用的预应力钢筋

（1）精轧螺纹钢筋

专用于中、小型构件或竖、横向预应力钢筋。其级别有 JL540、JL785、JL930 三种；直径一般为 18 mm、25 mm、32 mm、40 mm。要求 10 h 松弛率不大于 1.5%。

（2）钢丝

用于预应力混凝土构件中的钢丝有消除应力的三面刻痕钢丝、螺旋肋钢丝和光滑钢丝三种。

（3）钢绞线

钢绞线是把多根平行的高强钢丝围绕一根中心芯丝用绞盘绞捻成束而形成的。常用的钢绞线有 7ϕ4 和 7ϕ5 两种。

3. 混凝土

为了充分发挥高强钢筋的抗拉性能，预应力混凝土结构也要相应地采用高强度混凝土。因此，预应力混凝土构件不应低于 C40。

用于预应力混凝土结构中的混凝土，不仅要求高强度，而且要求有很高的早期强度，以便其能早日施加预应力，从而提高构件的生产效率和设备的利用率，此外，为了减少预应力损失，还要求混凝土具有较小的收缩值和徐变值，工程实践证明，采用干硬性混凝土，施工中注意水泥品种选择，适当选用早强剂和加强养护是配制高等级和低收缩率混凝土的必要措施。

模块 2　部分预应力混凝土与无结预应力混凝土

📖 模块描述

通过对本模块的学习，要求学生掌握部分预应力混凝土结构和无黏结预应力混凝土结构的概念、受力特征和性能。

🖧 教学目标

1. 掌握部分预应力混凝土结构和无黏结预应力混凝土结构的概念。
2. 掌握部分预应力混凝土结构的受力特征。
3. 掌握无黏结预应力混凝土结构受力性能。

7.2.1　部分预应力混凝土结构的基本概念

预应力混凝土结构都是按全预应力混凝土来设计的。认为施加预应力的目的只是用混凝土承受的预压应力来抵消外加作用（荷载）引起的混凝土的拉应力，混凝土不受拉，就不会出现缝。这种在承受全部外加作用（荷载）时必须保持全截面受压的设计，通常称为全预应力混凝土设计。"零应力"或"无拉应力"则是全预应力混凝土设计的基本准则。

全预应力混凝土结构虽有刚度大、抗疲劳、防渗漏等优点,但是在工程实践中也发现一些严重缺点,例如:结构构件的反拱过大,在恒载小、活载大、预加力大且在长期承受持续作用(荷载)时,梁的反拱会不断增大,影响行车顺畅;当预加力过大时,锚下混凝土横向拉应变超出极限拉应变,易出现沿预应力钢筋纵向不能恢复的水平裂缝。

部分预应力混凝土结构是针对全预应力混凝土在理论和实践中存在的这些问题,在最近十几年发展起来的一种新的预应力混凝土。它是介于全预应力混凝土结构和普通钢筋混凝土结构之间的预应力混凝土结构,即这种构件按正常使用极限状态时,对作用(荷载)短期效应组合,容许其截面受拉边缘出现拉应力或出现裂缝。部分预应力混凝土结构,一般采用预应力钢筋和非预应力钢筋混合钢筋,不仅能充分发挥预应力钢筋的作用,同时也充分发挥非预应力钢筋的作用,从而节约了预应力钢筋,进一步改善了预应力混凝土使用性能。同时,它又促进了预应力混凝土结构设计思想的重大发展,使设计人员可以根据结构使用要求来选择适当的预应力度,进行合理的结构设计。

7.2.2　部分预应力混凝土结构的受力特征

为了理解部分预应力混凝土梁的工作性能,需要观察不同预应力强度条件下梁的荷载挠度曲线。图 7-2-1 中①、②、③分别表示具有相同正截面承载能力 M_u 的全预应力、部分预应力和普通钢筋混凝土梁的弯矩 – 挠度关系曲线示意图。

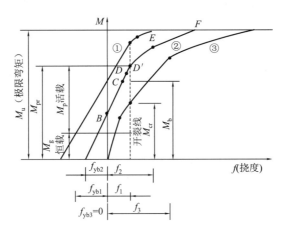

图 7-2-1　不同受力状态下的弯矩 – 挠度关系曲线

从图中可以看出,部分预应力混凝土梁的受力特征,介于全预应力混凝土梁和普通钢筋混凝土梁之间。在荷载较小时,部分预应力混凝土梁(曲线②)受力特征与全预应力混凝土梁(曲线①)相似:在自重与有效预加力 N(扣除相应阶段的预应力损失)作用下,它具有反拱度 f_{yb},但其值较全预应力混凝土梁的反拱度小;当荷载(荷载)增加,弯矩 M 达到 B 点时,表示外加作用使梁产生的下挠度与预应力反拱度相对,两者正好相互抵消,这时梁的挠度为零,但此时受拉区边缘混凝土的应力并不为零。

当作用(荷载)继续增加,达到曲线②的 C 点时,外加作用(荷载)产生的梁底混凝土拉应力正好与梁底有效预应力互相抵消,使梁底受拉边缘的混凝土应力为零,此时相应的外加作用(荷载)弯矩 M_0 称为消压弯矩。

截面下边缘消压后,如继续加载至 D 点,混凝土的边缘拉应力达到极限抗拉强度。随着外加作用(荷载)增加,受拉区混凝土进入塑性阶段,构件的刚度下降,达到 D' 点时表示构件即将出现裂缝,此时相应的弯矩称为预应力混凝土构件的抗裂弯矩 M_{pr},显然 $M_{pr} - M_0$ 相当于相应的钢筋混凝土构件的截面抗裂弯矩 M_{cr},即 $M_{cr} = M_{pr} - M_0$。

从 D' 点开始,外加作用(荷载)加大,裂缝开展,刚度继续下降,挠度增加速度加快。而达到 E 点时,受拉钢筋屈服。E 点以后裂缝进一步扩展,刚度进一步下降,挠度增加速度更快,直到 F 点,构件达到承载能力极限状态而破坏。

7.2.3 部分预应力混凝土结构的优缺点

1. 部分预应力混凝土结构的优点

(1)部分预应力改善了构件的使用性能,如减小或避免梁纵向和横向裂缝;减小了构件弹性和徐变变形所引起的反拱度,以保证桥面行车顺畅。

(2)节省高强预应力钢材,简化施工工艺,降低工程造价。部分预应力构件的预应力度较低,在保证构件极限承载力的条件下,可以用普通钢筋来代替一部分预应力钢筋承受破坏极限状态设计的外加作用(荷载),也可以用强度(品种)较低的钢筋来代替高强度钢丝,或者减少高强度预应力钢丝束的数量,这样,对构件的设计、施工、使用以及经济方面都会带来好处。

(3)提高构件的延性。和全预应力混凝土相比,由于配置了非预应力钢筋,所以部分预应力混凝土受弯构件破坏所呈现的延性较全预应力混凝土好,提高了结构在承受反复作用时的能量耗散能力,因而使结构有利于抗震、抗爆。

(4)可以合理地控制裂缝。与钢筋混凝土相比,由于配置了非预应力钢筋,所以部分预应力混凝土梁由于具有适量的预应力,其挠度与裂缝宽度较小,尤其是当作用(荷载)最不利效应组合出现概率极小,即使是允许开裂的 B 类构件,在正常使用状态下,其裂缝实际上也是经常闭合的。所以部分预应力混凝土构件的综合使用性能一般都比钢筋混凝土构件好。

2. 部分预应力混凝土结构的缺点

与全预应力混凝土相比部分预应力混凝土抗裂性略低,刚度较小,设计计算略为复杂;与钢筋混凝土相比,所需的预应力力工艺复杂。

总之,部分预应力混凝土能够获得良好的综合使用性能,克服了全预应力混凝土结构由于长期处于高压应应力状态下,预应力反拱度大,破坏时呈现脆性等弊病。部分预应力混凝土结构预加应力较小,因此,预加应力产生的横向拉应变也小,减小了沿预应力筋方向可能出现纵向裂缝的可能性,有利于提高预应力结构使用的耐久性。

7.2.4 非预应力钢筋的作用

在部分预应力混凝土结构中通常配有非预应力受力钢筋,预应力筋可以平衡一部分作用(荷载),提高抗裂度,减少挠度;非预应力钢筋则可以改善裂缝的分布,增加极限承载力和提高破坏时的延性。同时非预应力筋还可以配置在结构中难以配置预应力筋的部分。部分预应力混凝土结构中配置的非预应力筋,一般都采用中等强度的变形钢筋,这种钢筋对分散裂缝的分布、限制裂缝宽度以及提高破坏时的延性更为有效。

7.2.5 无黏结预应力混凝土结构的基本概念

无黏结预应力混凝土梁是指配置主筋为无黏结预应力钢筋的后张法预应力混凝土梁。而无黏结预应力钢筋是指单根或多根高强钢丝、钢绞线或粗钢筋,沿其全长涂有专用防腐油脂涂料层和外包层,使之与周围混凝土不建立黏结力,张拉时可沿纵向发生相对滑动的预应力钢筋。

无黏结预应力钢筋的一般做法是将预应力钢筋沿其全长的外表面涂刷有沥青、油脂等润滑防锈材料,然后用纸袋或塑料袋包裹或套以塑料管。在施工时,跟普通钢筋一样,可以直接放入模板中,然后浇注混凝土,待混凝土达到强度要求后,即可利用混凝土构件本身作为支承件张拉钢筋。待张拉到控制应力之后,将无黏结预应力钢筋锚固于混凝土构件上而构成无黏结预应力混凝土构件。这样省去了传统后张法预应力混凝土的预埋管道、穿束、压浆等工艺,节省了施工设备,简化了施工工艺,缩短了工期;另外,在张拉时,由于摩阻力小,可有效应用于曲线配筋的梁体,故其综合经济性好。

但是,它也存在不足之处,即开裂荷载相对较低,而且在荷载作用下开裂时,将仅出现一条或几条裂缝,随着荷载的少量增加,裂缝的宽度与高度将迅速扩展,使构件很快破坏。为此,需要设置一定数量的非预应力钢筋以改善构件的受力性能。

早在20世纪20年代,德国 R. Farber 就提出了采用无黏结预应力筋的概念,并取得了专利,但当时并未推广,直到20世纪40年代后期才开始用于桥梁结构。现在,无黏结预应力混凝土结构已为许多国家采用,美国的 ACI、英国的 CP110 及德国的 DIN4227 等结构设计规范,对无黏结预应力混凝土的设计与应用都做了具体规定,应用前景可观。

在我国,近年来无黏结预应力混凝土结构获得广泛应用,其技术是国家教科委和建设部"八五"科技成果重点推广项目之一,同时还编制了中华人民共和国建设部行业标准《无黏结预应力混凝土结构技术规程》(JGJ 92—2016)。无黏结预应力混凝土技术也已成功用于公路桥梁,例如在四川省已修建了三座跨径 18～20 m 的无黏结预应力混凝土空心板梁桥;在江苏省建成的云阳大桥为主孔 70 m 跨径的无黏结预应力混凝土系杆拱桥。

7.2.6 无黏结预应力混凝土受弯构件的受力性能

无黏结预应力混凝土梁,一般分为纯无黏结预应力混凝土梁和无黏结部分预应力混凝土梁。前者是受力主筋全部采用无黏结预应力钢筋,而后者是指其受力主筋采用无黏结预应力钢筋与适当数量非预应力有黏结钢筋形成混合配筋的梁。这两种无黏结预应力混凝土梁在荷载作用下的结构性能及破坏特征不同,下面分别介绍。

1. 纯无黏结预应力混凝土梁

在试验荷载作用下,在梁最大弯矩截面附近出现一条或少数几条裂缝。随着荷载的增加,已出现的裂缝的宽度与延伸高度都迅速发展,并且通常在裂缝的顶部开裂,如图 7-2-2(b)所示。

梁开裂后,在作用(荷载)增加不多的情况下,随着裂缝宽度与高度的急剧增加,受压区混凝土压碎面引起梁的破坏,具有明显的脆性破坏特征。试验分析表明,纯无黏结预应力混凝土梁一经开裂,梁的结构性能就变得接近于带拉杆的扁拱而不像梁。纯无黏结预应力混凝土梁不仅裂缝形态及发展与同样条件下的有黏结预应力力混凝土梁不同[见图 7-2-2(a)],而且其作用(荷载)一跨中挠度曲线也不同。由图 7-2-3 可见,有黏结预应力混凝土梁的作用(荷载)-挠度曲线具有三直线形式,而纯无黏结预应力混凝土梁的曲线不仅没有第三阶段,连第二阶段也没有明显的直线段。

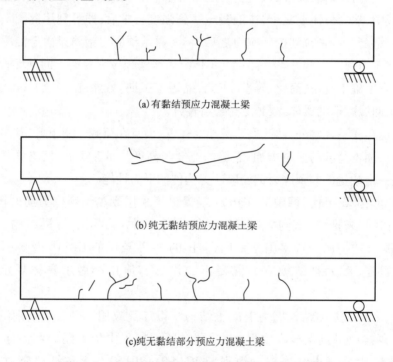

(a)有黏结预应力混凝土梁

(b)纯无黏结预应力混凝土梁

(c)纯无黏结部分预应力混凝土梁

图 7-2-2 有黏结和无黏结预应力混凝土梁的裂缝状态

在梁最大弯矩截面上,无黏结预应力钢筋应力随作用(荷载)变化的规律,亦与有黏结预应力钢筋不同。无黏结预应力钢筋的应力增量,总是低于有黏结预应力钢筋的应力增量,而且,随着荷载的增大,这个差距就越来越大。在梁的最大弯矩截面处,无黏结筋的应力比有黏结筋的应力增加得少。

纯无黏结筋梁的抗弯强度比有黏结筋梁的要低;在荷载的作用下,裂缝少且发展迅速;破坏呈明显的脆性。这些不足,可以通过采用混合配筋的方法改变。

2. 无黏结部分预应力混凝土梁的受力性能

对于采用非预应力钢筋与无黏结预应力钢筋混合配筋的受弯构件,有关院、所进行了系统的试验研究,从试验梁观察到的现象及主要结论如下:

(1)混合配筋无黏结预应力混凝土梁的作用(荷载)-挠度曲线(见图7-2-3),和混合配筋有黏结预应力混凝土梁的一样,也具有三段直线的形状,反映三个不同的工作阶段。

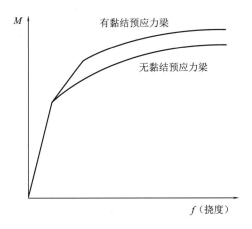

图 7-2-3   黏结力对预应力混凝土梁挠度影响示意图

(2)混合配筋的无黏结预应力混凝土梁的裂缝,由于受到非预应力有黏结钢筋的约束,其钢筋根数及裂缝间距与配有同样钢筋的普通钢筋混凝土梁非常接近,如图7-2-2(c)所示。

(3)一般情况下,混合配筋的无黏结预应力混凝土梁,先是普通钢筋屈服,裂缝向上延伸,直到受压区边缘混凝土达到极限压应变时,梁才呈现弯曲破坏。

(4)混合配筋梁的无黏结预应力钢筋,虽仍具有沿全长应力相等(忽略摩擦影响)和在梁破坏时极限应力不超过条件屈服强度 $\sigma_{0.2}$ 的无黏结筋特点,但极限应力的量值较纯无黏结梁要大得多。

(5)混合配筋的无黏结预应力钢筋,在梁达到破坏时的应力增量,与梁的综合配筋指标有密切关系。

(6)对于混合配筋的无黏结预应力混凝土梁,在三分点荷载作用下,跨高比对应力增量无明显影响;在跨中一点荷载作用下,跨高比对应力增量有一定的影响。

模块3   预应力损失的估算及减小损失的措施

模块描述

通过学习原理分析、公式计算、图表比对等方法,要求学生逐步掌握预应力损失的成因、分类、特性及减小预应力损失的措施。

教学目标

1. 掌握预应力损失的成因、分类、特性。

2. 掌握减小预应力损失的措施。

受施工因素、材料性能和环境条件等的影响,预应力钢筋在拉伸时所建立的预拉应力(称张拉控制应力)将会有所降低,这些减少的应力称为预应力损失。

预应力钢筋的实际存余的预应力称为有效预应力,其数值取决于张拉时的控制应力和预应力损失,即

$$\sigma_{pe} = \sigma_{con} - \sigma_L \tag{7-3-1}$$

式中 σ_{pe}——预应力钢筋中的有效预应力;

σ_{con}——张拉控制应力;

σ_L——预应力损失。

张拉控制应力按《铁路桥涵混凝土结构设计规范》(TB 10092—2017)的规定取用。

钢丝、钢绞线: $\sigma_{con} \leqslant 0.75 f_{pk}$

冷拉钢筋、精轧螺纹钢筋: $\sigma_{con} \leqslant 0.9 f_{pk}$

式中 f_{pk}——预应力钢筋抗拉强度标准值。

引起预应力损失的原因与施工工艺、材料性能及环境影响等有关,影响因素复杂,一般根据试验数据确定。如无可靠试验资料,则可按《铁路桥涵混凝土结构设计规范》(TB 10092—2017)的规定计算。

一般情况下,可主要考虑以下六项预应力损失值。但对于不同锚具、不同施工方法,可能还存在其他应力损失,如锚圈口摩阻损失等,应根据具体情况逐项考虑其影响。

7.3.1 预应力钢筋与管道壁之间的摩擦引起的应力损失 σ_{L1}

在后张法中,由于张拉时预应力钢筋与管道壁之间接触而产生摩阻力,此项摩阻力与作用力的方向相反,因此,钢筋中的实际应力较张拉端拉力计中的读数要小,即造成预应力钢筋中的应力损失 σ_{L1}。

σ_{L1} 可按式(7-3-2)计算:

$$\sigma_{L1} = \sigma_{con} \left[1 - e^{-(\mu\theta + kx)} \right] \tag{7-3-2}$$

式中 σ_{con}——张拉钢筋时钢筋(锚下)的控制应力;

μ——钢筋与管道壁间的摩擦系数,可按表7-3-1采用;

θ——从张拉端至计算截面间平面曲线管道部分切线的夹角(rad),如图7-3-1所示;

k——管道每米局部偏差对其设计位置的偏差系数,按表7-3-1采用;

x——从张拉端至计算截面的曲线管道长度(m),可近似地以其在构件纵轴上的投影长度代替,如图7-3-1所示。

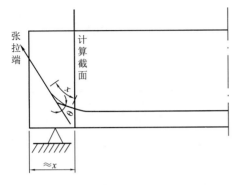

图 7-3-1　计算 σ_{l1} 时所取的 θ 与 x 值

表 7-3-1　系数 k 和 μ 值

管道类型	k	μ
橡胶管抽芯成型的管道	0.001 5	0.55
铁皮套管	0.003 0	0.35
金属波纹管	0.002 0 ~ 0.003 0	0.20 ~ 0.26

减少 σ_{L1} 损失的措施有：

（1）对于较长的构件可在两端进行张拉，则靠原锚固端一侧的预应力筋的应力损失大大减少，损失最大的截面转移到构件的中部，采取两端张拉约可减少一半摩擦损失。

（2）采用超张拉工艺。超张拉工艺一般的张拉程序是：从应力为零开始张拉至 $1.1\sigma_{con}$，持荷 2 min 后，卸载至 $0.85\sigma_{con}$，持荷 2 min，再张拉至 σ_{con}。应当注意，对于一般夹片锚具，不宜采用超张拉工艺。因为超张拉后的钢筋拉应力无法在锚固前回降至 σ_{con}，一旦回降，钢筋就回缩，同时也就带动夹片进行锚固，这样就相当于提高了 σ_{con} 值，而与超张拉的意义不符。

（3）在接触材料表面涂水溶性润滑剂，以减少摩擦系数。

（4）提高施工质量，减少钢筋位置偏差。

7.3.2　锚头变形、钢筋回缩和拼装构件的接缝压缩引起的应力损失 σ_{L2}

在张拉预应力钢筋达到控制应力 σ_{con} 后，便把预应力钢筋锚固在台座或构件上。由于锚具、垫板与构件之间的缝隙被压紧，以及预应力钢筋在销具中的滑动，造成预应力钢筋回缩而产生预应力损失 σ_{L2}。

σ_{L2} 可按公式（7-3-3）计算，即

$$\sigma_{L2} = \frac{\sum \Delta L}{L} E_p \qquad (7\text{-}3\text{-}3)$$

式中　ΔL——锚头变形、钢筋回缩和接缝压缩值（m），可按表 7-3-2 采用；

　　　L——预应力钢筋的有效长度（m）；

　　　E_p——预应力力钢筋的弹性模量。

表 7-3-2　锚头变形、钢筋回缩和接缝压缩计算值

锚头、接缝类型		表现形式	计算值（mm）
夹片式锚	有顶压时	锚具回缩	4
	无顶压时		6
水泥砂浆接缝		接缝压缩	1
环氧树脂砂浆接缝		接缝压缩	0.05

锚头、接缝类型	表现形式	计算值（mm）
带螺帽的锚具螺帽缝隙	缝隙压密	1
每块后加垫板的缝隙	缝隙压密	1

该项预应力损失在短跨梁中或在钢筋不长的情况下应予以重视。对于分块拼装构件应尽量减少块数，以减少接缝压缩损失。而锚头变形引起的预应力损失，只需考虑张拉端，这是因为固定端的锚具在张拉钢筋过程中已被挤紧，不会再引起预应力损失。

在用先张法制作预应力混凝土构件时，当将已达到张拉控制应力的预应力钢筋锚固在台座上时，同样会造成这项损失。

减少 σ_{L2} 损失的措施有：

（1）选择锚具变形小或使预应力钢筋内缩小的锚具、夹具，尽量少用垫板。

（2）增加台座长度，因为 σ_{con} 值与台座长度成反比，采用先张拉法生产的台座，当张拉台座长度为 100 m 以上时，σ_{L1} 可忽略不计。

（3）采用超张拉施工方法。

7.3.3 预应力钢筋与台座之间的温度差引起的应力损失 σ_{L3}

用先张法制作预应力混凝土构件时，张拉钢筋是在常温下进行的。当混凝土采用加热养护时，即形成钢筋与台座之间的温度差。升温时，混凝土尚未结硬，钢筋受热自由伸长，产生温度变形（由于两端的台座埋在地下，基本不发生变化），造成钢筋变松，引起预应力损失 σ_{L3}，这就是所谓的温差损失。降温时，混凝土已结硬且与钢筋之间产生了黏结作用，又由于二者具有相近的温度膨胀系数，随温度降低而产生相同的收缩，升温时所产生的应力损失无法恢复。

温差损失的大小与蒸汽养护时的加热温度有关。σ_{L3} 可按式(7-3-4)计算，即

$$\sigma_{L3} = 2(t_2 - t_1) \tag{7-3-4}$$

式中　t_1——张拉钢筋时，制造场地的温度（℃）；

　　　　t_2——用蒸汽或其他方法加热养护时的混凝土最高温度（℃）。

可用以下措施减少该项损失：

（1）采用两次升温养护。先在常温下养护，或将初次升温与常温的温度差控制在 20 ℃以内，待混凝土强度达到 7.5 ~ 10 MPa 时再逐渐升温至规定的养护温度，此时可认为钢筋与混凝土已黏结成整体，能够一起胀缩而无损失。

（2）在钢模上张拉预应力钢筋或台座与构件共同受热变形，可以不考虑此项损失。

7.3.4 混凝土的弹性压缩引起的应力损失 σ_{L4}

当预应力混凝土构件受到预压应力而产生压缩应变 ε_c 时，则对已经张拉并锚固于混凝土件上的应力钢筋来说，亦将产生与该钢筋重心水平处混凝土同样的压缩应变 $\varepsilon_c = \varepsilon_p$，因而

产生一个预拉应力损失,并称为混凝土弹性压缩损失,用 σ_{l4} 表示。引起应力损失的混凝土弹性压量,与预加应力的方式有关。

1. 先张法构件

先张法中,构件受压时已与混凝土黏结,两者共同变形,由混凝土弹性压缩引起钢筋中的应力损失为:

$$\sigma_{l4} = n_p \sigma_c \tag{7-3-5}$$

式中　σ_c——在计算截面的钢筋重心处,由全部钢筋预加应力产生的混凝土正应力(MPa)。

σ_c 可按式(7-3-6)计算:

$$\sigma_c = \frac{N_p}{A_0} + \frac{N_p e_0 y}{I} \quad N_{P0} = A_p \sigma_p^{\star} \tag{7-3-6}$$

式中　N_{P0}——混凝土应力为零时的预应力钢筋的预加力(扣除相应阶段的预应力损失);

　　A_0, I_0——预应力混凝土受弯构件的换算截面面积和换算截面惯性矩;

　　e_{p0}——预应力钢筋重心至换算截面重心轴的距离;

　　$\sigma_p^{\star}$——张拉锚固前预应力筋中的预应力,$\sigma_p^{\star} = \sigma_{con} - \sigma_{l2} - \sigma_{l3} - 0.5\sigma_{l5}$;

　　α_{EP}——预应力钢筋弹性模量与混凝土弹性模量之比。

2. 后张法构件

在后张法预应力混凝土构件中,混凝土的弹性压缩发生在张拉过程中,张拉完毕后,混凝土的弹性压缩也随即完成。故对于一次张拉完成的后张法构件,无须考虑混凝土弹性压缩引起的应力损失,因为此时混凝土的全部弹性压缩是和钢筋的伸长同时发生的。但是,事实上由于受张拉设备的限制,钢筋往往分批进行张拉锚固,并且在多数情况下是采用逐束(根)进行张拉锚固的。这样,当张拉第二批钢筋时,混凝土所产生的弹性压缩会使第一批已张拉固的钢筋产生预应力损失。同理,当张拉第三批时,又会使第一、第二批已张拉锚固的钢筋都产生预应力损失,以此类推。故这种在后张法中的弹性压缩损失又称分批张拉预应力损失 σ_{l4}。

后张法构件,分批张拉时,先张拉的钢筋由张拉后批钢筋所引起的混凝土弹性压缩预应力损失可按公式(7-3-7)计算:

$$\sigma_{l4} = \alpha_{Ep} \sum \Delta \sigma_{pc} \tag{7-3-7}$$

式中　$\sum \Delta \sigma_{pc}$——在计算截面钢筋重心,由后张拉各批钢筋产生的混凝土法向应力
　　　　　　　(MPa)。

后张法预应力混凝土构件,当同一截面的预应力钢筋逐束张拉时,由混凝土弹性压缩引起的预应力损失,可按简化公式(7-3-8)计算:

$$\sigma_{l4} = \frac{m-1}{2} \alpha_{Ep} \Delta \sigma_{pc} \tag{7-3-8}$$

式中　m——预应力钢筋的束数;

　　$\Delta \sigma_{pc}$——在计算截面的全部钢筋重心处,由张拉一束预应力钢筋产生的混凝土法向压
　　　　　　应力(MPa),取各束的平均值。

分批张拉时,由于每批钢筋的应力损失不同,则实际有效预应力不等。补救方法如下:

(1)重复张拉先张拉过的预应力钢筋。

(2)超张拉先张拉的预应力钢筋。

7.3.5 钢筋的应力松弛引起的应力损失 σ_{L5}

钢筋或钢筋束在一定拉力作用下,长度保持不变,则其应力将随时间的增长而逐渐降低,这种现象称为钢筋的应力松弛,亦称徐舒。钢筋的松弛将引起预应力钢筋中的应力损失,这种损失称为钢筋应力松弛损失 σ_{L5}。这种现象是钢筋的一种塑性特征,其值因钢筋的种类而异,并随着应力的增加和作用(荷载)持续时间的长久而增加,一般是在第一小时最大,两天后即可完成大部分,一个月后这种现象基本停止。

由钢筋应力松弛引起的应力损失终极值,可按式(7-3-9)和式(7-3-10)计算:

1. 对于精轧螺纹钢筋

一次张拉:
$$\sigma_{L5} = 0.05\sigma_{con}$$

超张拉:
$$\sigma_{L5} = 0.035\sigma_{con} \tag{7-3-9}$$

2. 对于钢丝、钢绞线

$$\sigma_{L5} = \xi\sigma_{con} \tag{7-3-10}$$

式中 ξ——钢筋松弛系数,采用普通松弛钢丝时,按 $0.4\left(\dfrac{\sigma_{con}}{f_{pk}} - 0.5\right)$ 取值;采用低松弛钢丝、钢绞线时,当 $\sigma_{con} \le 0.7f_{pk}$ 时,$\xi = 0.125\left(\dfrac{\sigma_{con}}{f_{pk}} - 0.5\right)$,当 $0.7f_{pk} < \sigma_{con} \le 0.8f_{pk}$ 时,$\xi = 0.2\left(\dfrac{\sigma_{con}}{f_{pk}} - 0.575\right)$。

按《铁路桥涵混凝土结构设计规范》(TB 10092—2017)中减少 σ_{L5} 损失的措施是采用低松弛预应力筋或者采用超张拉增加持荷时间。

7.3.6 混凝土的收缩和徐变引起的应力损失 σ_{L6}

收缩变形和徐变变形是混凝土所固有的特性。由于混凝土的收缩和徐变,预应力混凝土构件缩短,预应力钢筋也随之回缩,因而引起预应力损失。由于收缩与徐变有着密切的联系,许多影响收缩的因素,也同样影响徐变的变形值,故将混凝土的收缩与徐变值的影响综合在一起进行计算。此外,在预应力梁中所配制的非预应力筋对混凝土的收缩、徐变变形也有一定的影响,计算时应予以考虑《铁路桥涵混凝土结构设计规范》(TB 10092—2017)推荐的收缩、徐变应力损失计算(受拉受压区公式统一)可按式(7-3-11)～式(7-3-13)计算:

$$\sigma_{L6} = \frac{0.8n_p\sigma_{c0}\varphi_\infty + E_p\varepsilon_\infty}{1 + \left(1 + \dfrac{\varphi_\infty}{2}\right)\mu_n\rho_A} \tag{7-3-11}$$

$$\mu_n = \frac{n_pA_p + n_sA_s}{A} \tag{7-3-12}$$

$$\rho_A = 1 + \frac{e_A^2}{i^2} \qquad (7\text{-}3\text{-}13)$$

式中 σ_{c0}——传力锚固时,在计算截面上的预应力钢筋重心处,由于预加力(扣除相应阶段的应力损失)和梁自重产生的混凝土正应力(MPa),简支梁可取跨中与跨度 $1/4$ 截面的平均值,连续梁和连续刚构可取若干有代表性截面的平均值;

$\varphi_\infty, \varepsilon_\infty$——混凝土徐变系数和收缩应变的终极值,无可靠资料时,可按《铁路桥涵混凝土结构设计规范》(TB 10092—2017)表 7.3.4 – 3 采用,在年平均相对湿度低于 40% 的条件下使用的结构,其值应增加 30%;

μ_n——梁的配筋率换算系数;

n_s——非预应力钢筋弹性模量与混凝土弹性模量之比;

A_p, A_s——预应力钢筋及非预应力钢筋的截面面积(m^2);

A——梁截面面积(m^2),对后张法构件,可近似按净截面计算

e_A——预应力钢筋与非预应力钢筋重心至梁截面重心轴的距离(m);

i——截面回转半径(m),$i = \sqrt{\dfrac{I}{A}}$;

I——截面惯性矩(m^4),对于后张法构件,可近似按净截面计算。

🎤 思考题

1. 什么是预应力混凝土结构? 与普通钢筋混凝土相比有何特点?

2. 什么是预应力度?

3. 简述部分预应力混凝土结构的受力特征。

4. 非预应力筋在部分预应力混凝土结构中有何作用?

5. 什么是无黏结预应力混凝土结构?

6. 什么是预应力损失? 造成预应力损失的原因有哪些?

7. 减小预应力损失的措施有哪些?

项目 ⑦ 预应力混凝土结构

项目 8

钢筋混凝土受压构件

项目概述

本项目包含墩台尺寸的拟定、钢筋混凝土轴心受压构件及钢筋混凝土偏心受压构件的计算三个任务。旨在以受压构件为教学基础，为桥梁墩台的初步验算、职业的需求及发展奠定基础。

教学目标

知识目标

（1）认知铁路桥梁墩台，把握铁路墩台尺寸的拟定。

（2）掌握钢筋混凝土轴心受压构件承载能力的复核。

（3）掌握钢筋混凝土偏心受压构件承载能力的复核。

能力目标

具备铁路墩台强度复核的能力。

模块 1　铁路桥梁钢筋混凝土墩台

模块描述

本模块从桥墩的组成出发，按照从上到下的顺序，即顶帽、墩身及基础依次拟定结构细部尺寸，讲述了桥墩钢筋布置的基本要求。符合学生的思维习惯，为培养学生的自学能力提供保障。

教学目标

1. 认知铁路桥梁墩台。

2. 把握铁路墩台尺寸的拟定。

3. 具备铁路桥梁墩台尺寸拟定的能力。

桥梁下部结构包括桥梁墩台。桥梁墩台的主要作用是承受上部结构的荷载，并将此荷载及本身的重量传到地基上。

桥墩一般指多跨梁的中间支承结构物，它除了承受上部结构的荷载外，还要承受流水压力、风力以及可能出现的冰荷载、船只、排筏或漂流物的撞击力。桥台除了是支承桥跨结构的结构物外,也是衔接两岸路堤的构筑物,既要能挡土护岸,又要能承受台背填土及填土上车辆荷载所产生的附加侧压力。因此,桥梁墩台不仅本身具有足够的强度、刚度和稳定性,而且对地基的承载能力、沉降量、地基与基础之间的摩擦力等也提出了一定的要求,以避免有过大的水平位移、转动或沉降。桥梁墩台实物见图8-1-1。

图8-1-1　桥梁墩台实物

基础是桥梁结构物直接与地基接触的最下部分,是桥梁下部结构的重要组成部分。承受基础传来荷载的那一部分地层(岩层或土层)称为持力层,亦称地基。为了保证桥梁的正常使用,地基和基础必须具有足够的强度和稳定性,变形也应在允许范围之内。根据地基土层变化情况、上部结构的要求和荷载的特点,桥梁基础可采用不同的方案。

确定基础方案主要取决于地基土的工程性质、水文地质条件、荷载特性、桥梁结构形式及使用要求,以及材料的供应和施工技术等因素。方案选择的原则是:力争做到使用上安全可靠,施工上简便可行,经济上合理。因此,必要时应作不同方案的比选,从中选择最经济、合理的基础方案。

尽管铁路桥墩(台)类型繁多,但根据力学特点可以把常用的桥墩归纳为以下两大类:

1. 重力式墩(台)(见图8-1-2和图8-1-4)

这类墩台的主要特点是依据自身的巨大重量和材料的力学性能来抵抗外荷载,维持自身的稳定性。因此,墩台自身截面积较大,可以用抗压性能好的圬工修建。这类墩台具有坚固耐久,抗震性能好,对偶然荷载有较强的抵抗能力,施工简单,养护工作量小等优点,适用于地基良好的大中型桥梁或流水、漂浮物较多的河流中,是目前铁路桥墩台的主要类型之一,在公路桥梁上也得到了较为普及的应用。

2. 轻型墩(台)(见图8-1-3和图8-1-5)

这类墩台主要是针对重力式墩台的特点进行了如下的改进,从而使墩台身的重量和截

项目 **8** 钢筋混凝土受压构件

面积减小,达到了轻型化的目的。空心桥墩是铁路最常用的轻型桥墩。

(1)改变建筑材料,使用抗拉性能较好的材料,以减小截面尺寸,如钢筋混凝土空心墩等。

(2)使用杆系结构,将单独的有较大偏心的压杆改成杆系结构,可以进一步节约材料而保持必要的整体抗压弯能力,如塔架、刚架墩等。

(3)改变结构的受力体系,使墩台内受力构件的内力重新分配,如将墩梁用固定支座联系起来的柔性墩体系,又如将重力式台身承受的土压力改由锚定板承受,从而减少台身尺寸的锚定板桥台等。

总而言之,墩台的形式很多,而且都有各自的特点和使用条件,选用时需要根据桥位所处的地形、地质、水文和施工条件等因素,综合考虑确定。

图 8-1-2　重力式桥墩

图 8-1-3　轻型桥墩

图 8-1-4　重力式桥台

图 8-1-5　轻型桩柱桥台

8.1.1　桥墩构造及主要尺寸拟定

1. 顶帽的类型

顶帽的类型有飞檐式(见图 8-1-6)和托盘式(见图 8-1-7)。8 m 及以下跨度的普通钢筋混凝土梁配用的矩形或圆端形桥墩,其顶帽一般采用飞檐式,顶帽的形状均随墩身形状而定。跨度 10 ~ 32 m 的普通钢筋混凝土梁及预应力混凝土梁的桥墩,其顶帽常做成托盘式以节省污工。托盘式顶帽的顶帽形状除圆形墩采用圆端形顶帽外,其他桥墩的顶帽常采用矩形。托盘的形状则要按墩身形状的需要来确定。

图 8-1-6 飞檐式顶帽   图 8-1-7 托盘式顶帽

顶帽的作用是安置梁的支座,将桥跨传来的集中压力均匀地分散给墩身;另外顶帽还要有一定宽度以满足架梁施工和养护维修的需要。

顶帽顶面要设置不小于 3% 的排水坡(无支座的顶帽可不设)及安置支座的支承垫石。垫石内应铺设钢筋网片,钢筋直径为 10 mm,间距为 0.1 m。垫石顶面应高出排水坡的上棱。设置平板支座的顶帽,宜将垫石加高 0.1 m,以便于维修支座;设置弧形支座的顶帽,宜将垫石加高 0.2 m,以满足顶梁时能在顶帽和梁底之间支放千斤顶。在支承垫石内还须安放固定支座底板用的支座锚栓,通常在施工时先按设计要求预留锚栓孔位,架梁时再埋入支座锚栓并固定。

采用托盘式顶帽时,托盘缩颈处是个脆弱截面,且该截面也常为施工接缝处,故应在托盘与墩身的连接处沿周边布置一些直径为 10 mm、间距为 0.2 m 的竖向短钢筋以加强之。托盘及设置短钢筋的墩身部分一般要用不低于 C30 的混凝土。图 8-1-8 所示为圆端形桥墩的托盘式顶帽构造详图。

2. 顶帽尺寸的拟定

(1)顶帽厚度

一般有支座的顶帽厚度均为 0.4 m(因顶梁或维修需要的支承垫石加高部分不包括在内)。

(2)顶帽平面尺寸

支座底板的尺寸及位置是决定顶帽平面尺寸的主要依据。为此,应首先搞清梁的跨度 L、梁全长、梁梗中心线位置、支座底板尺寸及梁端缝隙的大小。此外,决定顶帽的平面尺寸时,还要考虑架梁和养护时移梁、顶梁的需要。托盘式顶帽尺寸的拟定见图 8-1-9。

项目 8 钢筋混凝土受压构件

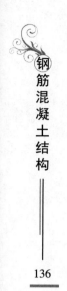

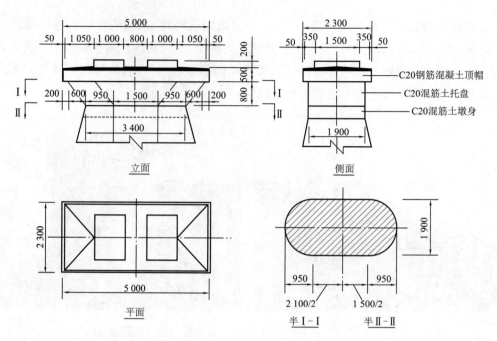

图 8-1-8　圆端形桥墩的托盘式顶帽构造详图（单位：mm）

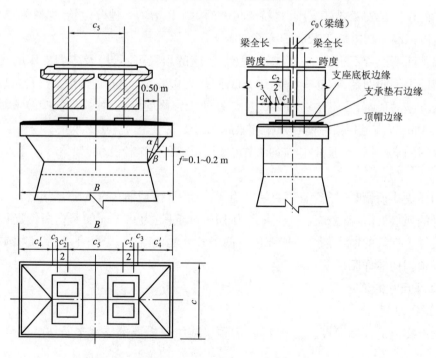

图 8-1-9　托盘式顶帽尺寸的拟定

顶帽纵向宽度 c 按图 8-1-9 所示，可写为：

$$c \geqslant c_0 + 2c_1 + c_2 + 2c_3 + 2c_4 \tag{8-1-1}$$

式中　c_0——考虑梁及墩台的施工误差、温度变化等因素而设置的梁缝。对钢筋混凝土或预应力混凝土简支梁，当跨度 $L \leqslant 16$ m 时，$c_0 = 60$ mm；$L \geqslant 20$ m 时，$c_0 =$

100 mm；

c_1——梁跨伸过支座中心的长度，即梁全长减去跨度除以2；

c_2——支座底板的纵向宽度，可根据梁的资料确定；

c_3——支座底板边缘至支承垫石边缘的距离，一般为0.15~0.2 m，它是为了施工误差和防止支承垫石表面劈裂或支座锚栓松动所必需的距离；

c_4——支承垫石边缘至顶帽边缘的距离，用以满足顶梁施工的需要，当跨度$L \leq 8$ m时，$c_4 \geq 0.15$ m；$8 < L < 20$ m时为0.25 m；$L \geq 20$ m时为0.4 m。

矩形顶帽的横向尺寸B按图8-1-9所示，可写为：

$$B \geq c_5 + c_2' + 2c_3 + 2c_4' \tag{8-1-2}$$

式中 c_5——梁梗中心横向间距；

c_2'——支座底板的横向宽度；

c_4'——支承垫石边缘至顶帽边缘的横向距离，为了养护作业的需要，矩形顶帽的c_4'不小于0.5 m。

圆端形顶帽时，支承垫石角至顶帽最近边缘的最小距离与纵向的c_4相同。

对于分片式钢筋混凝土梁及预应力混凝土梁分片架立时，考虑到第一片梁横向移梁的需要及保证施工、养护人员的安全作业，顶帽横向宽度一般应采用下列数值：

跨度$L \leq 8$ m时不小于4 m；跨度$8 < L < 20$ m时不小于5 m；跨度$L \geq 20$ m时不小于6 m。

（3）托盘式顶帽

在顶帽纵横向尺寸较大时，为使墩身尺寸不致因其过分增大而多用圬工，常在顶帽下设置托盘将纵横向尺寸适当收缩，一般在横向收缩较多，纵向不收缩或少收缩。

托盘顶面的形状与桥墩的截面形式有关，如矩形桥墩的托盘顶面仍是矩形，而圆形、圆端形桥墩者则为圆端形。托盘顶面纵、横向尺寸就等于顶帽纵、横向尺寸减去两边飞檐的宽度（一般为0.1~0.2 m）。

托盘底面与墩身相接，它的形状应与墩身截面形状相同。托盘底面横向宽度不宜小于支座底板外缘的距离。托盘侧面与竖直线间的β角不得大于45°；支承垫石横向边缘外侧0.5 m处顶帽底缘点的竖直线与该底缘点同托盘底部边缘处的连线夹角α不得大于30°，具体详见图8-1-9。

3. 墩身尺寸的拟定

采用托盘式顶帽时，墩身顶面尺寸就是托盘底部的尺寸；采用飞檐式顶帽时，墩身顶面尺寸就是顶帽纵、横向尺寸减去两边飞檐的宽度。

墩身坡度一般用$n:1$（竖：横）表示，n愈大，坡度愈陡；n愈小，坡度愈缓。当墩身较低时（约在6 m以内），其墩顶及墩底受力相差不大，为施工方便，可设直坡。墩身较高时，墩身的纵、横两个力向均做成斜坡，坡度不缓于20:1，具体数值应符合墩身的力学要求。

墩身高根据墩顶标高（由轨底标高减去梁在墩台顶处的建筑高度和顶帽高度求得）和基底埋置深度、基础厚度来确定。

墩身底部尺寸可根据**墩身顶部尺寸 $+ 2 \times \dfrac{1}{n} \times$ 墩身高**来确定。

项目 8

钢筋混凝土受压构件

4. 基础

（1）浅基础的构造

①基础的平面形状。

浅基础的平面形式应根据墩、台底面形状而定,桥梁墩、台身截面一般为圆端形、圆形或矩形等,相应基础底面形状多做成矩形、圆形,也可做成圆端形或八角形平面基础。

由于桥梁基础的荷载较大,为满足地基承载力的要求,基础的平面尺寸都要稍大于墩台底面尺寸,即做成扩大基础,如图 8-1-10 所示。

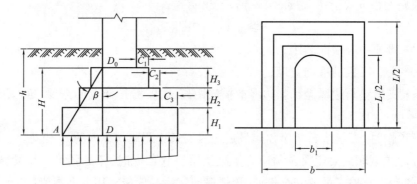

图 8-1-10 明挖扩大基础的平面和立面图

要扩大多少,取决于上部荷载和地基土的承载力。在地基反力作用下,基础扩出部分受有弯矩,而悬臂根部 D_0D 截面处弯矩最大。因此,为防止其发生弯曲拉裂破坏,可通过控制基础的刚性角 $\beta \leqslant [\beta]$ 来保证 D_0D 截面处的弯曲拉应力不大于材料的容许值。由于 $\tan\beta = \dfrac{AD}{D_0D}$,故控制基础的刚性角也就是控制基础各台阶的伸出长度与基础厚度的比值。

基础各台阶的伸出长度 C 称为襟边。墩台基础的最小襟边要求为 $20 \sim 25$ cm,以满足基础施工中立模板和基础施工尺寸误差要求。

②基础的厚度。

基础的厚度应根据墩台的结构形式、荷载大小、基础的材料和地基土性质等情况来确定。一般情况下,桥梁墩台基础的厚度为 $1 \sim 5$ m,随着墩台高度和跨度的增大而加厚,当基础厚度较大时,在保证刚性角和最小襟边原则下,可将基础做成台阶形以节省圬工,且各层台阶宜采用相同厚度以简化施工,每层台阶的厚度不宜小于 1 m。

（2）基础的最小埋置深度

基础埋置深度是指基础底面至地面的深度,或指基础底面至河床面或冲刷线的距离。

确定基础埋置深度是桥梁基础设计的重要内容,它涉及建筑物在建成后的牢固、稳定和正常使用问题。通常要作如下考虑:

一是基础必须保证其最小埋置深度,使其持力层不受外界破坏的影响(如外界湿度、温度、动植物对持力层的扰动、冻胀及冲刷等),以保证基础的稳定性和耐久性。

二是在最小埋深以下的各土层中寻找一个埋深较浅、压缩较小而强度较大的土层作为基础的持力层,以保证基础能满足强度要求,且不致产生过大的沉降或沉降差。

在地基土层较为复杂的情况下,可作为持力层者可能不止一个,应综合考虑地质、地形条件、河床的冲刷深度、当地的冻结深度、上部结构形式、保证持力层稳定和施工条件等因素确定。对于某一具体工程而言,往往是其中一两种因素起决定作用,因此设计时,必须从实际出发,抓主要因素进行分析研究,确定合理的基础埋置深度。

①确保持力层稳定的埋深。

地表土层受气候、温度变化及雨水冲刷会产生风化作用,人类和动物的活动及植物的生长作用,也会破坏地表土层的结构。因此,地表土层的性质不稳定,不宜作为持力层。为了保证持力层不受扰动及其稳定性,《铁路桥涵地基和基础设计规范》(TB 10093—2017)规定:明挖基础顶面不宜高出最低水位。地面高于最低水位且不受冲刷时,基础顶面不宜高出地面。在无冲刷河流或设有铺砌时,基础埋深度应不小于 2 m。

②河流的冲刷深度。

墩台修建后,河道的过水面积减少。水流流速增大,水流的冲刷作用加大,整个河床面要下降,这称为一般冲刷,被冲刷掉的深度称为一般冲刷深度;同时由于桥墩的阻水作用,引起了桥墩处河床的局部变形,绕墩的水流在墩前后端部左右侧都形成了立轴旋涡,将桥墩周围泥砂带走,在墩台周围产生局部冲刷,这称为局部冲刷,坑的深度称为局部冲刷深度。

在终年有水的河床上修筑墩台基础时,为防止墩台基础四周和基底下土层被水掏空冲走,基底必须埋置在设计洪水的最大冲刷线以下一定深度。由于影响冲刷深度的因素甚多,如河流的类型、河床地层的抗冲刷能力、计算设计流量的大小、采用计算冲刷的方法、桥梁的重要性及修复的难易等,因此基础在最大冲刷线以下的基底埋深的安全值,不是一定值。

《铁路桥涵地基和基础设计规范》(TB 10093—2017)针对不同情况作了如下规定:对于一般桥梁,安全值为 2 m 加冲刷总深度的 10%;对于特大桥(或大桥)属于技术复杂、修复困难或重要者,安全值为 3 m 加冲刷总深度的 l0%,见表 8-1-1。

项目 8
钢筋混凝土受压构件

表 8-1-1　基底埋置深度安全值

冲刷总深度(m)			0	5	10	15	20
安全值(m)	一般桥梁		2.0	2.5	3.0	3.5	4.0
	特大桥(或大桥)属于技术复杂、修复困难或重要者	设计频率流量	3.0	3.5	4.0	4.5	5.0
		检算频率流量	1.5	1.8	2.0	2.3	2.5

注:冲刷总深度为自河床面算起的一般冲刷深度与局部冲刷深度之和,或河床面标高与局部冲刷线标高之差。

③当地的冻结深度。

在严寒地区,应考虑由于季节性的冰冻和融化对地基土引起的冻胀影响。由于气温反复升降,地面以下一定深度内土中水分会反复地冻结和融化,冻结时土体膨胀,融化时土体沉陷。如气温保持在冰冻温度以下,土中的水分由于毛细管的作用,从未冻结部分移向冻结部分,增加了土的湿度,由冻结形成的薄冰夹层不断增厚,使地面隆起。基础受冻胀力的作用,可能导致建筑物的开裂或倾斜等不良后果。冻土融化以后,局部含水量过大,使土的承载力大为降低,土层大量下沉,也会影响建筑物的正常使用。

为保证建筑物不受地基土季节性冻胀的影响,基底应埋在冻结线以下一定深度。《铁路桥涵地基和基础设计规范》(TB 10093—2017)规定:对于冻胀土、强冻胀土,基础的底面应埋在冻结线以下不小于 0.25 m,同时满足冻胀力计算的要求;对于弱冻胀土,不应小于冻结深度。

按上述三条规定来确定的基础埋深是保证基础不受自然现象危害的最小埋深,也是保证基础安全的先决条件和最低要求。然后结合土质条件,在最小埋深以下各土层中,找一个埋深较浅,承载力较高的土层作为支承基础的持力层,从而确定基础的埋置深度。当土层较复杂时,可能会有不同的埋深方案,这就需要从技术、经济和施工条件加以比较后才能选定。

对建于不易冲刷磨损的岩石上的基础,墩台基础应嵌入基本岩层不小于 0.25 ~ 0.5 m(视岩石抗冲刷性能而定)。嵌入风化、破碎、易冲刷磨损岩层应按未嵌入岩层计。

地基土冻胀与地基土的种类、天然含水量和冻结期间地下水位的标高等因素有关,冻土分类可参阅《铁路桥涵地基和基础设计规范》(TB 10093—2017)附录 A 中有关规定。

(3)基础尺寸的拟定

矩形或圆端形桥墩基础的平面形状常采用矩形,圆形桥墩的基础则常采用八角形。

基础尺寸与上部传来的荷载大小(与桥跨类型和跨度,桥墩类型和高度等有关)及地基承载力的大小密切相关。为了便于施工和节省工程量,基础多采用每层厚 1 m 的逐层扩大的形式。当上部荷载较大时,基础就要厚些,也就是基础层数多些;当地基承载力较小时,基础厚度就可薄些,层数少些。如设置在岩层上的基础,一般有一层 1 m 厚的基础即可;而设置在非岩石地基上的基础则应根据其荷载及地基土的好坏选用厚度为 1 ~ 5 m(即 1 ~ 5 层)的基础。

基础顶部位置可从初步拟定的基础埋深和厚度推算。但为了照顾美观,推算所得的基项位置不宜高于最低水位,如地面高于最低水位且不受冲刷时则不宜高于地面。

基础的台阶宽度(襟边宽度)最小为 0.20 m;以便于施工立模和调整可能出现的误差。混凝土明挖基础襟边的构造尺寸应符合下列规定:

①明挖基础可采用单层或多层,每层的厚度不宜小于 1 m。

②单向受力时(不包括单向受力圆端形桥墩采用矩形的基础),各层台阶正交方向(顺桥轴方向和横桥轴方向)的坡线与竖直线所成的夹角不应大于 45°。

③双向受力矩形墩台的基础以及单向和双向受力的圆端形、圆形桥墩采用矩形基础时,其最上一层基础台阶两正交方向的坡线与竖直线所成夹角不应大于 35°。

④需同时调整最上一层台阶两正交方向的襟边宽度时,其斜角处的坡线与竖直线所成的夹角,不应大于上述正交方向为 35°夹角时斜角处的坡线与竖直线所成的夹角;其下各层台阶正交方向的夹角不应大于 45°,否则应予切角。

根据拟定的墩身底部尺寸、基础层数和台阶宽度就可推算出基础的其他尺寸。

8.1.2 桥台

1. 台顶部分

桥台顶帽底面线以上部分称为台顶部分。在 T 台中,台顶部分由顶帽、道砟槽和承托道砟槽的台顶圬工组成。

（1）台顶道砟槽

道砟槽是用来铺放道砟、承托轨枕、钢轨等线路设备的。道砟槽的两侧及前端有挡砟墙,以防道砟向外坍落。道砟槽宽度应使道砟坡脚落于挡砟墙内侧,为此要求新建 I 级铁路道砟桥面的道砟槽挡砟墙内侧距线路中心不应小于 2.2 m,轨下枕底道砟厚度不应小于 0.3 m;新建 II 级铁路道砟桥面的道砟槽挡砟墙内侧距线路中心不宜小于 2.2 m,轨下枕底道砟厚度不应小于 0.25 m。桥上应铺设碎石道砟,道砟桥面枕底应高出挡砟墙顶不小于 0.02 m,以便抽换道砟槽内的轨枕。

U 形桥台利用翼墙顶作侧面挡砟墙,耳墙式桥台系利用耳墙顶部作侧面挡砟墙,T 台及埋式桥台因台身宽度较道砟槽窄而采用托盘式道砟槽。道砟槽前端直立的挡砟墙又称胸墙,胸墙中心是桥台定位的控制点,胸墙线就是桥台的横向中心线。

为防止雨水渗入台顶圬工,引起圬工冻胀开裂并侵蚀道砟槽内的钢筋,影响结构的使用寿命,道砟槽顶面应有不小于 3% 的流水坡和防水层设施(具体构造做法根据不同工点,参见相关参考图)。现有标准设计的 T 台及埋台的道砟槽顶面均做有人字形横向流水坡(流水坡垫层由混凝土做成),道砟槽两侧设泄水管,将台顶水排入河床;但 T 台或埋台于雨水极少的西北地区,桥台道砟槽顶面可在流水坡面上铺一层 10 mm 厚的沥青砂胶防水层。U 台和耳墙式桥台的台顶则设纵向流水坡,但为了保证台顶水不致流入路堤内,需在 U 形槽和台后路基的顶面上做有石灰、炉碴、黏土组成的三合土隔水层和泄水沟排水;U 台的混凝土道砟槽(台顶和翼墙顶)和耳墙式桥台的道砟槽(台顶和耳墙切角及梗胁顶)铺设 10 mm 厚沥青砂胶防水层,它们的 U 形槽内均涂二层热沥青的防水层。

台顶道砟槽两侧应设置与桥跨一致的人行道。一般是采用角钢支架铺设步行板的人行道。

（2）顶帽

桥台顶帽的作用和构造要求与桥墩的顶帽基本相同,故桥台顶帽主要尺寸拟定的原则和各项规定和桥墩顶帽的基本相同。桥台顶帽尺寸如图 8-1-11 所示。

桥台顶帽的纵向尺 d 为:

$$d \geqslant c_0 + c_1 + \frac{c_2}{2} + c_3 + c_4 \qquad (8\text{-}1\text{-}3)$$

式中　c_0——梁台缝(梁跨与桥台胸墙间的空隙),对跨度 $L \leqslant 16$ m 的梁,一般用 60 mm;$L > 16$ m 的梁,用 100 mm;c_1、c_2、c_3、c_4 各值与桥墩部分所述相同。

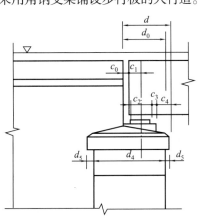

图 8-1-11　桥台顶帽尺寸

一般顶帽的飞檐采用 $0.10 \sim 0.20$ m,故桥台前墙前缘至胸墙间的距离 $d_0 = d - d_5$。

桥台顶帽横向尺寸的拟定方法与桥墩顶帽的相同。一般对跨度 $L \leqslant 8$ m 的梁,顶帽横向尺寸 B 不小于 4 m;对 8 m $< L < 20$ m 的梁 B 不小于 5 m;对 $L \geqslant 20$ m 的梁 B 不小于 6 m。

(3)桥台长度

桥台长度是指胸墙前缘到台尾的长度,也是道砟槽的长度,它是根据填土高度和《铁路桥涵设计基本规范》(TB 10002—2017)对桥台与路堤连接的有关规定来决定的,其具体方法如下:

①非埋式桥台(见图 8-1-12)。

非埋式桥台的锥体坡脚不超出桥台前缘。该式桥台长度的拟定步骤如下。

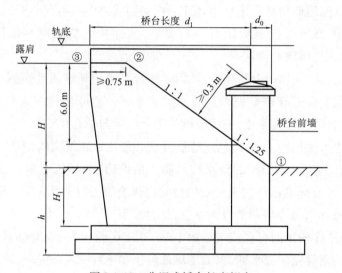

图 8-1-12 非埋式桥台长度拟定

a. 在设计图上将桥台前缘与铺砌面或一般冲刷线的交点当作坡脚点①,这时,将路肩至铺砌面或一般冲刷线的高度作为填土高度 H。

b. 为了保证锥体填土的稳定,锥体坡面与桥台侧面相交线的坡度应符合:在路肩以下第一个 6 m 的高度不得陡于 1:1,6 m 至 12 m 的高度,不得陡于 1:1.25,大于 12 m 时,不得陡于 1:1.5。根据填土高及锥体坡面的规定,自坡脚点①将锥体坡面线在设计图上作出,从而决定锥体在路肩高度处的位置②。

c. 桥台台尾上部应伸入路堤最少 0.75 m,以保证桥台与路堤的可靠连接。按此要求从②点水平地向路堤方向延伸 0.75 m 即可确定台尾位置③和求得桥台长度 d_1。

d. 为保护支座,使其不被冰雪或杂物污染阻塞,还应保证支承垫石后缘至锥体填土坡面的距离不小于 0.3 m。

②埋式桥台(见图 8-1-13)。

重力式埋台的锥体坡度、锥体坡面与垫石后缘的距离及台尾伸入路基的要求与非埋式桥台的相同,但埋式桥台的锥体可伸出桥台前缘。

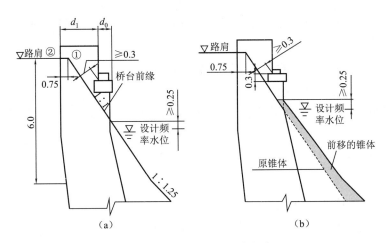

图 8-1-13 埋式桥台长度拟定

埋式桥台的长度拟定步骤:先按锥体坡面与垫石后缘不小于 0.3 m 的要求作 1∶1 坡面线与路肩线相交与①点;再自①点水平地向路堤方向延伸 0.75 m 定台尾位置②和得出桥台长度 d_1;然后按要求画全锥体坡面线。为了使伸入桥孔后的锥体能保持稳定,《铁路桥涵设计规范》(TB 10002—2017)要求锥体坡面线与桥台前缘相交处应高出设计频率水位 0.25 m。当按上述步骤拟定的桥台长度不能满足所述要求时,应在设计频率水位加 0.25 m 处增设一平台,将锥体坡面前移[见图 8-1-13(b)]。如前移锥体影响桥孔时,可适当加长桥孔将桥台后移。

2. 台身

台身是顶帽底面线以下,基础顶面以上的部分。台身的横截面形状通常是桥台命名的根据,所以桥台类型确定后,也就决定了台身的截面形状。T 台的前墙承托顶帽,后墙承托台顶道砟槽。

后墙背部常做成后仰的形式,使台身的底部重心前移,以减小竖向力所产生的向前力矩,也使台背的土压力有所减少。台身前墙表面常做成竖直的以免减小桥跨净空;但也有为了适应受力的需要,将台身前墙表面做成向前斜坡的。台身两侧表面常做成竖直的。

台身纵向尺寸与桥台长度有关,横向尺寸与台顶部分尺寸有关。为了节省圬工,在可能条件下,桥台的顶帽及道砟槽下均做托盘以缩小台身的尺寸。至于台身高度须在基础尺寸拟定后才能确定。

8.1.3 钢筋混凝土桥墩配筋

根据《铁路桥涵混凝土结构设计规范》(TB 10092—2017)规定,铁路桥梁桥墩应满足以下要求:

(1)钢筋混凝土实体墩柱纵向钢筋的配置应符合下列规定:

①钢筋混凝土实体墩柱纵向钢筋布置应满足截面强度及裂缝宽度计算的要求。

②纵向受力钢筋直径不宜小于 12 mm;全部纵向钢筋的配筋率不宜大于 3%。

③柱中纵向钢筋的净间距不应小于 50 mm,且不宜大于 300 mm。

④偏心受压柱的侧面上应设置直径不小于 10 mm 的纵向构造钢筋,并相应设置复合箍筋或拉筋。

(2)钢筋混凝土实体墩柱的箍筋应符合下列规定:

①箍筋直径不应小于纵向钢筋最大直径的 1/4,且不应小于 8 mm。

②箍筋间距不应大于 300 mm 及构件截面的短边尺寸,且不应大于纵向钢筋最小直径的 12 倍。

③箍筋末端应做成 135°弯钩,且弯钩末端平直段长度不应小于 $10d$(d 为纵向受力钢筋的最小直径)。

(3)空心墩构造应符合下列规定:

①空心墩的最小壁厚,采用钢筋混凝土时不宜小于 300 mm,采用素混凝土时不宜小于 500 mm。

②空心墩顶帽下、基顶上面应设实体过渡段。空心墩空心截面与实体段相接处应设置倒角。

③空心墩离地面 5 m 以上部分,应在墩身周围交错布置适量的通风孔,间距 5 m 左右,孔径不宜小于 0.2 m,并设置防护网。通风孔应高出设计频率水位。

④钢筋混凝土空心墩应在内、外壁表面均布置钢筋,纵向钢筋应满足最小配筋率的要求。纵向钢筋直径不宜小于 12 mm,间距不宜大于 200 mm。环向箍筋直径不宜小于 10 mm,间距不宜大于 200 mm。

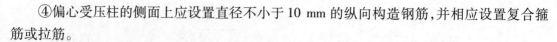

模块 2 轴心受压构件的正截面承载力计算

模块描述

通过对本模块的学习,要求学生掌握钢筋混凝土偏心受压构件的构造、分类及承载能力计算原理和方法。

教学目标

1. 掌握长柱及短柱的受力机理。

2. 掌握普通箍筋柱承载力计算的方法。

3. 掌握螺旋箍筋柱承载力计算的方法。

当构件受到位于截面形心的轴向压力作用时,称为轴心受压构件。在实际结构中,严格的轴心受压构件是很少的。通常由于实际存在的结构节点构造、混凝土组成的非均匀性、纵向钢筋的布置以及施工中的误差等原因,轴心受压构件截面都或多或少存在弯矩的作用。但是,在实际工程中,例如钢筋混凝土桁架拱中的某些杆件(如受压腹杆)是可以按轴心受压构件设计的;同时,由于轴心受压构件计算简便,故可作为受压构件初步估算截面,复核承载力的手段。

钢筋混凝土轴心受压构件按照箍筋的功能和配置方式的不同可分为两种：

(1)配有纵向钢筋和普通箍筋的轴心受压构件(普通箍筋柱)，如图8-2-1(a)所示。

(2)配有纵向钢筋和螺旋箍筋的轴心受压构件(螺旋箍筋柱)，如图8-2-1(b)所示。

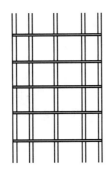　　　　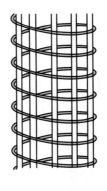

（a）普通钢筋柱　　　　　　　（b）螺旋箍筋柱

图 8-2-1　两种钢筋混凝土轴心受压构件

普通箍筋柱的截面形状多为正方形、矩形和圆形等。纵向钢筋为对称布置,沿构件高度设置等间距的箍筋。轴心受压构件的承载力主要由混凝土提供,设置纵向钢筋的目的是为了:①协助混凝土承受压力,可减小构件截面尺寸;②承受可能存在的不大的弯矩;③防止构件的突然脆性破坏。普通箍筋的作用是防止纵向钢筋局部压屈,并与纵向钢筋形成钢筋骨架,便于施工。

螺旋箍筋柱的截面形状多为圆形或正多边形,纵向钢筋外围设有连续环绕的间距较密的螺旋箍筋(或间距较密的焊接环形箍筋)。螺旋箍筋的作用是使截面中间部分(核心)混凝土成为约束混凝土,从而提高构件的承载力和延性。

8.2.1　配有纵向钢筋和普通箍筋的轴心受压构件

(1)破坏形态。按照构件的长细比不同,轴心受压构件可分为短柱和长柱两种。它们受力后的侧向变形和破坏形态各不相同。下面结合有关试验研究来分别介绍。

在轴心受压构件试验中,试件的材料强度级别、截面尺寸和配筋均相同,但柱长度不同。轴心力 P 用油压千斤顶施加,并用电子秤量测压力大小。由平衡条件可知,压力 P 的读数就等于试验柱截面所受到的轴心压力 N 值。同时,在柱长度一半处设置百分表,测量其横向挠度 u。通过对比试验的方法,观察长细比不同的轴心受压构件的破坏形态。

①短柱。

当轴向力逐渐增加时,试件柱也随之缩短,测量结果证明混凝土全截面和纵向钢筋均发生压缩变形。

当轴向力达到破坏荷载的90%左右时,柱中部四周混凝土表面出现纵向裂缝,部分混凝土保护层剥落,最后是箍筋间的纵向钢筋发生屈曲,向外鼓出,混凝土被压碎而整个试验柱破坏。破坏时,测得的混凝土压应变大于 1.8×10^{-3},而柱中部的横向挠度很小。钢筋混凝土短柱的破坏是材料破坏,即混凝土压碎破坏。

②长柱。

试件柱在压力不大时,也是全截面受压,但随着压力增大,长柱不仅发生压缩变形同时长柱中部产生较大的横向挠度,凹侧压应力较大,凸侧较小。在长柱破坏前,横向挠度增加得很快,使长柱的破坏来得比较突然,导致失稳破坏。破坏时,凹侧的混凝土首先被压碎,混凝土表面有纵向裂缝,纵向钢筋被压弯而向外鼓出,混凝土保护层脱落;凸侧则由受压突然转变为受拉,出现横向裂缝。

大量的试验表明,短柱总是受压破坏,长柱则是失稳破坏;长柱的承载力要小于相同截面、配筋、材料的短柱承载力。因此,可以将短柱的承载力乘以一个折减系数 φ 来表示相同截面、配筋和材料的长柱承载力。

(2)纵向弯曲系数 φ。钢筋混凝土轴心受压构件计算中,考虑构件长细比增大的附加效应使构件承载力降低的计算系数称为纵向弯曲系数,用符号 φ 表示。根据《铁路桥涵混凝土结构设计规范》(TB 10092—2017)规定,纵向弯曲系数 φ 的取值说明如下:

钢筋混凝土长柱与弹性材料的长柱不同,不能直接套用欧拉公式,一般多用试验方法确定。

从收集到的国内外试验资料可以看出,当长细比 $l_0/b \geq 8$ 时即有长柱现象。根据建研院1965 年和 1972 年的分析结果,纵向弯曲系数可用下列经验公式计算:

当 $l_0/b = 8 \sim 34$ 时 $\qquad \varphi = 1.177 - 0.021 l_0/b$

当 $l_0/b = 34 \sim 50$ 时 $\qquad \varphi = 0.87 - 0.012 l_0/b$

考虑到实际工程中可能存在的施工误差和加载附加偏心(长细比愈大,附加偏心的影响就更为不利),故还应乘以 φ 值的以降低系数。

$l_0/b = 18,30,40,50$ 时降低系数:1.0,0.95,0.85,0.70。l_0/b 为中间数值时按直线内插法确定。

一般试验资料都是采用矩形截面试件,对于其他形状的截面可以从矩形截面推算。

矩形截面: $\qquad \dfrac{l_0}{i} = \dfrac{l_0}{\left[\dfrac{\frac{1}{12}b^3h}{bh}\right]^{\frac{1}{2}}} = 3.45\,\dfrac{l_0}{b}$

圆形截面: $\qquad \dfrac{l_0}{i} = \dfrac{l_0}{\left[\dfrac{\frac{1}{64}\pi d^4}{\frac{\pi}{4}d^2}\right]^{\frac{1}{2}}} = 4\,\dfrac{l_0}{d}$

任意形状截面: $\qquad l_0/i$

(3)构件计算长度。l_0 为构件计算长度(m),两端刚性固定时,l_0 取 $0.5l$,l 为构件的全长(m);一端刚性固定另一端为不移动的铰时,l_0 取 $0.7l$;两端均为不移动的铰时,l_0 取 l;一端刚性固定另一端为自由端时，l_0 取 $2l$。

（4）根据《铁路桥涵混凝土结构设计规范》（TB 10092—2017）规定，轴心受压构件的配筋构造应满足下列规定：

①截面配筋率应满足规范表 6.1.2 – 2 的要求，且不宜大于 3% 。

②纵筋的直径不宜小于 12 mm。

③箍筋的间距不应超过纵筋直径的 15 倍，也不应大于构件横截面的最小尺寸。

④箍筋的直径不应小于纵筋直径的 1/4，且不应小于 6 mm。

（5）根据《铁路桥涵混凝土结构设计规范》（TB 10092—2017）规定，具有纵筋及一般钢筋的轴心受压构件的强度与稳定性应按式(8-2-1)和式(8-2-2)计算：

①轴心受压构件的强度计算

$$\sigma_c = \frac{N}{A_c + mA'_s} \leqslant [\sigma_c] \qquad (8\text{-}2\text{-}1)$$

②轴心受压构件的稳定性计算

$$\sigma_c = \frac{N}{\varphi(A_c + mA'_s)} \leqslant [\sigma_c] \qquad (8\text{-}2\text{-}2)$$

式中　σ_c——混凝土压应力（MPa）；

　　　N——计算轴向压力（MN）；

　　　A_c——构件横截面的混凝土面积（m²）；

　　　A'_s——受压纵向钢筋面积（m²）；

　　　m——钢筋抗压强度标准值与混凝土抗压极限强度之比，应按表 8-2-1 采用；

　　　$[\sigma_c]$——混凝土允许应力（MPa），应按表 6-3-4 采用；

　　　φ——纵向弯曲系数，应根据构件长细比按表 8-2-2 采用。

项目 8　钢筋混凝土受压构件

表 8-2-1　m 值

钢筋种类	混凝土强度等级							
	C25	C30	C35	C40	C45	C50	C55	C60
HPB300	17.7	15.0	12.8	11.1	10.0	9.0	8.1	7.5
HRB400	23.5	20.0	17.0	14.8	13.3	11.9	10.8	10.0
HRB500	29.4	25.0	21.3	18.5	16.7	14.9	13.5	12.5

表 8-2-2　纵向弯曲折减系数 φ

l_0/i	≤28	35	42	48	55	62	69	76	83	90	97	104
l_0/d	≤7	8.5	10.5	12	14	15.5	17	19	21	22.5	24	26
l_0/b	≤8	10	12	14	16	18	20	22	24	26	28	30
φ	1.0	0.98	0.95	0.92	0.87	0.81	0.75	0.70	0.65	0.60	0.56	0.52

注：i 为任意形状截面的回转半径 m；d 为圆形截面桩的直径（m）；b 为矩形截面构件的短边尺寸（m），当为偏心受压构件时，b 为与弯矩作用平面相垂直的边长。

【**例8-1**】 某铁路钢筋混凝土简支梁桥,混凝土等级为 C30,钢筋等级为 HRB400,桥墩尺寸及配筋如图 8-2-2 所示。$l_0 = 2l, l_0/i < 28, N = 55.6$ MN,$M = 0$,验算基顶桥墩钢筋混凝土强度应力是否满足规范要求?

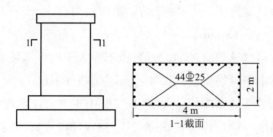

图 8-2-2　例 8-1 图

【**解**】 因 $l_0/i < 28$,所以不考虑纵向弯曲,即 $\varphi = 1.0$。查表 6-3-4 得 $\sigma_c = 8$ MPa。混凝土等级为 C30,钢筋等级为 HRB400,查表 8-2-1 得 $m = 20$。

$$A_c = 2\,000 \times 4\,000 = 8.0 \times 10^6 \text{mm}^2$$

$$A_s' = 44 \times 491 = 21\,604 \text{ m}^2$$

$$\sigma_c = \frac{N}{A_c + mA_s'} = \frac{55.60 \times 10^6}{8.0 \times 10^6 + 20 \times 21\,604} = 6.594 \text{ MPa} \leqslant [\sigma_c] = 8 \text{ MPa}$$

满足规范要求。

【**例8-2**】 某铁路钢筋混凝土简支梁桥,混凝土等级为 C30,钢筋等级为 HRB400,桥墩尺寸及配筋如图 8-2-3 所示。$l_0 = 2l = 24$ m,$N = 55.6$ MN,$M = 0$,验算基顶桥墩钢筋混凝土强度应力是否满足规范要求?

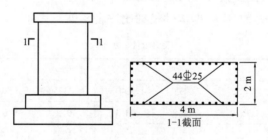

图 8-2-3　例 8-2 图

【**解**】 因 $l_0/b = 12$,查表 8-2-2 可得考虑纵向弯曲时的 $\varphi = 0.95$。查表 3.1.4 得 $\sigma_c = 8$ MPa。

混凝土等级为 C30,钢筋等级为 HRB400,查表 8-2-1 得 $m = 20$。

$$A_c = 2\,000 \times 4\,000 = 8.0 \times 10^6 \text{ mm}^2$$

$$A_s' = 44 \times 491 = 21\,604 \text{ m}^2$$

$$\sigma_c = \frac{N}{\varphi(A_c + mA_s')} = \frac{85.60 \times 10^6}{0.95 \times (8.0 \times 10^6 + 20 \times 21\,604)} = 6.941 \text{ MPa} \leqslant [\sigma_c] = 8 \text{ MPa}$$

满足规范要求。

8.2.2 采用螺旋式或焊接环式间接钢筋的轴心受压构件承载力计算

具有螺旋式或焊接环式间接钢筋的轴心受压构件的强度计算公式,国外均不统一,有的不考虑螺旋箍筋的影响;有的考虑其影响,认为螺旋箍筋的作用好比环筒一样,将阻止螺旋箍筋所包围的内部混凝土横向膨胀,使混凝土处在各方面受压状态下,增加其对轴向作用力的抵抗能力。

(1)根据《铁路桥涵混凝土结构设计规范》(TB 10092—2017)规定,采用螺旋式或焊接环式间接钢筋的轴心受压构件的配筋构造应满足下列规定:

①螺旋筋圈内的纵筋配筋率应满足表 8-2-3 的要求。

表 8-2-3　受压构件的截面最小配筋率(%)

受力类型		最小配筋百分率
全部纵向钢筋	HPB300	0.55
	HRB400	0.50
	HRB500	0.45
一侧纵向钢筋	HRB300、HRB400	0.20
	HRB500	0.18

注:1. 受压构件全部纵向钢筋和一侧纵向钢筋的配筋率应按构件的全截面面积计算。

　　2. 当钢筋沿构件截面周边布置时,"一侧纵向钢筋"指沿受力方向两个对边中一边布置的纵向钢筋。

②核心截面积不应小于构件截面积的 2/3。

③螺旋筋的间距不应大于核心直径的 1/5,且不应大于 80 mm。

④螺旋筋换算截面不应小于纵筋的截面积,且不应超过该截面积的 3 倍。

⑤纵筋截面积与螺旋筋换算截面积之和不应小于核心截面积的 1%。

(2)根据《铁路桥涵混凝土结构设计规范》(TB 10092—2017)规定,采用螺旋式或焊接环式间接钢筋的轴心受压构件的强度应按下列公式计算:

①轴心受压构件的强度计算:

$$\sigma_c = \frac{N}{A_{he} + mA_s' + 2m'A_j} \leqslant [\sigma_c] \qquad (8\text{-}2\text{-}3)$$

$$A_j = \frac{\pi d_{he} a_j}{s}$$

式中　A_{he}——构件核心截面面积(m^2);

　　m, m'——钢筋抗压强度标准值与混凝土抗压极限强度之比,应按规范中表 6.2.2 – 1
　　　　　采用;

　　A_j——间接钢筋的换算面积(m^2);

　　d_{he}——构件核心直径(m);

　　a_j——单根间接钢筋的截面积(m^2);

s——间接钢筋的间距(m);

A'_s——纵筋的换算面积(m^2)。

②构件因使用螺旋式或焊接环式间接钢筋而增加的承载能力,不应超过未使用间接钢筋时的60%,当长细比 l_0/b 大于28时,应不再考虑间接钢筋的影响。

【例8-3】 某钢筋混凝土简支梁桥,采用桩柱式桥墩,混凝土等级为C30,主筋采用等级为HRB400,螺旋箍筋采用HPB300,采用桥墩柱截面尺寸及配筋如图8-2-4所示。$N = 6.6$ MN,验算钢筋混凝土柱强度是否满足规范要求?

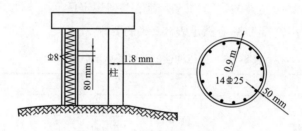

图 8-2-4　例3图

【解】 混凝土等级为C30,主筋采用等级为HRB400,查表8-2-1得 $m = m' = 20$。查表6-3-4得 $\sigma_c = 8$ MPa。

$$A_j = \frac{\pi d_{he} a_j}{s} = \frac{\pi \times 1\,700 \times 50.3}{80} = 3\,358 \text{ mm}^2$$

$$A_{he} = \frac{\pi}{4} d_{he}^2 = \frac{3.141}{4} \times 1\,700^2 = 2.27 \times 10^6 \text{ mm}^2$$

$$A'_s = 14 \times \frac{\pi}{4} \times 25^2 = 6\,872.234 \text{ mm}^2$$

$$\sigma_c = \frac{N}{A_{he} + m A'_s + 2 m' A_j} = \frac{6.6 \times 10^6}{2.27 \times 10^6 + 20 \times 6\,872.234 + 20 \times 3\,358}$$
$$= 2.667 \text{ MPa} \leqslant [\sigma_c] = 8 \text{ MPa}$$

模块3　偏心受压构件的强度计算

📖 模块描述

通过对本模块的学习,要求学生掌握钢筋混凝土偏心受压构件的构造、分类及承载能力计算原理和方法。

🖥 教学目标

1. 掌握偏心受压构件的受力特点和破坏形态。

2. 掌握偏心受压构件的强度计算。

纵向压力不通过截面形心的构件称为偏心受压构件。同时承受轴心压力和弯矩(或横向力)的构件也按偏心受压构件计算(见图8-3-1),因为弯矩M_0的作用相当于使轴心压力N偏离截面形心轴一个距离e_0即$e_0=M_0/N$。偏心受压构件应用很广泛,例如刚架的支柱和横梁、拱桥的拱肋、隧道的拱圈、基桩等。

偏心受压构件的截面一般采用矩形,长短边的比值为1.5~3.0。当截面尺寸较大时,为了减轻自重、节约材料,可采用T形、工字形或箱形截面,基桩通常采用圆形或环形截面。

截面尺寸应符合模数化的要求。纵筋、箍筋、混凝土保护层等的构造要求与轴心受压构件的相同。纵筋应沿截面短边布置,当构件受正、负弯矩交替作用而其数值相差不多时,纵筋宜对称布置,如相差较多,以不对称布置为好。圆形及环形截面的纵筋都是沿周边均匀地布置,以便于施工。受拉部分纵筋的最小配筋率应满足表8-3-1的规定。

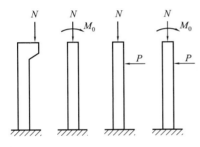

图8-3-1 偏心受压的形式

表8-3-1 受弯构件的截面最小配筋率(%)

钢筋种类	混凝土强度等级	
	C25~C45	C50~C60
HPB300	0.20	0.25
HPB400	0.15	0.20
HPB500	0.14	0.18

当截面长边不小于500 m时,应沿截面长边设置纵向构造钢筋,以承受沿短边方向的偶然弯矩,并与纵筋、箍筋等共同组成刚劲的骨架。纵向构造钢筋的直径不宜小于12 mm,间距不应超过500 mm。

铁路桥梁中,由于荷载作用,构件截面上常交替产生正、负弯矩,所以偏心受压构件的纵筋常作对称布置。本节只介绍纵筋对称布置的矩形和圆形截面的偏心受压构件计算。

8.3.1 考虑纵向弯曲的偏心距e

偏心受压构件在偏心的纵向压力作用下,会在弯矩作用平面内发生纵向弯曲,使初始偏心距e_0增大为$e=\eta e_0$。η称为偏心距增大系数,构件越细长,η值就越大。偏心距e_0和e的关系见8-3-2。

由于偏心距的增大,在计算偏心受压构件时,计算截面的弯矩应等于初始计算的弯矩乘以偏心距增大系数η,即:

$$M=\eta M_0=\eta Ne_0=Ne$$

8.3.2 两种偏心受压情况

1. 两种偏心受压的截面应力状态

根据考虑纵向弯曲后的偏心距e的大小不同,存在着两种偏心受压状态。

(1)小偏心受压状态:在偏心压力作用下,截面全部受压,就是纵向压力作用在截面核心以内,即$e\leqslant k,k$为截面核心距。其应力状态如图8-3-3(a)所示。

图8-3-2 偏心距e_0和e的关系

（2）大偏心受压状态：在偏心压力作用下，截面部分受压、部分受拉，就是纵向压力作用在截面核心以外，即 $e > k$。其应力状态如图 8-3-3（b）所示。

2. 两种偏心受压状态的判别

判别大、小偏心受压状态的方法，通通常是将纵向压力的偏心距 e 与核心距 k 进行比较而定。因为纵筋对称布置、截面全部受压时的换算截面形心轴是已知的，所以只要求出核心距值，就可判别属于哪一种偏心受压状态。

当向压力作用在核心边界时，其对面边缘混凝土中的应力等于零，故偏心距 $e \leqslant k$ 时，属于小偏心受压状态，$e > k$ 时，属于大偏心受压状态。

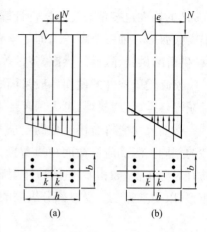

图 8-3-3　偏心受压构件应力状态

$$\sigma_c = \frac{N}{A_0} - \frac{Nk}{I_0} y = 0 \tag{8-3-1}$$

所以，核心距 k 值可按式（8-3-2）计算

$$k = \frac{I_0}{A_0 y} \tag{8-3-2}$$

式中　A_0——钢筋混凝土换算截面积 m^2；

　　　I_0——换算截面对形心轴的惯性矩（m^4）；

　　　y——换算截面形心轴到应力为零的边缘的距离，对矩形截面 $y = h/2$，对圆形截面 $y = R$。

应当指出，不论哪种偏心受压情况，计算时，除了考虑在弯矩作用平面内的纵向弯曲的影响外，还应按轴心受压构件的计算公式简算垂直于弯矩作用平面的稳定性。此时，不考虑弯矩作用。

8.3.3　偏心受压构件的强度计算

根据《铁路桥涵混凝土结构设计规范》（TB 10092—2017）规定，偏心受压构件的强度应按式（8-3-3）～式（8-3-5）计算：

1. 混凝土的压应力

（1）混凝土的压应力计算：

$$\sigma_c = \frac{N}{A_0} + \frac{\eta M}{W_0} \leqslant [\sigma_b] \tag{8-3-3}$$

$$\eta = \frac{1}{1 - \dfrac{KN}{\alpha \dfrac{\pi^2 E_c I_c}{l_0^2}}} \tag{8-3-4}$$

$$\alpha = \frac{0.1}{0.2 + \dfrac{e_0}{h}} + 0.16 \tag{8-3-5}$$

式中 σ_c——混凝土的压应力(MPa);

      N——换算截面重心处的计算轴向压力(MN);

A_0, W_0——钢筋混凝土换算截面积(不计受拉区)及其对受压边缘或受压较大边缘的截面抵抗矩,分别以 m^2 和 m^3 计;

      M——计算弯矩(MN·m);

      η——挠度对偏心距影响的增大系数;

      K——安全系数,主力时取 2.0,主力 + 附加力时取 1.6;

      E——混凝土的受压弹性模量(MPa),应按本规范表 3.1.6 采用;

      a——考虑偏心距对 η 值的影响系数;

      e_0——轴向力作用点至构件截面重心的距离(m);

      h——弯曲平面内的截面高度(m);

      l_0——压杆计算长度(m),l_0 为构件计算长度(m),两端刚性固定时,l_0 取 $0.5l$,l 为构件的全长(m);一端刚性固定另一端为不移动的铰时,l_0 取 $0.7l$;两端均为不移动的铰时,l_0 取 l;一端刚性固定另一端为自由端时,l_0 取 $2l$;

      I_c——混凝土全截面的惯性矩(m^4),求截面的中性轴时,应采用纵向弯曲后所增大的偏心 e,$e = \dfrac{\eta M}{N}$。

(2)除混凝土的压应力外,尚应计算受压钢筋及受拉钢筋的应力。

(3)偏心受压构件应按轴心受压构件验算垂直于弯矩作用平面的稳定性,可不考虑弯矩作用,但应按本规范第 6.2.2 条考虑纵向弯曲的影响。

2. 混凝土的剪应力

(1)混凝土的剪应力计算:

$$\tau = \frac{VS_c}{bI_0'} \tag{8-3-6}$$

式中 τ——混凝土的剪应力(MPa);

      V——计算剪力(MN);

      S_c——计算点以上部分换算面积对构件换算截面(不计混凝土受拉区)重心轴的面积矩(m^3);

      I_0'——换算截面对重心轴的惯性矩(m^4)。

(2)当中性轴在截面以内时,应取中性轴处的剪应力(即主拉应力)与按式(8-3-7)计算的换算截面重心轴上的主拉应力较大值进行设计。

(3)当中性轴在截面以外时,则最大剪应力 τ 发生在换算截面的重心轴上,其相应的主拉应力应按式(8-3-7)计算:

$$\sigma_{\text{tp}} = \frac{\sigma_{\text{c}}}{2} - \sqrt{\frac{\sigma_{\text{c}}^2}{4} + \tau^2} \qquad (8\text{-}3\text{-}7)$$

式中　σ_{tp}——主拉应力(MPa);

　　　τ——截面重心轴上的剪应力(MPa);

　　　σ_{c}——截面重心轴上的压应力(MPa)。

8.3.4　小偏心受压构件的计算

1. 截面应力复核

小偏心受压就是截面全部受压($e \leqslant k$),混凝土和钢筋中的应力,可依据换算截面的概念利用材料力学的公式进行计算(见图 8-3-4):

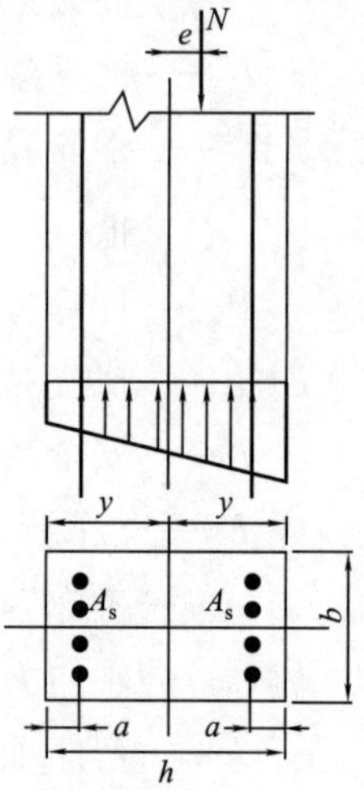

混凝土中的最大压应力应满足式(8-3-8):

$$\sigma_{\text{c}} = \frac{N}{A_0} + \frac{\eta M}{W_0} \leqslant [\sigma_{\text{b}}] \qquad (8\text{-}3\text{-}8)$$

受压较大边钢筋中的应力应满足式(8-3-9):

$$\sigma_{\text{s}}' = n\left[\frac{N}{A_0} + \frac{\eta M}{I_0}(y - \alpha)\right] \leqslant [\sigma_{\text{s}}] \qquad (8\text{-}3\text{-}9)$$

矩形截面的 A_0、I_0 为:

$$A_0 = bh + 2nA_{\text{s}} \qquad (8\text{-}3\text{-}10)$$

$$I_0 = \frac{1}{12}bh^3 + 2nA_{\text{s}}\left(\frac{h}{2} - a_{\text{s}}\right)^2$$

图 8-3-4　小偏心受压
构件计算简图

2. 截面设计

截面设计时,因牵涉的未知量较多,一般不利用上述有关计算公式直接求解,而是采用试算法进行计算。

先根据构造要求和同类结构的设计经验资料,拟定截面尺寸 b、h,A_{s} 值按最小配筋率配置,然后进行应力复核,并根据复核结果,作适当修改。

在应力复核时,可能有以下几种情况

①实际应力比容许应力小得多,这时,如无构造要求的限制,则应减小截面尺寸。

②实际应力超过容许应力不多时,适当增加钢筋用量。

③实际应力超过容许应力甚多时,则应加大截面尺寸,并相应增加钢筋用量。

当然,截面尺寸、钢钢筋用量一经修改后,就应重新进行应力复核。

【例 8-4】　已知一偏心受压柱的截面尺寸 $a \times b = 2\text{ m} \times 5\text{ m}$,按主力计算的纵向压力 $N = 7\ 500\text{ kN}$,$M_0 = 162\text{ kN} \cdot \text{m}$(作用在与长边平行的对称平面内),混凝土采用 C30,钢筋采用 HRB400,对称配筋,每侧 14 根 25 mm,柱的计算长度 $l_0 = 10\text{ m}$。试核算截面应力及柱的稳定性。

【解】　混凝土等级为 C30($E_{\text{c}} = 3.2 \times 10^4\text{MPa}$),主筋采用等级为 HRB400,查表 8-2-1 得 $m = m' = 17$。查表 6-3-4 得 $\sigma_{\text{b}} = 11.8\text{ MPa}$。

（1）判断大小偏心

此截面为对称的钢筋混凝土矩形截面。

$$A_0 = bh + 2nA_s = 2 \times 5 + 2 \times 17 \times 14 \times 491 \times 10^{-6} = 10.234 \text{ m}^2$$

$$\begin{aligned}I_0 &= \frac{1}{12}bh^3 + 2nA_s\left(\frac{h}{2} - a_s\right)^2 \\ &= \frac{1}{12} \times 2 \times 5^3 + 2 \times 17 \times 14 \times 491 \times 10^{-6} \times \left(\frac{5}{2} - 0.045\right) \\ &= 21.407 \text{ m}^4\end{aligned}$$

$$y = \frac{h}{2} = \frac{5}{2} = 2.5 \text{ m}$$

$$k = \frac{I_0}{A_0 y} = \frac{21.407}{10.234 \times 2.5} = 0.837 \text{ m}$$

$$e_0 = \frac{M}{N} = \frac{30 \times 10^6}{85.6 \times 10^6} = 0.21 \text{ m}$$

$$\alpha = \frac{0.1}{0.2 + \dfrac{e_0}{h}} + 0.16 = 0.573$$

偏心距增大系数 η：

$$\eta = \cfrac{1}{1 - \cfrac{KN}{\alpha \cfrac{\pi^2 E_c I_c}{l_0^2}}} = \cfrac{1}{1 - \cfrac{1.6 \times 162 \times 10^6}{0.573 \times \cfrac{\pi^2 \times 3.2 \times 10^4 \times 21.407 \times 10^{12}}{10\,000^2}}} = 1.000$$

$$e = \frac{\eta M}{N} = \frac{1.00 \times 162 \times 10^6}{7\,500 \times 10^3} = 0.21 \text{ m} < k = 0.837 \text{ m}$$

故属于小偏心受压构件。

（2）截面应力复核

$$\sigma_c = \frac{N}{A_0} + \frac{\eta M}{W_0} = \frac{7\,500 \times 10^3}{10.234 \times 10^6} + \frac{1.023 \times 162 \times 10^6}{21.407 \times 10^{12}} \times \frac{5\,000}{2} = 0.752 \leqslant [\sigma_b] = 10 \text{ MPa}$$

（3）稳定性验算

$$\frac{l_0}{b} = \frac{10\,000}{2\,000} = 5 \quad \text{表 8-2-2 纵向弯曲折减系数 } \varphi = 1.0。$$

$$\sigma_c = \frac{N}{\varphi(A_c + mA_s')} = \frac{7\,500 \times 10^3}{1.0 \times (1.0 \times 10^7 + 17 \times 6\,874)} = 0.741 \text{ MPa} \leqslant [\sigma_c] = 8 \text{ MPa}$$

满足规范要求。

8.3.5　大偏心受压构件的计算（纵筋对称布置）

大偏心受压是截面部分受压，部分受拉，即纵向压力作用在截面核心以外（$e > k$）。按容许应力法计算时，假定混凝土不承受拉力，全部拉力由钢筋承受。所以必须首先确定中性轴的位置，即求出受压区高度 x，然后进行截面应力计算。下面介绍纵筋对称布置的矩形的计算方法。

1. 矩形截面应力复核

（1）确定中性轴的位置（求 x）

大偏心构件的计算应力图形如8-3-5所示。

对纵向压力 N 的作用点取矩。得：

$$\sigma_s A_s e_s - \sigma_s' A_s' e_s' - \frac{1}{2} bx\sigma_c\left(g + \frac{x}{3}\right) = 0 \qquad (8\text{-}3\text{-}11)$$

消去 σ_c，经整理后得：

$$y_1^3 + py_1 + q = 0$$

式中

$$p = \frac{6n}{b}A_s(e_s' + e_s) - 3g^2$$

$$q = \frac{-6n}{b}A_s(e_s' + e_s) + 2g^3$$

受压区混凝土的高度 x 值：$\quad x = y_1 - g$

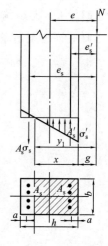

图 8-3-5　大偏心受压
构件计算简图

（2）截面应力复核

为了计算混凝土中的最大应力，可对截面中心线取矩，得：

$$Ne - \frac{1}{2}bx\sigma_c\left(\frac{h}{2} - \frac{x}{3}\right) - A_s\sigma_s'\left(\frac{h}{2} - \alpha\right) - A_s\sigma_s\left(\frac{h}{2} - \alpha\right) = 0 \qquad (8\text{-}3\text{-}12)$$

由应力比例关系得：$\sigma_s = n\sigma_c\dfrac{h - x - \alpha}{x}$，$\sigma_s' = n\sigma_c\dfrac{x - \alpha}{x}$ 带入式（8-3-12），经整理后得：

$$\sigma_c = \frac{Ne}{\dfrac{1}{2}bx\left(\dfrac{h}{2} - \dfrac{x}{3}\right) + \dfrac{2nA_s}{x}\left(\dfrac{h}{2} - \alpha\right)^2} \leqslant [\sigma_b]$$

受拉钢筋和受压钢筋的应力应满足式（8-3-13）和式（8-3-14）：

$$\sigma_s = n\sigma_c\frac{h - x - \alpha}{x} \leqslant [\sigma_s] \qquad (8\text{-}3\text{-}13)$$

$$\sigma_s' = n\sigma_c\frac{x - \alpha}{x} \leqslant [\sigma_s] \qquad (8\text{-}3\text{-}14)$$

2. 截面设计

大偏心受压构件的截面设计多采用试算法。先根据荷载情况并参考同类结构的经验数据拟定截面尺寸，然后估算纵筋的截面积 A_s。在估算纵筋截面积时，可以先令 $\sigma_c = [\sigma_b]$，再按照偏心距的大小，假定一个 σ_s 值，偏心距较大时，可定得大一些，即接近 $[\sigma_s]$ 值，偏心距较小时，则定得小一些。σ_c、σ_s 值一经假定，整个截面的应力状态就被确定了，受压区混凝土的高度就可依应力大小的比例关系求出。

对于矩形截面，算得受压区混凝土高度值后，就可求出 A_s 值。

在估算 A_s 值时，应当注意下列几点：

（1）设计时，偏心距 e 值为未知数，估算时可假定一个接近于 e_0 值的 e 值。

（2）宜假定几个不同的值进行试算，以冀求得最小的 A_s 值。

（3）估算结果，如发现配筋率不合理（过大或过小）时，应修改截面尺寸，重新设计。

在按照估算的 A_s 值配筋后,应根据据实际配筋的截面积进行应力核算。

【例 8-5】 已知一矩形截面偏心受压构件,纵筋对称布置,两端铰支,长度为 9 m,承受荷载(主力 + 附加力):$N = 600$ kN,$M_0 = 720$ kN·m,截面如图 8-3-6 所示,混凝土采用 C30,HRB400 级钢筋,沿每一短边布置 5 根 28 mm 的钢筋,$A_s = 3\,079$ mm²,$n = 15$。核算混凝土及钢筋的应力。

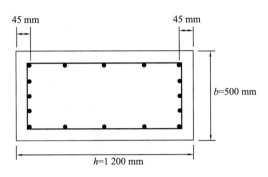

图 8-3-6　例 8-5 图

【解】　(1)判断大小偏心

此截面为对称的钢筋混凝土矩形截面。

$$A_0 = bh + 2nA_s = 5 \times 1.2 + 2 \times 15 \times 3\,079 \times 10^{-6} = 0.692\,4 \text{ mm}^2$$

$$\begin{aligned}
I_0 &= \frac{1}{12}bh^3 + 2nA_s\left(\frac{h}{2} - a_s\right)^2 \\
&= \frac{1}{12} \times 0.5 \times 1.2^3 + 2 \times 15 \times 3\,079 \times 10^{-6} \times \left(\frac{1.2}{2} - 0.045\right)^2 \\
&= 0.072 + 0.028\,45 \\
&= 1.005 \text{ m}^4
\end{aligned}$$

$$y = \frac{h}{2} = \frac{1.2}{2} = 0.6 \text{ m}$$

$$k = \frac{I_0}{A_0 y} = \frac{1.005}{0.69\,24 \times 0.60} = 0.242 \text{ m}$$

$$e_0 = \frac{M}{N} = \frac{720}{600} = 1.2 \text{ m}$$

$$\alpha = \frac{0.1}{0.2 + \dfrac{e_0}{h}} + 0.16 = 0.243$$

偏心距增大系数 η:

$$\eta = \cfrac{1}{1 - \cfrac{KN}{\alpha \cdot \cfrac{\pi^2 E_c I_c}{l_0^2}}} = \cfrac{1}{1 - \cfrac{2 \times 600}{0.243\,3 \times \cfrac{\pi^2 \times 3.2 \times 10^6 \times 0.072}{9^2}}} = 1.018$$

$$e = \mu e_0 = 1.018 \times 1.2 = 1.221 \text{ m} > k = 0.242 \text{ m}$$

故属于大偏心受压构件。

项目 8　钢筋混凝土受压构件

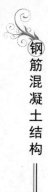

（2）计算受压区高度

$$g = e - \frac{h}{2} = 1.221 - \frac{1.2}{2} = 0.621 \text{ m}$$

$$e'_s = e - \frac{h}{2} + \alpha = 1.221 - \frac{1.2}{2} + 0.045 = 0.666 \text{ m}$$

$$e_s = e + \frac{h}{2} - \alpha = 1.221 + \frac{1.2}{2} - 0.045 = 1.776 \text{ m}$$

$$p = \frac{6n}{b}A_s(e'_s + e_s) - 3g^2 = \frac{6 \times 15}{0.5} \times 3\,079 \times 10^{-6} \times (0.666 + 1.776) - 3 \times 0.621^2 = 0.196$$

$$q = \frac{-6n}{b}A_s(e'_s + e_s) + 2g^3 = \frac{-6 \times 15}{0.5} \times 3\,079 \times 10^{-6} \times (0.666^2 + 1.776^2) + 2 \times 0.621^3 = -1.515$$

$$y_1^3 + py_1 + q = 0$$
$$y_1^3 + 0.196y_1 - 1.515 = 0$$

用试算法得到：$y_1 = 1.095$ m。

$$x = y_1 - g = 1.095 - 0.621 = 0.470 \text{ m}$$

（3）核算应力

混凝土中的最大压应力：

$$\sigma_c = \frac{Ne}{\frac{1}{2}bx\left(\frac{h}{2} - \frac{x}{3}\right) + \frac{2nA_s}{x}\left(\frac{h}{2} - \alpha\right)^2}$$

$$= \frac{600 \times 1.221}{\frac{1}{2} \times 0.5 \times 0.47 \times \left(\frac{1.2}{2} - \frac{0.47}{3}\right) + \frac{2 \times 15 \times 3\,079 \times 10^{-6}}{0.47}\left(\frac{1.2}{2} - 0.045\right)^2} = 6\,526 \text{ kPa}$$

$$= 6.526 \text{ MPa} < [\sigma_b] = 10 \text{ MPa}$$

受拉钢筋中的应力为：

$$\sigma_s = n\sigma_c \frac{h - x - \alpha}{x} = 15 \times 6\,526 \times \frac{1.200 - 0.470 - 0.045}{0.470} = 142\,700 \text{ kPa}$$

$$= 142.7 \text{ MPa} < [\sigma_s] = 270 \text{ MPa}$$

受压钢筋中的应力为：

$$\sigma'_s = n\sigma_c \frac{x - \alpha}{x} = 15 \times 6\,525 \times \frac{0.470 - 0.045}{0.470} = 88\,520 \text{ kPa}$$

$$= 88.52 \text{ MPa} < [\sigma_s] = 270 \text{ MPa}$$

（4）稳定性验算

因截面长边大于 0.5 m，需沿截面长边设置 $d = 12$ mm 的构造钢筋，每边 2 根，如图 8-3-6 所示。

$$A'_s = 2 \times 3\,079 \times 10^{-6} + 4 \times 113 \times 10^{-6} = 6\,610 \times 10^{-6} \text{ m}^2$$

$$\frac{l_0}{b} = \frac{9}{0.5} = 18$$

查表 8-2-2 得：纵向弯曲折减系数 $\varphi = 0.81$。查表 8-2-1 得：$m = 20$。

混凝土中的压应力为：

$$\sigma_c = \frac{N}{\varphi(A_c + mA'_s)} = \frac{600}{0.81 \times (0.5 \times 1.2 + 20 \times 6\,610 \times 10^{-6})} = 992.8 \text{ kPa}$$

$$= 0.992\,8 \text{ MPa} < [\sigma_c] = 0.8 \text{ MPa}$$

思考题

1. 铁路桥梁墩台常用类型有哪几种？

2. 铁路桥墩尺寸如何拟定？

3. 铁路非埋置式桥台尺寸如何拟定？

4. 普通箍筋柱和螺旋箍筋柱有何区别？

5. 长柱和短柱有何区别？

6. 偏心受压构件有几种受力状态？如何判断大、小偏心？

7. 构件受压长度怎样确定？

8. 某铁路钢筋混凝土简支梁桥，混凝土等级为 C30，钢筋等级为 HRB400，桥墩尺寸及配筋如题 8 图所示。$l_0 = 2l$，$l_0/i < 28$，$N = 65$ MN，$M = 0$，验算基顶桥墩钢筋混凝土强度应力是否满足规范要求？

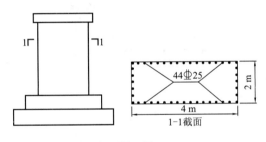

题 8 图

9. 某铁路钢筋混凝土简支梁桥，混凝土等级为 C30，钢筋等级为 HRB400，桥墩尺寸及配筋如题 9 图所示。$l_0 = 2l = 24$ m，$N = 65$ MN，$M = 0$，验算基顶桥墩钢筋混凝土强度应力是否满足规范要求？若选用 C35 混凝土时是否满足规范要求？

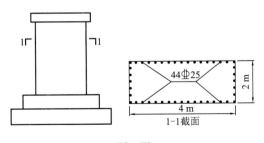

题 9 图

10. 某钢筋混凝土简支梁桥，采用桩柱式桥墩，混凝土等级为 C35，主筋采用等级为 HRB400，螺旋箍筋采用 HPB300，采用桥墩柱截面尺寸及配筋如题 10 图所示。$N = 7$ MN，验算钢筋混凝土柱强度是否满足规范要求？

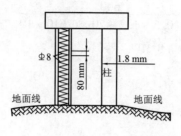
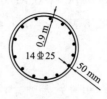

题 10 图

11. 已知一偏心受压柱的截面尺寸 $a \times b = 2$ m $\times 5$ m，按主力计算的纵向压力 $N = 8\ 000$ kN，$M_0 = 160$ kN·m（作用在与长边平行的对称平面内），混凝土采用 C30，钢筋采用 HRB400，14 根 25 mm，柱的计算长度 $l_0 = 10$ m。试核算截面应力及柱的稳定性。

12. 已知一矩形截面偏心受压构件，纵筋对称布置，两端铰支，长度为 9 m，承受荷载（主力＋附加力）：$N = 600$ kN，$M_0 = 720$ kN·m，截面如题 12 图所示，混凝土采用 C30，HRB400 级钢筋，沿每一短边布置 5 根 28 mm 的钢筋，$A_s = 3\ 079$ mm，$n = 15$。核算混凝土及钢筋的应力。

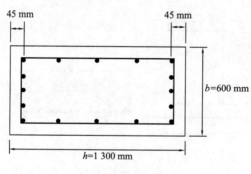

题 12 图

项目 ⑨

铁路桥梁基础

项目概述

桥梁基础承受上部结构传来的全部荷载,为了全桥的安全和正常使用,要求地基和基础要有足够的强度、刚度和整体稳定性,使其不产生过大的变位和不均匀沉降。桥梁基础的类型很多,常用的形式有明挖基础、桩基础、沉井基础沉箱基础和管柱基础,本项目以明挖基础和桩基础为例介绍铁路桥梁基础的施工工艺及施工要点。

教学目标

知识目标

(1)掌握天然地基上浅基础的核算内容及方法。

(2)掌握桩基础的受力机理。

(3)掌握桩基础的核算内容及方法。

能力目标

初步具备基础受荷复核的能力,为职业能力的培养及提升提供保障。

模块1 天然地基上的浅基础

模块描述

浅基础是铁路桥涵最为常用的基础形式之一,是学生必备的技能。

教学目标

1. 掌握地基持力层强度检算方法。

2. 掌握地基软弱下卧层强度检算方法。

3. 掌握基底合力偏心距检算方法。

4. 掌握基底稳定性检算方法。

5. 掌握基础沉降检算方法。

天然地基上浅基础是铁路或其他交通工程中桥梁墩台、涵洞基础的主要形式之一。由于浅基础一般采用明挖法施工,基础底面常采用平面形式(除建筑在倾斜岩层上的基础底面可做成台阶状外),且基础的底面尺寸比墩台的截面尺寸有所扩大,故也称明挖扩大基础。

由于埋入地层较浅,设计计算时一般忽略基础侧面土体的横向抗力及摩阻力,因而它也属于一种浅基础。图9-1-1为扩大基础。

图 9-1-1　扩大基础

1. 浅基础设计内容

（1）收集设计资料

①线路:线路等级、直线或曲线、平道上或坡道上、单线或多线、轨底标高等。

②地形:主要指桥梁中线处的河床纵断面、水流方向,正交或斜交。

③水文:高水位、低水位、施工水位、流速、流量、冲刷深度等。

④工程地质:即桥址处的地质柱状图,图上标明各土层的厚度及其物理力学性质、土中有无大孤石、漂卵石之类、岩面标高及其倾斜度、基岩中有无断层、溶洞、破碎带等。

⑤桥跨及墩台的构造形式:包括桥跨结构的类型、跨长、全长、梁高、支座形式、墩台尺寸等。

⑥施工队伍情况:包括施工单位的人力、物力、机具设备、技术状况等。

⑦当地情况:如当地的建筑材料情况、交通运输情况、电力供应情况等。

（2）确定基础埋置深度、拟定基础尺寸

根据设计资料,确定基础埋置深度;基础的平面及立面尺寸应满足其构造要求,即最小襟边的要求和刚性角的有关规定详见8.1.1节。

（3）对基础进行检算

①基础圬工强度检算,指基础任一横截面的竖向压应力不得超过材料的容许压应力;另外,基础还要保证其耐久性和可靠性,这主要通过选择基础的建筑材料和埋置深度来保证。

②地基土强度检算,指直接与基底相接触的那层土(持力层)上的竖向压应力不得超过地基容许承载力;若基底下不远处尚有软弱下卧层,则须检算其顶面的强度。

③基底合力偏心矩检算,指基底合力作用点至截面形心的距离不得超过容许值,保证基

础不出现大的倾斜。

④基底稳定性检算,包括倾覆稳定和滑动稳定的检算,确保基础有足够的稳定性。

⑤基础的沉降或沉降差检算,对基础沉降差特别敏感的上部超静定结构(如连续梁桥、拱桥、钢架桥等),须进行此项检算,避免因基础沉降差过大影响上部结构的正常使用和破坏。

⑥桥台顶水平位移计算,当墩台身很高时,须进行此项检算,应考虑地基土不均匀弹性压缩的影响。

⑦当墩台修筑在土坡上时,或桥台筑与软土上且台后填土较高时,还须检算墩台连同土坡或路基沿滑动面的滑动稳定性。

(4)其他应考虑的因素

在地基基础设计时还应注意可能遇到的不良工程地质问题:

①墩台基础位置应避开断层、滑坡、挤压破碎带、溶洞、黄土陷穴与暗洞或局部软弱地基等不良地段,避免造成地基基础隐患。

②基础不应设置在软硬不均匀的地基上,防止基础受荷后产生较大的不均匀沉降。

③当桥址因其他原因不能避开不良工程地质条件,如桥址存在断层或岩溶、不均匀地层内埋藏有局部软弱土层、岩面倾斜或起伏不平诸现象时,应加强工程地质勘查,务必准确地查明地质情况,以供设计者使用。

④在岩面起伏较大、倾斜且抽水困难的地基上,不宜采用明挖基础。

值得注意的是:在进行基础设计方案研究时,方案一般不只一个,因此须要从技术、经济和施工方法等方面进行综合考虑,择优采用。在方案比选时,应对施工方法特别加以注意,尤其对水中基础,采用什么施工方法比较科学,应仔细研究。在选择基础埋置深度时,应遵循先从浅基础考虑的原则,因基础埋置深度较浅时,施工既快又省,质量也容易保证。

2. 浅基础的荷载

桥涵基础承受上部结构传递下来的全部荷载,根据各种荷载的不同特性,以及出现的不同概率,《铁路桥涵设计规范》(TB 10002—2017)将作用荷载进行分类,并根据实际情况,将可能同时出现的荷载组合起来,以确定基础设计时的计算荷载。

一般桥涵的浅基础多由块石、素混凝土等材料砌筑形成实体刚性基础,根据基础的一般构造规定,如果基础满足材料刚性角要求,基础本身的强度即可得到保证,不必进行基础强度的验算。但由于作用在桥梁结构上的荷载不同,基础所处的水文、地质环境也不同,例如:桥上列车有或无;有车时可以是空车或满载;若为满载又可以是一孔加载或两孔加载;一孔活载中又有重载轻载之分;又如水位可以是高水位或低水位;再如横向水平力中,风力和横向摇摆力只能择其一,不得同时引用。荷载组合还必须分别按纵向和横向荷载是主力加附加力或主力加特殊荷载进行检算。每一检算指标对应的最不利荷载组合一般都不相同。因此,在检算每一指标时要各自选取几个可能的最不利的荷载组合,一一计算,从计算比较中得出最不利者。现根据《铁路桥涵地基和基础设计规定》(TB 10092—2017)的要求,对基础的各项检算内容分述如下。

9.1.1 地基强度检算

1. 持力层强度检算

持力层是直接与基础底面接触,承受上部结构荷载的主要受力层。持力层强度检算的基本要求是:按照纵向(顺桥方向)和横向(横桥方向)的最不利荷载组合分别计算的基底最大压应力不得超过持力层的容许承载力$[\sigma]$。主力与附加力并计时,$[\sigma]$可提高20%;主力加特殊荷载时地基承载力按表9-1-1确定。由于基础埋置深度浅。在设计中不考虑基础四周土体的约束作用,即不计摩阻力和侧向弹性抗力,基底应力的计算通常采用简化方法,即按照材料力学偏心受压公式进行计算。

$$\sigma_{min}^{max} = \frac{\sum N}{A} \pm \frac{\sum M}{W} \leq [\sigma] \tag{9-1-1}$$

式中　σ_{min}^{max}——基底压应力最大、最小值(kPa);

　　　W——基底底面偏心方向面积抵抗矩(m^3);

　　$\sum N$——基底以上各竖向荷载的合力(kN);

　　　A——基础底面积(m^2);

　　$\sum M$——作用于上部结构各外荷载对基底形心轴之合力矩(kN·m),$\sum M = \sum H_i h_i + \sum N_i e_i$,其中$H_i$为各水平分力,$h_i$为各水平分力$H_i$至基底的垂直距离,$H_i$为各竖向分力,$e_i$为各竖向分力$N_i$至基底形心的偏心距。

表 9-1-1　地基容许承载力$[\sigma]$提高系数

地基情况	提高系数
$\sigma_0 > 500$ kPa 的岩石和土	1.4
150 kPa $< \sigma_0 \leq 500$ kPa 的岩石和土	1.3
100 kPa $< \sigma_0 \leq 150$ kPa 的土	1.2

地基容许承载力按式(9-1-2)确定。

$$[\sigma] = \sigma_0 + k_1 \gamma_1 (b - 2) + k_2 \gamma_2 (h - 3) \tag{9-1-2}$$

其中　$[\sigma]$——地基容许承载力(kPa);

　　　σ_0——地基基本承载力(kPa),与地基土类别和土性有关,无实测资料时可查阅《铁路桥涵地基与基础设计规范》(TB 10092—2017)表4.1.2;

　　　b——基础底面的最小宽度(m),b小于 2 m 时以 2 m 计,大于 10 m 时以 10 m 计;圆形或正多边形基础为$\sqrt{F}$,F为基础的底面积;

　　　h——基础底面的埋置深度(m),自天然地面起算,有水流冲刷时自一般冲刷线起算;位于挖方内,由开挖后地面算起;h小于 3 m 时取 3 m,h/b大于 4 时以h取$4b$;

γ_1——基底持力层土的天然容重（kN/m³），如持力层在水面以下且为透水时应采用浮容重；

γ_2——基底以上土层的加权平均容重（kN/m³），换算时若持力层在水面以下且为透水者，水中部分应采用浮重；如为不透水者，不论基底以上水中部分土的透水性如何，应采用饱和容重；

k_1，k_2——宽度、深度修正系数，根据基底持力层土的类别按表9-1-2确定。

表 9-1-2　宽度、深度修正系数

土的类别／修正系数	黏性土				粉土	黄土		砂类土								碎石类土			
	Q_4 的冲、洪积土		Q_3 及其以前的冲、洪积土	残积土		新黄土	老黄土	粉砂		细砂		中砂		砾砂粗砂		碎石圆砾角砾		卵石	
	$I_L<0.5$	$I_L\geqslant0.5$						稍中密	密实	稍中密	密实	稍中密	密实	稍中密	密实	稍中密	密实	稍中密	密实
k_1	0	0	0	0	0	0	0	1	1.2	1.5	2	2	3	3	4	3	4	3	4
k_2	2.5	1.5	2.5	1.5	1.5	1.5	1.5	2	2.5	3	4	4	5.5	5	6	5	6	6	10

至于 σ_{min}，若持力层为土质，不允许出现拉应力，即不允许其合力的偏心距超过基底截面核心半径；若持力层为岩层，当合力的偏心距超过基底截面核心半径时，应按应力重分布公式，重新计算基底压应力。

在曲线上的桥梁，除顺桥向（纵向）引起的力矩 M_x 外，尚有离心力（横桥向水平力）在横桥向产生的力矩 M_y；若桥面上活载考虑横向分布的偏心作用时，则偏心竖向力对基底两个方向中心轴均有偏心矩（见图9-1-2），并产生偏心矩 $\sum M_x = \sum N_i e_y$，$\sum M_y = \sum N_i e_x \circ e_x$、$e_y$ 分别为合力对 y 轴和 x 轴的偏心矩，故对于曲线桥，计算基底应力时，应按式（9-1-3）计算：

$$\sigma^{max}_{min} = \frac{\sum N}{A} \pm \frac{\sum M_x}{W_x} + \frac{\sum M_y}{W_y} \leqslant [\sigma] \tag{9-1-3}$$

式中　$\sum M_x$、$\sum M_y$——分别为外力对基底 z 轴和 y 轴之合力矩（kN·m）；

W_x、W_y——分别为基底对 z 轴和 y 轴之截面模量（m³），$W_x = \dfrac{lb^2}{6}$，$W_y = \dfrac{l^2 b}{6}$。

对式（9-1-1）和式（9-1-3）中的 $\sum N$ 值及 $\sum M$（或 $\sum M_x$、$\sum M_y$）值，应按能产生最大竖向力 $\sum M_{max}$ 的最不利荷载组合及与此相对应的 $\sum M$ 值，和能产生最大力矩 $\sum M_{max}$ 的最不利荷载组合及与此相对应的 $\sum N$ 值，分别进行基底应力计算，取其大者控制设计。

2. 软弱下卧层强度检算

除上述持力层基底压应力应满足检算要求外，当基底以下有软弱下卧层（见图9-1-3），还应检算该软弱下卧层处的压应力 σ_h，视其是否超过其容许值 $[\sigma]$。检算式为：

$$\gamma(h + z) + \alpha(\sigma_h - \gamma h) \leq [\sigma] \tag{9-1-4}$$

式中　γ——土的容重（kN/m^3）；

h——基底埋置深度（m），当基础受水流冲刷时，由一般冲刷线算起；当不受水流冲刷时，由天然地面算起；当位于挖方内，由开挖后地面算起；

z——自基底至软弱下卧层顶面的距离（m）；

α——基底下卧土层附加应力分布系数，见《铁路桥涵地基和基础设计规范》（TB 10093—2017）附录 C；

σ_h——基底压应力（kPa），当基底压应力为不均匀分布且 $z/b > 1$（或 $z/d > 1$）时，σ_h 采用基底平均压应力；当 $z/b \leq 1$（或 $z/d \leq 1$）时，根据基底压应力图形采用距离 σ_{max} 为 $b/4 \sim b/3$（或 $d/4 \sim d/3$）处的压应力，b 为矩形基础的短边宽度，d 为圆形基础直径（m）；

$[\sigma]$——软弱下卧层经深度修正后的容许承载力（kPa）。

式(9-1-4)的意义是指软弱下卧层顶面处的自重应力与附加应力（基础中心线处）之和不得大于软弱下卧层顶处的地基承载力$[\sigma]$。在计算附加应力 $\alpha(\sigma_h - \gamma h)$ 时，其中 σ_h 为基底平均压应力，计算办法见式(9-1-4)中 σ_h 的说明。实际上上述 σ_h 处理方法是将基底应力近似视为均布的，以便于附加应力的计算。

当软弱下卧层较厚，压缩性较高，或当上部结构对基础沉降有一定要求时，除承载力应满足要求外，尚应检算包括软弱下卧层的基础沉降量。

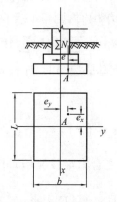

图 9-1-2　偏心荷载作用

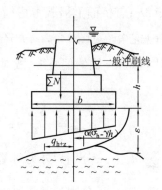

图 9-1-3　软弱下卧层强度检算

9.1.2　基底合力偏心距检算

控制墩、台基础基底合力偏心距的目的是尽可能使基底应力分布比较均匀，以免基底两侧应力相差过大，使基础产生较大的不均匀沉降，导致墩、台发生过大倾斜，影响正常使用。所以在设计时，一般的作法是控制其偏心距 e_0 使其不超过某一数值，使作用于基础底面处的合力尽量接近基底形心。控制桥涵墩台基础合力偏心距的值与荷载情况和地质条件有关。铁路桥涵墩台基础合力偏心距限值如表9-1-3所示。

表 9-1-3　合力偏心距 e_0 的限值

地基及荷载情况			合力偏心距 e_0 限值
仅承受恒载作用	非岩石地基	合力的作用点应接近基础底面的重心	
①主力＋附加力 ②主力＋附加力＋长钢轨伸缩力（或挠曲力）	非岩石地基上的桥台（包括土状的风化岩层）	土的基本承载力 $\sigma_0 > 200$ kPa	1.0ρ
		土的基本承载力 $\sigma_0 \leqslant 200$ kPa	0.8ρ
	岩石地基	硬质岩	1.5ρ
		其他岩石	1.2ρ
主力＋长钢轨伸缩力或挠曲力（桥上无车）	非岩石地基	土的基本承载力 $\sigma_0 > 200$ kPa 的桥台	0.8ρ
		土的基本承载力 $\sigma_0 \leqslant 200$ kPa	0.6ρ
	岩石地基	硬质岩	1.25ρ
		其他岩石	1.0ρ
主力＋特殊荷载（地震力除外）	非岩石地基	土的基本承载力 $\sigma_0 > 200$ kPa 的桥台	1.2ρ
		土的基本承载力 $\sigma_0 \leqslant 200$ kPa	1.0ρ
	岩石地基	硬质岩	2.0ρ
		其他岩石	1.5ρ

表中 e_0 为基底以上外力合力作用点对基底截面形心轴的偏心距，按式（9-1-5）计算：

$$e_0 = \frac{M}{N} \tag{9-1-5}$$

墩台基础底面截面核心半径按式（9-1-6）计算：

$$\rho = \frac{W}{A} \tag{9-1-6}$$

式中　W——相应于应力较小基底边缘截面模量（m^3）；

　　　A——基底截面积；

　　M、N——作用于基底的竖向力和所有外力（竖向力、水平力）对基底截面重心的弯矩。

当外力合力作用点不在基底两个对称轴中任一对称轴上，或当基底截面为不对称时，可直接按式（9-1-7）求 e_0 和 ρ 的比值，使其满足规定的要求：

因此

$$\sigma_{\min} = \frac{\sum N}{\sum A} - \frac{\sum M}{\sum W} = \frac{\sum N}{A} - \frac{\sum N}{A} \cdot \frac{e}{\rho} = \frac{\sum N}{A}\left(1 - \frac{e}{\rho}\right)$$

所以

$$\frac{e_0}{\rho} = 1 - \frac{\sigma_{\min}}{\dfrac{\sum N}{A}} \tag{9-1-7}$$

式中符号意义同前，但要注意 N 和 $\rho_{\min}$ 应在同一种荷载组合情况下求得。

在检算基底偏心距时，应采用与检算基底应力相同的最不利荷载组合。

9.1.3　基础稳定性和地基稳定性验算

在基础设计计算时，必须保证基础本身具有足够的稳定性。基础稳定性验算包括基础倾覆稳定性验算和基础滑动稳定性验算。此外，对某些土质条件下的桥台、挡土墙还要验算地基的稳定性，以防桥台、挡土墙下地基的滑动。

1. 基础稳定性验算

（1）基础倾覆稳定性验算

为了保证墩台在最不利荷载组合作用下，不致绕基底外缘转动而发生倾覆，从图 9-1-4

中可以看出,合力 R 可以简化为作用在基底截面重心处的 3 个力,即 $\sum M$、$\sum N$、$\sum H$,其中 $\sum N$ 使基础有可能会绕 $A - A$ 边产生一个反力矩 $\sum N \cdot y$,它起到阻止基础绕 $A - A$ 边缘转动的作用,故称稳定力矩。倾覆稳定性验算通常用抗倾覆稳定性系数 K_0 表示,即

$$K_0 = \frac{稳定力矩}{倾覆力矩} = \frac{s \sum P_i}{\sum P_i e_i + \sum T_i h_i} = \frac{y \sum N}{\sum M} = \frac{s \sum N}{e_0 \sum N} = \frac{s}{e} \tag{9-1-8}$$

式中　K_0——基础的倾覆稳定性系数;

P_i——各竖直分力(kN);

e_i——各竖直分力 P_i 对基底截面重心的力臂(m);

T_i——各水平分力(kN);

h_i——各水平分力 T_i,对基底截面的力臂(m);

s——在沿截面重心与合力作用点的连线上,自截面重心至检算倾覆轴的距离(m);

e——所有外力合力 R 的作用点至基底截面重心的距离(m)。

如外力合力不作用在形心轴上[图 9-1-4(c)]或基底截面有一个方向为不对称,而合力又不作用在形心轴上[图 9-1-4(d)],基底压力最大一边的边缘应是外包线,图 9-1-4(c)和图 9-1-4(d)中的 $A - A$ 线,s 值应是通过形心与合力作用点的连线并延长与外包线相交点至形心的距离。

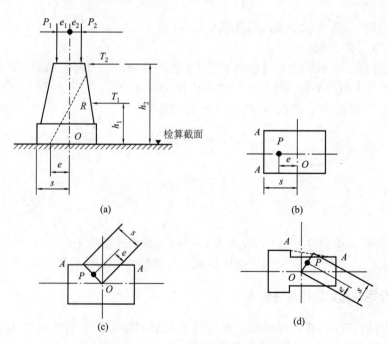

图 9-1-4　墩台倾覆稳定计算图

O—截面重心;P—合力作用点;$A - A$—检算倾覆轴

注:1. 对于凹形多边基础,其倾覆轴应取基底面的外包线。

　　2. 力矩 $P_i e_i$ 和 $T_i h_i$ 应根据其绕检算截面重心的方向区别正负。

（2）基础滑动稳定性验算

基础在水平推力作用下沿基础底面滑动的可能性即基础抗滑动安全度的大小，可用基底与土之间的摩擦阻力和水平推力的比值 K_c 来表示，K_c 称为抗滑动稳定系数。

$$K_c = \frac{f \sum P_i}{\sum T_i} \tag{9-1-9}$$

式中　K_c——基础滑动稳定系数；

　　　f——基础底面（圬工材料）与地基土之间的摩擦系数，在无实测资料时，可参照表9-1-4采用；

　　　P_i，T_i——符号意义同前。

表9-1-4　基底摩擦系数 f

地基土分类	黏性土		粉土、坚硬的硬黏性土	砂类土	碎石类土	岩石	
	软塑	硬塑				软质	硬质
f	0.25	0.3	0.3 ~ 0.4	0.4	0.5	0.4 ~ 0.6	0.6 ~ 0.7

验算桥台基础的滑动稳定性时，如台前填土保证不受冲刷，可同时考虑计入与台后土压力方向相反的台前土压力。其数值可按主动或静止土压力进行计算。

修建在非岩石地基上的拱桥桥台基础，在拱的水平推力和力矩作用下，基础可能向路堤方向滑移或转动，此项水平位移和转动还与台后土抗力的大小有关。

我国《铁桥桥涵地基和基础设计规范》（TB 10093—2017）规定：铁路桥梁墩台基础的抗倾覆稳定系数不应小于1.5，施工荷载作用下，不应小于1.2。墩台基础的抗滑动稳定系数不应小于1.3，施工荷载作用下不应小于1.2。

2. 地基稳定性验算

当墩台建筑在较陡土质斜坡上，或桥台建于软土上且台后填土较高时，应注意该类基础是否连同地基土一起下滑。要防止下滑，就必须加深基础的埋置深度，以提高墩台基础下地基的稳定性，如图9-1-5(a)所示。

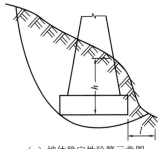
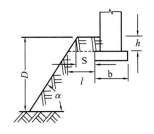

（a）坡体稳定性验算示意图　　　　　（b）基础外缘至坡面的尺寸要求

图9-1-5　地基稳定性验算

位于稳定土坡坡顶上的建筑，当基础边长 b（垂直于边坡）小于3 m时，基础外缘至坡顶的水平距离 S 不得小于2.5 m，且基础外缘至坡面的水平距离 l，对于条形基础，不得小于

$3.5b$；对于矩形基础，不得小于$2.5b$，如图9-1-4（b）所示。当不满足上述要求，或当边坡坡角 α 大于45°，坡高 D 大于 8 m 时，则尚应检算坡体稳定性。

坡体（即地基）稳定性可按土坡稳定分析方法，即用圆弧滑动面进行验算。验算时一般假定滑动面通过填土一侧基础边缘［见图9-1-5（a）］。稳定安全系数 K，系指最危险的滑动面上诸力（包括上部结构自重和活载等）对滑动中心所产生的抗滑力矩与滑动力矩之比，其计算式为：

$$K = \frac{抗滑力矩}{滑动力矩} \tag{9-1-10}$$

求出的稳定安全系数府满足规定的要求。

9.1.4 基础沉降检算

修建在非岩石地基上的桥涵基础，在外力作用下都会因地基的变形而发生一定程度的沉降，如果沉降较大，会引起桥面或路面的不平顺而给运营带来困难，故要限制桥涵基础的沉降量。具体限制如表 9-1-5 和 9-1-6 所示。

表 9-1-5　有砟轨道静定结构墩台基础工后沉降限值

设计速度	沉降类型	限制（mm）
250 km/h 及以上	墩台均匀沉降	30
	相邻墩台沉降差	15
200 km/h	墩台均匀沉降	50
	相邻墩台沉降差	20
160 km/h 及以下	墩台均匀沉降	80
	相邻墩台沉降差	40

表 9-1-6　无砟轨道静定结构墩台基础工后沉降限值

设计速度	沉降类型	限制（mm）
250 km/h 及以上	墩台均匀沉降	20
	相邻墩台沉降差	5
160 km/h 及以下	墩台均匀沉降	20
	相邻墩台沉降差	10

涵洞工后沉降限值与相邻路基工后沉降限值一致。

对于超静定结构，其相邻墩台的沉降差会在上部结构中产生很大次应力，因此相邻墩台均匀沉降量之差容许值，应根据沉降对结构产生的附加应力的影响而定。

沉降量的计算可采用分层总和法。

由于铁路、公路等活载作用时间短暂，活载作用下的沉降变形是瞬时的、弹性的，一般可恢复，对沉降影响不大，而基础上的结构重力和土体重量对沉降的影响是主要的，因此，在考虑墩台基础的沉降时，应按恒载计算。

墩台基础的容许沉降量要按总沉降量减去施工期间沉降量,是因为考虑在施工期间所发生的那部分沉降可借灌筑顶帽混凝土进行调整,只有竣工后继续发生的沉降(工程上常称为工后沉降),才对上部线路状况和运营条件有影响,故应以此为准。

在特殊情况下,如地基土很差,而墩身较高,此时尚需检算墩台顶的水平位移 Δ,即

$$\Delta = \frac{\Delta S}{b}h + \Delta_0 \leqslant [\Delta] \tag{9-1-11}$$

式中　$\Delta S/b$——基底的倾斜度,它等于基底在倾斜方向两端点的沉降差与其距离(即边长)b 的比值;

　　　　b——基底到墩顶的高度(m);

　　　　Δ_0——在外力作用下墩台本身弹性变形所引起墩顶的水平位移(mm);

　　　　$[\Delta]$——墩台顶的容许弹性水平位移(mm),纵向(即顺桥方向)或横向为 $5\sqrt{L}$,式中 L 为桥梁跨度,即支点间的跨长,以 m 计,当 $L < 24$ m 时,仍以 24 m 计算,当为不等跨时采用相邻跨之小跨的跨度。

模块2　桩基础设计

📖 模块描述

桩基础的主要作用是承受上部竖向荷载,通过桩将荷载由软弱土层传递至深部较坚硬土层或岩层中。本模块讲述了桩顶荷载的分布及桩基的破坏机理等。根据《铁路桥涵地基和基础设计规范》(TB 10093—2017),采用原位试验和经验公式学习介绍了各类桩基的单桩承载力确定方法。通过对本模块的学习,学生应理解桩基的破坏机理、桩顶荷载的分布及单桩承载力的确定,具备初步设计桩基础的能力。为今后的学习和工作奠定扎实的理论基础。

🏫 教学目标

1. 理解桩基础受力机理。

2. 掌握桩顶作用效应。

3. 掌握静载试验确定单桩轴向承载力计算。

4. 掌握岩土阻力确定单桩轴向承载力计算(经验公式)。

5. 掌握按桩身强度桩的轴向容许承载力计算。

桩基础具有承载能力高、稳定性好、沉降变形小、抗震能力强,以及能适应各种复杂地质条件的显著优点,是铁路桥梁最常用的基础形式之一。

在受到上部结构传来的荷载作用时,桩基础通过承台将其分配给各桩,再由桩传递给周围的岩土层。由于桩基础的埋置深度更大,与岩土层的接触界面相互作用更为复杂,所以桩基础设计计算远远比浅基础料烦琐和困难。

桩基础类型应根据地质、水文等条件按下列原则选定:

①打入柱可用于稍松至中密的砂类土、粉土和流塑、软塑的黏性土,振动下沉桩可用于砂类土、粉土、黏性土和碎石类土,桩尖爆扩桩可用于硬塑黏性土以及中密、密实的砂类土和粉土。

②钻孔灌注桩可用于各类土层、岩层。

③挖孔灌注桩可用于无地下水或地下水量不多的土层。

④管柱基础可用于深水、有覆盖层或无覆盖层、岩面起伏等桥址条件,可支承于较密实的土或新鲜岩层内。

柱基础可设计为单根柱或多根桩形式。

桩基础承台底面高程应根据受力情况以及地质、水流、施工等条件综合考虑后确定,并应符合下列规定:

①冻胀土地区,当承台底设置在土中时,承台底面高程应位于冻结线以下不少于0.25 m。当承台底设置在不冻胀土层中时,承台埋深可不受冻深的限制。

②有流冰的河流,承台底面高程应在最低冰层底面(冻结线)以下不少于0.25 m。

③在通航和筏运河流中,承台底面高程应考虑防洪、通航、结构受力和施工条件综合确定。

同一桩基不应同时采用摩擦桩和柱桩,不宜采用不同直径、不同材料、桩端高程相差过大的摩擦桩。

对于地质复杂的重要桥梁,摩擦桩的容许承载力应通过试桩确定。

9.2.1 桩基础受力机理

桩的承载力是单桩承受荷载的能力,通常用桩在某种特定状态下的桩顶荷载来度量。确定单桩承载力是桩基设计的基本内容之一。

根据受力状态,桩的承载力包括轴向(受压或受拉)承载力、横向(受弯或受剪)承载力和受扭承载力三种类型。对于桥梁桩基础,桩的轴向受压承载力是最主要的,其次是受弯承载力,受剪和受扭承载力通常不起控制作用,而受拉承载力只在特定情况下才需要考虑(例如发生地震或撞击)。

在轴向荷载作用下,无论受压或受拉,桩丧失承载力一般表现为两种形式:一是桩周土破坏;二是桩自身的强度不足而破坏。所以,桩的轴向承载力应分别根据桩侧岩土的阻力和桩身强度确定,并采用其中较小者。一般来讲,轴向受压时摩擦桩的承载力决定于桩周土的阻力,其材料强度往往不能充分发挥,只是对于超长桩、柱桩以及有质量缺陷的桩,桩身的材料强度才起控制作用。轴向受拉桩的承载力也往往由土的阻力决定,但对于长期或经常受拉力的桩,还需限制桩身的裂缝宽度甚至不允许出现裂缝。在这种情况下,除需控制桩身强度外,还应进行抗裂计算。

按岩土阻力确定单桩承载力是以下讨论的重点,其方法较多,概括起来可分为:①由原位试验确定;②用经验公式计算;③用理论公式计算。下面将根据铁路桥梁下程实际应用的情况介绍其中部分方法。对桩身强度及抗裂计算,本课程只介绍一般原则,详细算法见《结构设计原理》或有关设计手册。

1. 轴向受压桩的破坏模式

单桩在轴向荷载作用下,其破坏模式主要取决于桩周土的抗剪强度、桩端支承情况、桩的尺寸以及桩的类型等条件。图9-2-1给出了轴向受压桩的基本破坏模式简图。

(1)压曲破坏

当桩端支承在坚硬的土层或岩层上,桩周土层极为软弱,对桩身无约束或约束很小,在轴向荷载作用下,桩如细长压杆一样容易出现纵向挠曲破坏。相应的荷载–沉降($P-s$)关系曲线为陡降型,具有明确的破坏荷载[见图9-2-1(a)]。桩的承载力取决于桩身的材料强度。如穿越深厚淤泥质土层中的小直径柱桩或嵌岩桩,细长的木桩等多属此种破坏。

(2)整体剪切破坏

当具有足够强度的桩穿过抗剪强度较低的土层,达到强度较高的土层,且桩的长度不大时,桩在轴向荷载作用下,由于下部土层不能阻止下部滑动土楔的形成,桩端土体形成滑动面而出现整体剪切破坏,$P-s$曲线也为陡降型,具有明确的破坏荷载[见图9-2-1(b)]。桩的承载力主要取决于桩端土的支承能力。一般打入式短桩、钻扩短桩等属此种破坏。

(3)刺入破坏

当桩的入土深度较大或桩周土层的抗剪强度较均匀时,桩在轴向荷载作用下将出现刺入破坏,如图9-2-1(c)所示。此时桩顶荷载主要由桩侧摩阻力承受,桩端阻力极小,桩的沉降量较大。一般当桩周土较软弱时,$P-s$曲线为渐进破坏的缓变形,无明显拐点,极限荷载难以判断,桩的承载力主要由上部结构所能容许的极限沉降确定;但当桩周土的抗剪强度较高时,$P-s$曲线可能为陡降型,有明显拐点,桩的承载力主要取决于桩周土的强度。一般情况下的钻孔灌注桩多属此种情况。

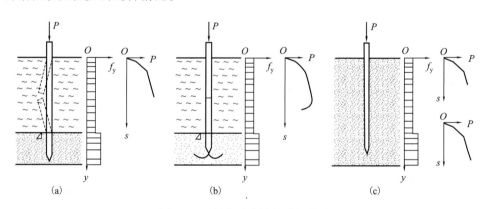

图9-2-1 轴向受力桩的破坏模式

2. 轴向受压桩的荷载传递

当桩顶作用竖向压力时,桩身材料会产生弹性压缩变形,桩和桩侧土之间产生相对位移,因而桩侧土对桩身产生向上的摩阻力。如果桩侧摩阻力不足以抵抗竖向荷载,一部分竖向荷载会传递到桩端,桩端持力层随之产生压缩变形和桩端阻力。通过桩侧摩阻力和桩端阻力,桩将荷载传递给桩周土体。

设桩顶竖向荷载为 P，桩侧总摩阻力为 N_s，桩端总阻力为 N_b，取桩为脱离体，由静力平衡条件，得到关系式：

$$P = N_s + N_b \tag{9-2-1}$$

当桩顶荷载加大到极限值时，式(9-2-1)可改写为

$$P_u = N_{su} + N_{bu} \tag{9-2-2}$$

式中　P_u——单柱竖向极限荷载；

　　　N_{su}——单桩总极限侧阻力；

　　　N_{bu}——单桩总极限端阻力。

174　9.2.2　桩顶作用效应

1. 竖向力

轴心竖向力作用：

$$N = \frac{F + G}{n} \tag{9-2-3}$$

偏心竖向力作用：

$$N_i = \frac{F + G}{n} \pm \frac{M_x y_i}{\sum y_j^2} \pm \frac{M_y x_i}{\sum x_j^2} \tag{9-2-4}$$

2. 水平力

$$H_i = \frac{H}{n} \tag{9-2-5}$$

式中　N、N_i——分别为轴心荷载作用下或偏心荷载作用下，单桩承受的作用力(kN)；

　　　F——作用于承台顶面处的竖向力(kN)；

　　　G——桩基承台和承台上土的自重(kN)；

　　　n——桩基础的桩数；

　　M_x、M_y——作于承台底面，绕通过群桩形心的 x、y 主轴的力矩(kN·m)；

x_i、y_i、x_j、y_j——第 i、j 基桩至 x、y 轴的距离(m)；

　　　H_i——荷载作用下，单桩承受的水平力(kN)；

　　　H——荷载作用下，承台底承受的总水平力(kN)。

3. 桩的轴向承载力检算

一般情况，桩的承载力既受控于桩身的材料强度，更决定于桩周岩土层的阻力。因而，除了需要按要求检算桩身的材料强度外，《铁桥桥涵地基和基础设计规范》(TP 10093—2017)还对桩的轴向承载力检算做出了下述规定：

摩擦桩桩顶承受的轴向压力加上桩身自重与桩身入土部分所占同体积土重之差，不得大于按土阻力计算的单桩受压容许承载力；柱桩桩顶承受的轴向压力加桩身自重不得大于按岩石强度计算的单桩受压容许承载力；受拉桩桩顶承受的拉力减去桩身自重不得大于按土阻力计算的单桩受拉容许承载力；仅在主力作用时，桩不得承受轴向拉力。

（1）承受压力的桩基

摩擦桩时：

$$N - G_k \leq \mu[P] \tag{9-2-6}$$

柱桩时：

$$N \leq \mu[P] \tag{9-2-7}$$

（2）承受拉力的桩基

$$N_{拉力} - G_k \leq N_{su} \tag{9-2-8}$$

式中 N、$N_{拉力}$——分别为荷载作用下，单桩承受的压力或拉力（kN）；

G_k——桩身入土部分所占同体积土重（kN）；

N_{su}——单桩总极限侧阻力；

μ——当主力加附加力作用时，按本节求得的桩的轴向受压容许承载力可提高20%；主力加特殊荷载（地震力除外）时，柱桩按本节求得的桩的轴向受压容许承载力可提高40%，摩擦桩可提高20%~40%；

$[P]$——由9.2.4节确定的单桩容许承载力（kN）。

桩基础还应按实体基础检算其整体承载力，当桩基础底面以下有软弱土层时，尚应检算该土层的压应力。

位于湿陷性黄土和软土地基中的桩基础，当地基可能出现湿陷或固结下沉时应考虑桩侧土的负摩阻力作用。

9.2.3　静载试验确定单桩轴向承载力

静载试验是确定单桩承载力最为直观和可靠的方法，因为该法除了能考虑场地地基土的实际支承能力外，也计入了桩身材料强度对于承载力的影响。因此静载试验的结果常作为评价其他方法可靠性的依据，后面要介绍的经验公式中的承载力计算参数也主要是根据静载试验资料得出的。

《铁路桥涵地基和基础设计规范》（TB 10093—2017）规定，对重要桥梁或地质复杂的桥梁，摩擦桩的容许承载力应通过试桩确定。因为规范没有规定试桩的数量，在实际工程中，如遇到复杂地层并对单桩的承载力确定没有把握时，设计者应提出试桩的数量和位置，并计列相应的概算费用。在《建筑基桩检测技术规范》（JGJ 106—2014）中，规定对于设计等级为甲级、乙级的桩基，或地质条件复杂、施工质量可靠性低的桩基，或本地区采用的新桩型、新工艺的桩基，施工前应采用静载试验确定桩的承载力，在同一条件下的试桩数量，不宜少于总桩数的1%，并不应少于3根，工程桩总数在50根以内时不应少于2根。上述规定可供铁路工程参考。

1. 静载试验装置及方法

试验设备包含加载系统、反力系统和量测系统。加载系统一般采用油压千斤顶和油泵。反力系统的基本形式有三种，其一是堆载平台式；其二是锚桩反力梁方式；其三是利用既有结构物提供反力的方式。量测系统包括位移量测系统、荷载量测系统和桩身应力量测系统。

由于试验桩通常为竖向设置，且作用力也通常沿竖直方向，故单桩轴向静载试验也常称

项目
9
铁路桥梁基础

为单桩竖向静载试验。

位移量测系统一般采用在基准桩上架设基准梁的方式;荷载的量测可采用在千斤顶上设置力传感器的方法,也可利用油泵上的油压表间接测量;桩身应力量测系统仅在需要时设置,关于此方面的详细内容请参考相关文献。

常用的锚桩反力梁加载系统和堆载平台系统的布置分别如图 9-2-2 和图 9-2-3 所示。

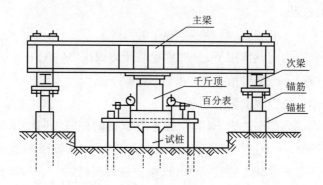

图 9-2-2　锚桩反力梁加载系统

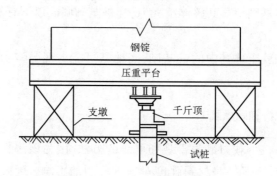

图 9-2-3　堆载平台加载装置

试桩与锚桩(或与压重平台的支墩、地锚等)之间、试桩与支承基准梁的基准桩之间以及锚桩与基准桩之间,都应有一定的间距(见图 9-2-4),以减少彼此的相互影响,保证量测精度。表 9-2-1 和表 9-2-2 分别列出了建筑部门和公路部门的相关要求,可供实际工作参考。

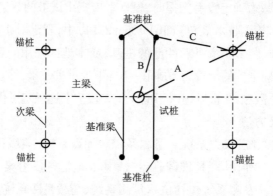

图 9-2-4　试桩、锚桩和基准桩的平面布置

试验加载方式通常有慢速维持荷载法、快速维持荷载法、等贯入速率法、等时间间隔加载法以及循环加载法等。工程中最常用的是慢速维持荷载法,即逐级加载,每级荷载值为预估极限荷载的 $1/15 \sim 1/10$;当一级荷载下桩的沉降速率小于规定值时便认为沉降已稳定,然后施加下一级荷载;重复上述过程直到试桩破坏或达到预定的最大加载量,再分级卸载到零。

表 9-2-1　试桩、锚桩和基准桩之间的距离要求

反力装置	距离　A(或压重平台支墩边)	B	C(或压重平台支墩边)
锚桩横梁	$\geqslant 4(3)D$,且 >2.0 m	$\geqslant 4(3)D$,且 >2.0 m	$\geqslant 4(3)D$,且 >2.0 m
压重平台	$\geqslant 4D$,且 >2.0 m	$\geqslant 4(3)D$,且 >2.0 m	$\geqslant 4D$,且 >2.0 m
地锚装置	$\geqslant 4D$,且 >2.0 m	$\geqslant 4(3)D$,且 >2.0 m	$\geqslant 4D$,且 >2.0 m

注:1. D 为试桩、锚桩或地锚的设计直径或边宽,取其较大者。

2. 如试桩或锚桩为扩底桩或多支盘桩时,A 不应小于 2 倍扩大端直径。

3. 括号内数值可用于工程桩验收检测时多排桩设计中心距离小于 $4D$ 的情况。

4. 软土场地堆载重量较大时,宜增大支墩边与基准桩中心和试桩中心之间的距离,并在实验过程中观测基准桩的竖向位移。

表 9-2-2　试桩、锚桩和基准桩之间的距离要求

反力体系	A(或压重平台支墩边)	B	C(或压重平台支墩边)
锚桩横梁反力装置	$\geqslant 5d$	$\geqslant 4d$	$\geqslant 4d$
压重平台反力装置	$\geqslant 5d$	$\geqslant 2.0$ m	$\geqslant 2.0$ m

注:表中为试桩的直径或边长 $d \leqslant 800$ mm 的情况;若试桩直径 $d > 800$ mm 时,间距 A(或试桩中心至压重平台支承边的距离)不得小于 4 m,基准桩中心至试桩中心(或压重平台支承边)的距离不宜小于 4 m。

应该指出的是,关于位移测读时间、稳定标准及终止加载的准则等尚不统一,试验时可根据桩周土层的性质和有关的行业或地方标准确定。

2. 确定单桩承载力

一般认为,当桩进入破坏状态时桩顶会发生剧烈或不停滞的沉降,相应的桩顶荷载称为极限荷载(相当于桩的极限承载力)P_u 由桩的静载试验结果绘出 $P-s$ 曲线(荷载与桩顶沉降的关系曲线),如图 9-2-5 所示,再根据 $P-s$ 曲线的特性,按下述方法确定单桩竖向极限承载力。

如果桩的 $P-s$ 曲线出现陡降,即沉降随荷载的增加而急剧增大,如图 9-2-5 中曲线 1 所示,一般可取陡降段起点对应的荷载作为试桩的极限承载力 P_u。

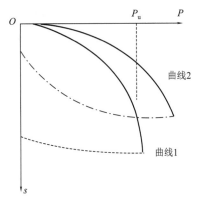

图 9-2-5　试桩的 $P-s$ 曲线

$P-s$ 曲线也往往如图 9-2-5 中曲线 2 所示,在加载过程中,沉降随荷载增大而缓慢增长。此时需借助于经验准则确定桩的轴向承载力。例如《建筑基桩检测技术规范》

（JGJ 106—2014）规定，在上述情况下，一般可取 $s = 40$ mm 对应的荷载值为 P_u，对于大直径桩可取 $s = 0.05D$（D 为桩端直径）所对应的荷载值，当桩长大于 40 m 时，宜考虑桩身的弹性压缩量。上述规定可供实际工作参考。

对于桥梁桩基础，一般取安全系数为 2，则单桩轴向受压容许承载力为 $[P] = P_u/2$。

试桩施工完成后应停歇一段时间才能开始加载试验。停歇时间的长短与桩的类型及桩周土性有关。一般地，对于打入桩，当桩周为砂土时，不宜少于 7 d；若桩周为黏性土或粉土，应视土的强度恢复情况而定，一般应不少于 15 d；当为饱和软黏土时，一般不得少于 25 d。对钻挖孔灌注桩，应在桩身混凝土达到设计强度后才能加载试验。

9.2.4 岩土阻力确定单桩轴向承载力（经验公式）

我国铁路和公路的桥梁桩基设计均采用定值设计法，所用单桩轴向受压容许承载力 $[P]$ 的经验公式，是以式（9-2-2）为基本模式建立的，即先确定桩的极限侧阻 N_{su} 和极限端阻 N_{bu}，在考虑安全系数 K 后得到桩的容许承载力。计算 N_{su} 和 N_{bu} 所用的摩阻力、端阻力等参数，是以桩的静载试验资料为主要依据，经过统计分析和大量检算后制定的。

根据《铁路桥涵地基和基础设计规范》（TB 10093—2017）的规定，按岩土阻力确定桩的容许承载力时，可按本小节的下述方法计算，并宜通过试桩验证，打入桩可在施工时以冲击试验验证。

1. 摩擦桩的轴向受压容许承载力

（1）打入、振动下沉桩和桩尖爆扩摩擦桩的轴向容许承载力：

$$[P] = \frac{1}{2}\left(U \sum a_i f_i l_i + \lambda A R a\right) \tag{9-2-9}$$

式中　$[P]$——桩的轴向受压容许承载力；

　　　U——桩身横截面周长；

　　　l_i——桩侧或爆扩桩桩端爆扩体顶面以上土层厚度；

　　　A——桩端支承面积；

　a_i、a——振动沉桩对桩周各层土摩擦力和桩端阻力的影响系数，由表 9-2-3 查用，对打入桩 a_i 和 a 均为 1.0；

　　　λ——与桩端爆扩桩爆扩体直径 D_p 和桩身直径 d 的比值有关的系数，由表 9-2-4 查用；

　f_i、R——桩侧各土层的极限摩阻力和桩端土的极限承载力，可根据土的类别和状态分别有表 9-2-5 和表 9-2-6 查用。

表 9-2-3　振动下沉桩的系数 a_i、a

桩径或变宽 d	砂类土	粉土	粉质黏土	黏土
$d \leqslant 0.8$ m	1.1	0.9	0.7	0.6
0.8 m $< d \leqslant 2.0$ m	1.0	0.9	0.7	0.6
$d > 2.0$ m	0.9	0.7	0.6	0.5

表 9-2-4　桩端爆扩桩的系数 λ

桩端爆扩体处土的种类 D_P/d	砂类土	粉土	粉质黏土 $I_L=0.5$	黏土 $I_L=0.5$
1.0	1.0	1.0	1.0	1.0
1.5	0.95	0.85	0.75	0.70
2.0	0.90	0.80	0.65	0.50
2.5	0.85	0.75	0.50	0.40
3.0	0.80	0.60	0.40	0.30

注:d 为桩的直径,D_P 为爆扩桩的爆扩体直径。

表 9-2-5　桩周土的极限摩阻力 f_i(kPa)

土的种类	土性状态	极限摩阻力 f_i	土的种类	土性状态	极限摩阻力 f_i
黏性土	$1.0 \leqslant I_L < 1.5$	15 ~ 30	粉、细砂	松散	20 ~ 35
	$0.75 \leqslant I_L < 1.0$	30 ~ 45		稍、中密	35 ~ 65
	$0.5 \leqslant I_L < 0.75$	45 ~ 60		密实	65 ~ 80
	$0.25 \leqslant I_L < 0.5$	60 ~ 75	中砂	稍、中密	55 ~ 75
	$0 \leqslant I_L < 0.25$	75 ~ 85		密实	75 ~ 90
	$I_L < 0$	85 ~ 95	粗砂	稍、中密	70 ~ 90
粉土	稍密	20 ~ 35		密实	90 ~ 105
	中密	35 ~ 65			
	密实	65 ~ 80			

表 9-2-6　桩尖土的极限承载力 R(kPa)

土类	状态	桩端土的极限承载力		
黏性土	$1 \leqslant I_L$	1 000		
	$0.65 \leqslant I_L < 1$	1 600		
	$0.35 \leqslant I_L < 0.65$	2 200		
	$I_L < 0.35$	3 000		
		桩尖进入持力层的相对深度		
		$\dfrac{h'}{d} < 1$	$1 \leqslant \dfrac{h'}{d} < 4$	$4 \leqslant \dfrac{h'}{d}$
粉土	中密	1 700	2 000	2 300
	密实	2 500	3 000	3 500
粉砂	中密	2 500	3 000	3 500
	密实	5 000	6 000	7 000
细砂	中密	3 000	3 500	4 000
	密实	5 500	6 500	7 500

		桩端进入持力层的相对深度		
		$\dfrac{h'}{d}<1$	$1\leqslant\dfrac{h'}{d}<4$	$4\leqslant\dfrac{h'}{d}$
中、粗砂	中密	3 500	4 000	4 500
	密实	6 000	7 000	8 000
圆砾石	中密	4 000	4 500	5 000
	密实	7 000	8 000	9 000

注:h'为桩尖持力层的深度(不包括桩靴),d为桩的直径或边长。

当根据静力触探试验确定桩周土的极限摩阻力和桩尖土的极限承载力时,按下列公式计算f_i、R:

$$f_i = \beta_i \bar{f}_{si} \qquad R = \bar{\beta}\bar{q}_c \qquad (9\text{-}2\text{-}10)$$

式中　$\bar{f}_{si}$——第i层土经静触探测得的平均侧阻力,当小于 5 kPa 时,取$\bar{f}_{si}=5$ kPa;

$\bar{q}_c$——桩尖(不包括桩靴)高程以上和以下各$4d$(d为桩的直径或边长)范围内静力触探平均端阻力$\bar{q}_{c1}$和$\bar{q}_{c2}$(均以 kPa 计)的平均值,但当$\bar{q}_{c1}>\bar{q}_{c2}$时,则取$\bar{q}_c=\bar{q}_{c2}$;

β_i、$\bar{\beta}$——桩侧摩阻和桩端阻的综合修正系数,当桩侧第i层土的$\bar{q}_{ci}<2\,000$ kPa,且$\bar{f}_{si}/\bar{q}_{ci}\leqslant0.014$ 时,$\beta_i=5.067(\bar{f}_{si}^{-0.45})$,当不满足上述$\bar{q}_{ci}$和$\bar{f}_{si}/\bar{q}_{ci}$的条件时,$\beta_i=10.045$ $(\bar{f}_{si})^{-0.55}$,当桩底土的$\bar{q}_{c2}>2\,000$ kPa,且$\bar{f}_{s2}/\bar{q}_{c2}\leqslant0.014$ 时,$\bar{\beta}=3.975(\bar{q}_c)^{-0.25}$,当不满足上述$\bar{q}_{c2}$和$\bar{f}_{s2}/\bar{q}_{c2}$的条件时,$\bar{\beta}=12.064(\bar{q}_c)^{-0.35}$。

(2)钻(挖)孔灌注桩的轴向容许承载力。

该类桩的单轴抗压容许承载力均按式(9-2-11)计算:

$$[P]=\frac{1}{2}U\sum f_i l_i + m_0 A[\sigma] \qquad (9\text{-}2\text{-}11)$$

式中　m_0——钻(挖)孔灌注桩桩端土层的承载力折减系数,钻孔灌注桩可按表9-2-7采用,人工挖孔桩可根据具体情况决定,一般可取$m_0=1$;

$[\sigma]$——桩端地基土容许承载力(kPa):当$h\leqslant4d$ 时,$[\sigma]=\sigma_0+k_2\gamma_2(h-3)$;当$4d<h\leqslant10d$ 时,$[\sigma]=\sigma_0+k_2\gamma_2(4d-3)+k_2'(h-4d)$;当$h>10d$ 时,$[\sigma]=\sigma_0+k_2\gamma_2(4d-3)+6\,k_2'\gamma_2 d$;其后$\sigma_0$、$\gamma_2$ 和h 的意义与式(9-1-2)中同。k_2、k_2'为深度修正系数,可按有关规定采用,对黏性土、粉土和黄土$k_2'=1.0$,其余情况$k_2'=k_2/2$。

其余符号的意义与公式(9-2-9)相同,其中f_i 由表9-2-8查用;A 按设计桩径(即钻头直径)计算;U 按成孔桩径计算。一般情况下钻孔桩的成孔桩孔径钻头类型分别比设计桩径增大下列数值:旋转钻为 30 ~ 50 mm;冲击钻为 50 ~ 100 mm;冲抓钻为 100 ~ 150 mm。

表 9-2-7　钻(挖)孔灌注桩桩底的承载力折减系数 m_0

土质及清底情况	m_0		
	$5d < h \leqslant 10d$	$10d < h \leqslant 25d$	$25d < h \leqslant 50d$
地质较好,不易坍塌,清底良好	0.9 ~ 0.7	0.7 ~ 0.5	0.5 ~ 0.4
地质较差,易坍塌,清底稍差	0.7 ~ 0.5	0.5 ~ 0.4	0.4 ~ 0.3
地质差,难以清底	0.5 ~ 0.4	0.4 ~ 0.3	0.3 ~ 0.1

注:h 为地面线或局部冲刷以下桩长,d 为桩的直径,均以 m 计。

表 9-2-8　钻(挖)孔灌注桩桩周极限摩阻力 f_i(kPa)

土的种类	土性状态	极限摩阻力
软土		12 ~ 22
黏性土	流塑	20 ~ 35
	软塑	35 ~ 55
	硬塑	55 ~ 75
粉土	中密	30 ~ 55
	密实	55 ~ 70
粉土、细砂	中密	30 ~ 55
	密实	55 ~ 70
中砂	中密	45 ~ 70
	密实	70 ~ 90
粗砂、砾砂	中密	70 ~ 90
	密实	90 ~ 150
圆砾土、角砂土	中密	90 ~ 150
	密实	150 ~ 220
碎石土、卵石土	中密	150 ~ 220
	密实	220 ~ 420

注:漂石土、块石土的极限摩阻力可采用 400 ~ 600 kPa。

2. 桩柱的轴向力受压容许承载力

桩柱是指桩端支承在坚硬的岩石上或岩层内,桩侧土层较为软弱,以至于在计算桩的轴向承载力时可以忽略桩侧阻力的桩,其含义与端承桩相当。《铁路桥涵地基和基础设计规范》(TB 10093—2017)规定,柱桩的轴向受压容许承载力按下述方法计算。

(1)支承于岩石层上的打入桩、振动下沉桩(包括管桩)的容许轴向承载力:

$$[P] = CRA \tag{9-2-12}$$

式中　$[P]$——桩的容许承载力(kN);

　　　R——岩石单轴抗压强度(kPa);

　　　C——系数,均质无裂缝的岩石层采用 $C = 0.45$,有严重裂缝的、风化的或易软化的岩石层采用 $C = 0.3$;

　　　A——桩底面积。

（2）支撑于岩层上与嵌入岩层内的钻（挖）孔灌注桩及管桩等柱桩的轴后受压容许承载力：

$$[P] = R(C_1 A + C_2 Uh) \tag{9-2-13}$$

式中　U——嵌入岩层内的桩基灌柱的钻孔周长（m）；

　　　h——自新鲜岩石面（平均高程）算起的嵌入深度（m）；

　C_1、C_2——系数，根据岩石层破碎程度和清底情况决定，按表 9-2-9 采用。

　　其余符合意义同前。

表 9-2-9　系数 C_1、C_2

岩石层及清底情况	C_1	C_2
良好	0.5	0.04
一般	0.4	0.03
较差	0.3	0.02

注：当 $h \leqslant 0.5$ m 时，C_1 应乘以 0.7，C_2 采用 0。

3. 摩擦桩轴向受拉承载力

前面曾经指出，当桩轴向受拉时，可认为荷载完全通过桩侧阻力的作用传至周围土体；随着上拔量的增加，侧阻力会因土层松动及摩阻面积的减小而比受压时低。根据试验结果，轴向受拉时的极限摩阻力约为轴向受压时的 60%，安全系数仍采用 2，则得到轴向受拉容许承载力：

$$[P'] = 0.3U \sum a_i f_i l_i \tag{9-2-14}$$

式中　$[P']$——摩擦桩轴向受拉的容许承载力（kN）。

　　其余符合的意义同前。

9.2.5　按桩身强度确定桩的轴向容许承载力

一般情况下，桩基中的桩同时受到轴向力 N 和弯矩 M 的作用，属于偏心受压构件，应分别按轴向受压（稳定性）和偏心受压（材料强度）两种情况来检算桩身承载力。应该指出的是，由于桩土体系相互作用的关系的复杂性，目前对于竖向荷载作用下的结构强度还难以准确计算，现有的各种计算方法都是近似的。

对于钻孔灌注桩，多为具有纵向钢筋及一般箍筋的钢筋混凝土结构，其受压稳定性检算公式为：

$$[P] = \varphi[\sigma_c](A_c + mA_s') \tag{9-2-15}$$

式中　$[P]$——单桩轴向容许承载力（kN）；

　　$[\sigma_c]$——混凝土容许压应力（kPa）；

　　　A_c——桩截面混凝土面积（m²）；

　　　A_s'——受压纵筋截面面积（m²）；

　　　m——箍筋计算强度与混凝土极限抗压强度之比，可按表 9-2-10 查用；

φ——纵向弯曲折减系数,由表 9-2-11、表 9-2-12 确定。

表 9-2-10 钢筋强度与混凝土强度比值 m

钢筋种类	混凝土强度等级							
	C25	C30	C35	C40	C45	C50	C55	C60
HP300	17.7	15	12.8	11.1	10	9	8.1	7.5
HRB400	23.5	20	17	14.8	13.3	11.9	10.8	10
HRB500	29.4	25	21.3	18.5	16.7	14.9	13.5	12.5

按轴心受压计算时将用到纵向弯曲折减系数 φ,按偏心受压计算时将用到弯矩增大系数 η,而在计算这两个系数时均需确定桩的计算长度 l_c。考虑到桩身屈曲将受到桩侧土的约束作用,其屈曲临界荷载与材料力学所述的一般构件有所不同,故 l_c 也需另行确定。

桩身的计算长度 l_c 可根据桩顶约束情况、桩身露出地面的自由长度、桩的入土长度、桩侧土和桩端的土质条件等情况按表 9-2-11 确定。

表 9-2-11 桩的计算长度 l_c

单桩或与外力作用面垂直的单排桩				多排桩			
桩下端支承于土中		桩下端嵌入岩层		桩下端支承与土中		桩下端嵌入岩层	
$\alpha h < 4.0$	$\alpha h \geqslant 4.0$	$\alpha h < 4.0$	$\alpha h \geqslant 4.0$	$\alpha h < 4.0$	$\alpha h \geqslant 4.0$	$\alpha h < 4.0$	$\alpha h \geqslant 4.0$
$l_c = l_0 + h$	$l_c = 0.7 \times \left(l_0 + \dfrac{4.0}{\alpha}\right)$	$l_c = 0.7 \times (l_0 + h)$	$l_c = 0.7 \times \left(l_0 + \dfrac{4.0}{\alpha}\right)$	$l_c = 0.7 \times (l_0 + h)$	$l_c = 0.5 \times \left(l_0 + \dfrac{4.0}{\alpha}\right)$	$l_c = 0.5 \times (l_0 + h)$	$l_c = 0.5 \times \left(l_0 + \dfrac{4.0}{\alpha}\right)$

注:表中 $\alpha = \sqrt[5]{\dfrac{m_0 b_0}{EI}}$;当为低桩承台时,$l_0 = 0$。

当基础侧面为数种不同土层时(见图 9-2-6 所示),应将地面或局部冲刷线以下 h_m(以 m 计)深度内的各层土,按下面公式换算成一个 m_0 值,作为基础整个深度 h 内的 m_0 值。当基

项目 9 铁路桥梁基础

础位于地面以下或局部冲刷线以下的深度 $h > \dfrac{2.5}{\alpha}$ 时,采用 $h = 2(d+1)$,d 为构件的平均直径(以 m 计),对于钻孔桩,d 为设计桩径;当 $h < \dfrac{2.5}{\alpha}$ 时,采用 $h = h$。a 为基础的变形系数,m_0 为地基系数的比例系数应采用实验实测值,当无此实测资料时,可参考表 9-2-12 使用;b_0 为基础侧面土抗力的计算宽度(以 m 计),参考表 9-2-13 使用;E 为基础圬工的弹性模量(以 kPa 计);I 为基础的平均截面惯性矩(以 m^4 计)。对于钢筋混凝土构件,通常采用 $EI = 0.8E_h I$,E_h 为混凝土的受压弹性模量(以 kPa 计),I 为全截面惯性矩。计算示意图如图 9-2-7 所示。

当 h 深度内存在两层不同土时:

$$m_0 = \frac{m_1 h_1^2 + m_2(2h_1 + h_2)h_2}{h_m^2} \tag{9-2-16}$$

当 h 深度内存在三层不同土时:

$$m_0 = \frac{m_1 h_1^2 + m_2(2h_1 + h_2)h_2 + m_3(2h_1 + 2h_2 + h_3)h_3}{h_m^2} \tag{9-2-17}$$

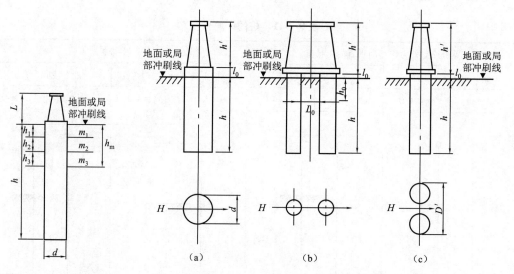

图 9-2-6　计算示意图　　　　图 9-2-7　计算示意图

表 9-2-12　非岩石地基的 m_0 值

序号	土的名称	m_0 值
1	流塑黏性土、淤泥	3 000~5 000
2	软塑黏性土、粉砂、粉土	5 000~10 000
3	硬塑黏性土、细砂、中砂	10 000~20 000
4	坚硬黏性土、粗砂	20 000~30 000
5	角砾土、圆砾土、碎石土、卵石土	30 000~80 000
6	块石土、漂石土	80 000~120 000

表 9-2-13　基础侧面土抗力的计算宽度 b_0（m）

基础平面形状		H 矩形	H 圆形	H 圆端形
单个构件的直径或与水平力 H 作用方向相垂直的宽度大于或等于 1 m 时	由单个构件［见图 9-2-7(a)］或由位于水平外力 H 作用面内数个构件［见图 9-2-7(b)］组成的基础	$b+1$	$0.9(d+1)$	$\left(1-0.1\dfrac{d}{D}\right)\times(D+1)$
	由位于与水平外力 H 相垂直的同一平面内数 n 个构件［见图 9-2-7(c)］组成的基础	$n(b+1)$ 但不得大于 $D'+1$	$0.9n(d+1)$ 但不得大于 $D'+1$	$n\left(1-0.1\dfrac{d}{D}\right)\times$ $(D+1)$ 但不得大于 $D'+1$
单个构件的直径或与水平力 H 作用方向相垂直的宽度小于 1 m 时	由单个构件［见图 9-2-7(a)］或由位于水平外力 H 作用面内数个构件［见图 9-2-7(b)］组成的基础	$1.5b+0.5$	$0.9(1.5b+0.5)$	$\left(1-0.1\dfrac{d}{D}\right)\times$ $(1.5D+0.5)$
	由位于与水平外力 H 相垂直的同一平面内数 n 个构件［见图 9-2-7(c)］组成的基础	$n(1.5d+0.5)$ 但不得大于 $D'+1$	$0.9n(1.5b+0.5)$ 但不得大于 $D'+1$	$n\left(1-0.1\dfrac{d}{D}\right)\times$ $(1.5D+0.5)$ 但不得大于 $D'+1$

注：表中 b_0、b、d、D、D' 均以 m 计。

　　一般情况下，可不考虑弯曲对桩身承载力的影响，取 $\varphi=1.0$；但当桩自由长度较大或桩周有厚度较大的软弱土层或较厚的可液化土层时，应根据桩身的计算长度 l_c 和桩的直径按表 9-2-14 确定纵向弯曲折减系数 φ。

表 9-2-14　纵向弯曲折减系数 φ

l_c/r	≤28	35	42	48	55	62	69	76	83	90	97	104
l_c/d	≤7	8.5	10.5	12	14	15.5	17	19	21	22.5	24	26
l_c/b	≤8	10	12	14	16	18	20	22	24	26	28	30
φ	1.0	0.98	0.95	0.92	0.87	0.81	0.75	0.70	0.65	0.60	0.56	0.52

注：r—截面的回转半径；d—圆形截面桩的直径；b—轴心受压时，为矩形的短边，当为偏心受压构件时，b 为与弯矩作用平面相垂直的边长。

思考题

1. 扩大基础的简算内容有哪些?

2. 桩基础承台底面高程有哪些要求?

3. 按岩土阻力确定单桩承载力的方法有哪几种?

4. 轴向受压桩基础的破坏模式是哪几种?

5. 按照规定,在同一条件下的试桩数量如何确定?

6. 桩基础试验加载方法通常有哪些? 加载有哪些注意事项?

7. 根据 P-s 曲线如何确定单桩容许承载力?

8. 摩擦桩和柱桩有哪些区别?

9. 如何确定摩擦桩的容许承载力?

10. 如何确定柱桩的容许承载力?

11. 什么是回转半径?

项目10

钢结构概述

项目概述

本项目主要介绍了钢结构的特点、钢结构的分类及钢结构对材料的要求,为今后的职业能力需求奠定基础。

教学目标

知识目标

(1)掌握钢结构的特点。

(2)掌握钢结构的分类。

(3)掌握钢结构对材料的要求。

能力目标

通过对本项目的学习,使学生具有分析问题和解决问题的能力。

模块1 钢结构的特点

模块描述

钢结构在工程建设中应用较广,通过对本模块的学习,要求学生掌握钢结构的特点。

教学目标

1. 掌握钢结构的优点。

2. 掌握钢结构的缺点。

10.1.1 钢结构的概念

钢结构是把各种型钢或钢板通过焊接或螺栓连接等方法组成基本构件,再根据使用要求按照一定的规律制造而成的工程结构。钢结构在工程建设中应用较广,如高层建筑、大跨度空间结构、轻钢结构、工业厂房;道路工程中的钢桥;水工建筑中的钢闸门、加油站的钢顶棚等。

在进行钢结构设计时,必须考虑具体的材料性能,综合运用建筑材料、理论力学、材料力学、结构力学知识及工程实践知识,按照工程结构使用的目的,研究结构在使用环境中各种荷载作用下的工作状况,设计出既安全适用,又经济合理的结构。

10.1.2 钢结构的特点

钢结构是由钢板、热轧型钢、薄壁型钢和钢管等构件组合而成的结构,它是土木工程的主要结构形式之一。目前,钢结构在房屋建筑、地下建筑桥梁、塔桅和海洋平台中都得到广泛应用,这是由于钢结构与其他材料的结构相比,具有如下优点:

(1)建筑钢材强度高,塑性和韧性好。钢材与混凝土、木材相比,虽然密度较大,但其强度较混凝土和木材要高得多,其密度与强度的比值一般较混凝土和木材小,因此在同样受力的情况下,钢结构与钢筋混凝土结构和木结构相比,构件较小,质量较轻,适用于建造跨度大、高度高和承载重的结构。钢结构塑性好,在一般条件下不会因超载而突然断裂,只会增大变形,逐渐破坏,故容易被发现。此外,还能将局部高峰应力重分配,使应力变化趋于平缓。由于韧性好,钢结构适宜在动力荷载下工作,因此在地震区采用钢结构较为有利。

(2)钢结构的质量轻。钢材密度大,强度高,做成的结构却比较轻。结构的轻质性可用材料的密度 ρ 和强度 f 的比值密强化 α 来衡量,α 值越小,结构相对越轻。建筑钢材的 α 值在 $(1.7 \sim 3.7) \times 10^4/m$ 之间;木材的 α 值为 $5.4 \times 10^{-4}/m$;钢筋混凝土的 α 值约为 $18 \times 10^4/m$。以同样的跨度承受同样的荷载,钢屋架的质量最多为钢筋混凝土屋架的 $1/4 \sim 1/3$。

(3)材质均匀,比较符合力学计算的假定。钢材内部组织比较均匀,接近各向同性,可视为理想的弹塑性体材料,因此,钢结构的实际受力情况和工程力学的计算结果比较接近。在计算中采用的经验公式不多,计算的不确定性较小,计算结果比较可靠。

(4)工业化程度高,工期短。钢结构所用材料皆可由专业化的金属结构厂轧制成各种型材,加工制作简便,准确度和精密度都较高。制成的构件可运到现场拼装,采用焊接或螺栓连接。因构件较轻,故安装方便,施工机械化程度高,工期短,为降低造价、发挥投资的经济效益创造了条件。

(5)密封性好。钢钢结构采用焊接连接后可以做到安全密封,能够满足一些要求气密性和水密性好的高压容器、大型油库、气柜油罐和管道等的要求。

(6)抗震性能好。钢结构由于自重轻和结构体系相对较柔,所以受到的地震作用较小,钢材又具有较高的抗拉和抗压强度以及较好的塑性和韧性,因此在国内外的历次地震中,钢结构是损坏最轻的结构,被公认为抗震设防地区特别是强震区最合适的结构。

(7)耐热性较好。温度在 200 ℃ 以内时钢材性质变化很小,当温度达到 300 ℃ 以上时,强度逐渐下降,600 ℃ 时强度几乎为零。因此,钢结构可用于温度不高于 200 ℃ 的场合。在有特殊防火要求的建筑中,钢结构必须采取保护措施。

钢结构的下列缺点有时会影响钢结构的应用:

(1)耐腐蚀性差。钢材在潮湿环境中,特别是在处于有腐蚀性介质的环境中容易锈蚀。因此,新建造的钢结构应定期刷涂料加以保护,维护费用较高。目前国内外正在发展各种高性能的涂料和不易锈蚀的耐候钢,钢结构耐锈蚀性差的问题有望得到解决。

（2）耐火性差。钢结构耐火性较差，在火灾中，未加防护的钢结构一般只能维持 20 min 左右。因此在需要防火时，应采取防火措施，如在钢结构外面包混凝土或其他防火材料，或在构件表面喷涂防火涂料等。

（3）钢结构在低温条件下可能发生脆性断裂。钢结构在低温和某些条件下，可能发生脆性断裂，还有厚板的层状撕裂等，都应引起设计者的特别注意。

模块2　钢结构的分类

模块描述

钢结构在工程建设中应用较广，通过对本模块的学习，要求学生掌握钢结构的分类以及它们各自的应用，最后学习钢结构的发展。

教学目标

1. 掌握钢结构的分类和应用。
2. 了解钢钢结构的发展。

10.2.1　钢结构的分类和应用

过去由于受钢材生产量的限制，钢结构应用范围不大。近年来我国钢产量有了很大的发

展，加之钢结构形式的改进，钢结构的应用有了很大的发展，如西气东输、西电东输、南水北调、青藏铁路、2008 年北京奥运会场馆、2010 年上海世博会园区等重大工程的建设，均大量使用了钢结构。

钢结构制造工艺严格，具备批量生产和高精度的特点，是目前工业化程度最高的一种结构。加之钢结构具有自重轻、强度高、塑性韧性好和施工速度快等优点，应用范围较广，按不同的标准，钢结构有不同的分类方法，下面仅按其应用领域和结构体系进行分类说明。

1. 按应用领域分类

（1）民用建筑钢结构。民用建筑钢结构以房屋钢结构为主要对象。按传统的耗钢量大小来区分，大致可分为重型钢结构和轻型钢结构。其中重型钢结构指采用大截面和厚板的结构，如高层钢结构、重型厂房和某些公共建筑等；轻型钢结构指采用轻型屋面和墙面的门式刚架房屋、多层建筑、薄壁压型钢板拱壳屋盖等，网架、网壳等空间结构也可属于轻型钢结构范畴。除上述主要钢结构类型外，还有索膜结构、玻璃幕墙支承结构、组合和复合结构等。

建筑钢结构与混凝土、木结构等相比，具有轻质、高强、受力均匀、易于工业化、能耗小、绿色环保、可循环使用、符合可持续发展等优点。同时，其造价较高，对设计、制造、安装的要

项目 10　钢结构概述

求较高,需要相关的辅助材料与之配套(尤其是住宅房屋),其发展受多种因素影响。

按照中国钢结构协会的分类标准,民用建筑结构分为高层钢结构(如上海期货大厦)和大跨度空间钢结构(如 2008 年北京奥运会主体育场—鸟巢、广州新体育馆)。

"十一五"期间,我国建筑钢结构发展已取得巨大成就,"十二五"期间继续坚持鼓励发展钢结构的相关政策措施,保持其连续性、稳定性。推广和扩大钢结构的应用,要加强科技导向措施的规划和指导作用,促使钢结构整体的持续发展。在今后相当长的一段时间内,钢结构的需求将保持持续增长的趋势,目前要加快钢结构住宅建设的研究开发和工程应用,使钢结构的住宅建筑更加完善配套,提高住宅建筑的工业化、产业化水平。

(2)一般工业钢结构。一般工业钢结构主要包括单层厂房、双层厂房、多层厂房等,以及用于主要重型车间的承重骨架。例如冶金工厂的平炉车间、出轧车间、混凝土炉车间,重型机械厂的铸钢车间、水压机车间、锻压车间,造船厂的船体车间,电厂的锅炉框架,飞机制造厂的装配车间,以及其他工业跨度较大的车间屋架、吊车梁等。我国鞍钢、武钢、包钢和上海宝钢等几个著名的冶金联合企业的多数车间都采用了钢结构厂房,上海重型机械厂、上海江南造船厂也采用了高大的钢结构厂房。

(3)桥梁钢结构。钢桥建造简便、迅速,易于修复,因此钢结构广泛用于中等跨度和大跨度桥梁。著名的杭州钱塘江大桥(1934～1937 年)就是我国自行设计的钢桥,此后的武汉长江大桥(1957 年)、南京长江大桥(1968 年)均为钢结构桥梁。20 世纪 90 年代以来,我国连续刷新桥梁跨度的记录,现在建设的钢桥已不再仅采用全钢结构,而是综合运用用钢、钢-混凝土组合结构、钢管混凝土结构及钢骨混凝土结构。目前我国钢桥正处于一个迅速发展的阶段,不管是铁路钢桥、公路钢桥还是市政钢桥,从材料的开发应用、科研成果的应用,到设计水平、制造水平、施工技术水平的提高,都取得了长足发展。我国新建和再建的钢桥,其建筑跨度、建筑规模、建筑难度和建筑水平都达到了一个新的高度,如上海卢浦大桥、南京第二长江大桥、九江长江大桥、芜湖长江大桥等。国外著名的钢桥有美国的金门大桥、法国的米劳大桥、日本的明石海峡大桥等。

(4)密闭压力力容器钢结构。密闭压力容器钢结构主要用于要求密闭的容器,如大型储液库、煤气库等炉壳,要求能承受很大内力。温度急剧变化的高炉结构、大直径高压输油管和输气管道等均采用钢结构,一些容器、管道、锅炉、油罐等的支架也都采用钢结构。

锅炉行业近几年来发展迅猛,特别是由于经济发展的需要,发电厂的锅炉都向着大型化的方向发展。发电厂主厂房和锅炉钢结构用钢量增加很快,其大量采用中厚板、热轧 H 型型钢,主要是 Q235 和 Q345 钢。

(5)塔桅钢结构。塔桅钢结构是指高度较大的无线电桅杆、微波塔、广播和电视发射塔架、高压输电线路塔架、石油钻井架、大气监测塔、旅游瞭望塔、火箭发射塔等。我国在 20 世纪 60～70 年代建成的大型塔桅结构有:广州电视塔(高 200 m)、上海电视塔(高 210 m)、南京跨越长江输电线路塔(高 194 m)、北京环境气象桅杆(高 325 m)、大庆电视塔(高 260 m)等。

随着广播电视事业迅速发展,广播电视塔桅结构工程技术也不断发展,20 世纪 90 年代又建成一批有代表性的电视塔,如中央电视塔(高 405 m)、上海东方明珠电视塔(高468 m)、广州新电视塔(高 610 m)等。

塔桅钢结构除了自重轻、便于组装外,还因构件截面小而大大减小了风荷载,因此取得了很好的经济效益。

(6)船舶海洋钢结构。人类在开发和利用海洋的活动中,形成了海洋产业,发展了种类繁多的海洋工程结构物。人们一般将江、河、湖、海中的结构物统称为海洋钢结构,海洋钢结构主要用于资源勘测、采油作业,海上施工、海上运输、海上潜水作业,生活服务、海上抢险救助以及海洋调查等。

船舶海洋钢结构基本上可分为舰船和海洋工程装置两大类。近年来,我国已研制出高技术、高附加值的大型与超大型新型船舶,以及具有先进技术的战斗舰船和具有高风险、高投入、高回报、高科技、高附加值的海洋工程结构等。

(7)水利钢结构。我国近年来大力发展基础建设,在建和拟建相当数量的水利枢组,钢结构在水利工程中占有相当大的比重。

钢结构在水利工程中用于以下方面:钢闸门,用来关闭、开启或局部开启水工建筑物中过水孔口的活动结构;拦污栅,主要包括拦污栅栅叶和栅槽两部分,栅叶结构是由栅面和支承框架组成;升船机,是不同于船间的船舶通航设施;压力管,是从水库、压力池或调压室向水轮机输送水流的水管。

(8)煤炭电力钢结构。发电厂中的钢结构主要用于以下方面:干煤棚,运煤系统皮带机支架(输煤索桥)、火电厂主厂房、管道、烟风道及钢支架、烟气脱硫系统、粉煤灰料仓、输电塔,风力发电中的风力发电机、风叶支柱,垃圾发电厂中的焚烧炉,核电站中的压力容器、钢烟囱、水泵房、安全壳等等。

(9)钎具和钎钢。钎具也可称为钻具,由钎头、钎杆、连接套、钎尾组成。它是钻凿、采掘、开挖用的工具,有近千个品种规格,用于矿山、隧道、涵洞、采石、城建等工程中。钎钢是制作钎具的原材料,也有近百个品种规格。钎具按照凿岩工作的方式又可分为冲击式钎具、旋转式钎具、刮削式钎具等。

随着经济建设的进一步发展,以及多处铁路、公路、水利水电、输气工程、市政基础工程的修建和开工,对钎钢、钎具产品提出了更高、更多、更新的要求。

(10)地下钢结构。地下钢结构主要用于桩基础、基坑支护等,如钢管桩、钢板桩等。

(11)货架和脚手架钢结构。超市中的货架和展览时用的临时设施多采用钢结构,一般而言,在建设施工中大量使用的脚手架也都采用钢结构。

(12)雕塑和小品钢结构。钢结构因其轻盈简洁的外观而备受景观师的青睐,不仅很多雕塑是以钢结构作为骨架,很多城市小品和标志性的建造也都是直接用钢结构完成的,如南海观音佛像及天津塘沽迎宾道标志性建筑等。

2. 按结构体系工作特点分类

(1)梁状结构。梁状结构是由受弯曲工作的梁组成的结构。

(2)刚架结构。刚架结构是由受压、弯曲工作的直梁和直柱组成的框形结构。

（3）拱架结构。拱架结构是由单向弯曲形构件组成的平面结构。

（4）桁架结构。桁架结构主要是由受拉或受压的杆件组成的结构。

（5）网架结构。网架结构是由受拉或受压的杆件组成的空间平板型网格结构。

（6）网壳结构。网壳结构主要是由受拉或受压的杆件组成的空间曲面形网格结构。

（7）预应力钢结构。预应力钢结构是由张力索（或链杆）和受压杆件组成的结构。

（8）悬索结构。悬索结构是以张拉索为主组成的结构。

（9）复合结构。复合结构是由上述八种类型中的两种或两种以上结构构件组成的新型结构。

模块3　钢结构的材料性能

模块描述

本模块主要讲述了钢结构对材料的要求。

教学目标

掌握钢结构对材料的要求。

10.3.1　钢结构对材料的要求

钢结构的原材料是钢，而钢的种类较多，其力学性能有很大的差异，钢结构在使用过程中常常需要在不同的环境和条件下承受各种荷载，所以对钢材的材料性能提出了要求。我国《钢结构设计标准》（GB 50017—2017）中具体规定：承重结构采用的钢材应具有抗拉强度、伸长率、屈服强度和硫、磷含量的合格保障，对焊接结构还应具有碳含量的合格保证焊接承重结构以及重要的非焊接承重结构采用的钢材还应具有冷弯试验的合格保证。

1. 钢结构对材料的要求

用于钢结构的钢材必须具备下列条件：

（1）具有较高的强度。钢材的屈服点是衡量钢结构承载能力的指标，屈服点越高承载能力越强，同时用材较少，减轻结构自重，降低工程造价。钢材的抗拉强度是衡量钢材经过较大塑性变形后的抗拉能力，是钢材内部组织结构优劣的一个主要指标，抗拉强度越高，结构的安全保障越高。

（2）具有较高的塑性和韧性以及良好的冷弯性。塑性是指结构在荷载的作用下具有足够的应变能力，去掉荷载马上恢复原位，不至于发生突然性的脆性破坏；韧性是指结构在反复振动荷载的作用下表现出较强的反复应变能力，不至于发生折断破坏。冷弯性是指钢材在冷加工产生塑性变形时，对产生裂缝的抵抗能力。

（3）具有较好的可焊性。可焊性是指在一定的材料、工艺和结构条件下，钢材经过焊接后能够获得良好的焊接接头的性能。焊接后焊缝金属及其附近的热影响区金属不产生裂

缝,并且它们的机械性能不低于母材的机械性能

(4)具有较好的耐久性。耐久性包括耐腐蚀性、耐老化性、耐长期高温性、耐疲劳性。①耐腐蚀性。钢材耐腐蚀性较差,必须采取防护措施,新建结构需要油漆刷涂,已建结构需要定期维修。②耐老化性。随着时间的增长,钢材的力学性能有所改变,出现"时效"现象,钢材变脆,应根据使用要求选材。③耐长期高温性。即在长期高温条件下工作的钢材,其破坏强度比静力拉伸试验的强度低得多,应另行测定"持久强度"。④耐疲劳性。钢结构或构件在长期连续的交变荷载或重复荷载作用下,往往会发生破坏,此现象称为"疲劳现象"。

2. 钢材的破坏形式

钢材有两种性质完全不同的破坏形式,即塑性破坏和脆性破坏。钢结构所用的钢材在正常使用的条件下,虽然有较高的塑性和韧性,但在某些条件下,仍然存在发生脆性破坏的可能性。

塑性破坏也称延性破坏,其特征是在构件应力达到抗拉极限强度后,构件会产生明显的变形并断裂。破坏后的端口呈纤维状,色泽发暗。由于塑性破坏前总有较大的塑性变形发生,且变形持续时间较长,容易被发现和抢修加固,因此不至于发生严重后果。

脆性破坏在破坏前无明显塑性变形,或根本没有塑性变形,而突然发生断裂。破坏后的断口平直,呈有光泽的晶粒状。由于破坏前没有任何预兆,破坏速度极快,无法及时察觉和采取补救措施,具有较大的危险性,因此在钢结构的设计、施工和使用的过程中,要特别注意这种破坏的发生。

🎤**思考题**

1. 钢结构有哪些优点?

2. 钢结构有哪些缺点?

3. 按应用领域划分钢结构可分为哪几类?

4. 按结构体系划分钢结构可分为哪几类?

5. 钢结构的钢材必须具备哪些条件?

6. 什么是塑性破坏坏? 什么是脆性破坏? 设计时,为什么要防止脆性破坏的产生?

7. 钢材在高温下的力学性能如何?

8. 什么是疲劳现象?

项目⑪

📎 钢结构连接

📖 项目概述

本项目以《钢结构设计标准》（GB 50017—2017）为依据，介绍了钢结构受拉及受压构件的计算方法，重点讲述了角焊缝、螺栓连接的实用计算方法。

🎯 教学目标

了解钢结构的受力性能，掌握钢结构及其连接的计算方法。为以后的学习、工作及生活提供方便。

钢结构是由钢板、型钢通过必要的连接组成构件，再通过一定的安装连接而形成的整体结构。构件本身的质量很重要，但连接往往是传力的关键部位，连接构造不合理，将使结构的计算简图与真实情况相差甚远。连接强度不足，将使连接破坏，导致整个结构迅速破坏，因此连接在钢结构中占有重要地位。连接方式直接影响结构的构造、制造工艺和工程造价。连接质量直接影响结构的安全和使用寿命。好的连接应当符合安全可靠、节约钢材、构造简单和施工方便的原则。

钢结构的连接按被连接件之间的相对位置可分为三种基本形式。当被连接件在同一平面内时称为平接，又称对接连接[图 11-0-1(a)]；当被连接件相互交搭时称为搭接连接[图 11-0-1(b)、(c)]；当被连接件互相垂直时称为垂直连接[图 11-0-1(d)]，又称 T 形连接或角接。

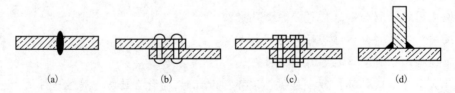

(a)　　　　　　(b)　　　　　　(c)　　　　　　(d)

图 11-0-1　连接形式

钢结构中所用的连接方法有：焊缝连接、铆钉连接和螺栓连接，如图 11-0-2 所示。最早出现的连接方法是螺栓连接，目前则以焊缝连接为主，高强度螺栓连接近年来发展迅速，使用越来越多，而铆钉连接已很少采用。

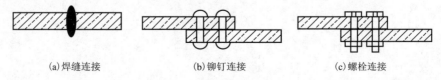

(a)焊缝连接　　　　　　(b)铆钉连接　　　　　　(c)螺栓连接

图 11-0-2　钢结构的连接方式

焊缝连接是现代钢结构最主要的连接方式,它的优点是任何形状的结构都可用焊缝连接,构造简单。焊缝连接一般不需拼接材料,省钢省工,而且能实现自动化操作,生产效率较高。目前土木工程中焊接结构占绝对优势。但是,焊缝质量易受材料、操作的影响,因此时钢材性能要求较高。高强度钢更要有严格的焊接程序,焊缝质量要通过多种途径的检验来保证。

铆钉连接需要先在构件上开孔,铆孔比铆钉直径大 1 mm,铆钉加热至 900 ~ 1 000 ℃时,用铆钉枪打铆。铆钉连接刚度大,传力可靠,韧性和塑性较好,质量易于检查,对经常受动力荷载作用,荷载较大和跨度较大的结构,可采用铆接结构。但是,由于铆钉连接对施工技术的要求高,劳动强度大,施工条件恶劣,施工速度慢,已逐步被高强螺栓连接取代。

螺栓等级有 3.6、4.6、4.8、5.6、5.8、6.8、8.8、9.8、10.9、12.9 等十多个等级。螺栓连接分普通螺栓连接和高强度螺栓连接两种。其中普通螺栓分 A、B 级螺栓和 C 级螺栓两种,A、B 级螺栓均称精制螺栓,其材料性能属于 8.8 级,一般由优质碳素钢中的 45 号钢和 35 号钢制成,其孔径和杆径允许有 0.3 mm 的空隙,栓杆与栓孔的加工都有严格要求,受力性能较 C 级螺栓为好,但费用较高。C 级螺栓又称粗制螺栓,其材料性能等级属于 4.6 级和 4.8 级,一般由普通碳素钢 Q235 - BF 钢制成,其制作精度和螺栓的允许偏差、孔壁表面粗糙度等要求都比 A、B 级普通螺栓低。C 级普通螺栓的螺杆直径较螺孔直径小 1.0 ~ 1.5 mm,受剪时工作性能较差,在螺栓群中各螺栓所受剪力也不均匀,因此适用于承受拉力的连接中。

高强度螺栓的杆身、螺帽和垫圈都要用抗拉强度很高的钢材制作。螺杆一般采用 45 号钢或 40 号硼钢制成,螺母和垫圈用 45 号钢制成,且都要经过热处理以提高其强度。现在工程中已逐渐采用 20 锰钛硼钢作为高强度螺栓的专用钢。安装时通过特制的扳手,以较大的扭矩上紧螺母,使螺杆产生很大的预应力,预应力把被连接的部件夹紧,使部件接触面间的摩擦力传递外力时称为高强度螺栓摩擦型连接;同时考虑依靠螺杆和螺孔之间的承压来传递外力时称为高强度螺栓承压型连接。

除上述常用连接外,在薄钢结构中还经常采用射钉、自攻螺钉和焊钉等连接方式。

模块 1　轴心受拉构件和轴心受压构件的强度计算

模块描述

本模块介绍了钢结构轴心受拉构件和轴心受压构件的强度计算,应当特别注意高强螺栓的计算方法。

教学目标

通过对本模块的学习,学生应当能够进行简单的钢结构的轴心受拉构件和轴心受压构件的强度计算及对既有结构的检算;培养学生的动手能力及独立思考问题和解决问题的能力,为后续的学习及工作打下良好的基础。

11.1.1 轴心受拉构件和轴心受压构件的强度

（1）除高强螺栓摩擦型连接外，应按式（11-1-1）计算：

$$\sigma = \frac{N}{A_n} \leqslant f \tag{11-1-1}$$

式中　N——轴心拉力或应力；

　　　　A_n——净截面面积。

（2）高强螺栓摩擦型连接的强度应按式（11-1-2）和（11-1-3）计算：

$$\sigma = \left(1 - 0.5\frac{n_1}{n}\right)\frac{N}{A_n} \leqslant f \tag{11-1-2}$$

$$\sigma = \frac{N}{A} \leqslant f \tag{11-1-3}$$

式中　n——在节点或拼接处，构件一端连接的高强螺栓数目；

　　　　n_1——所计算截面（最外列螺栓处）上高强螺栓数目；

　　　　f——焊缝强度设计值，参考表 11-1-1 取值；

　　　　A——构件的毛截面面积。

表 11-1-1　焊缝的强度设计值（N/mm^2）

焊接方法和焊条型号	构件钢材		对接焊缝				角焊缝
	牌号	厚度或直径（mm）	抗压 f_c^w	焊缝抗拉 f_t^w		抗剪 f_v^w	抗拉、抗压和抗剪 f_f^w
				一级、二级	三级		
自动焊、半自动焊和 E43 型焊条手工焊	Q235 钢	≤16	215	215	185	125	160
		>16~40	205	205	175	120	
自动焊、半自动焊和 E50、E55 型焊条手工焊	Q345 钢	≤16	305	305	260	175	200
		>16~40	295	295	250	170	

【例 11-1】　如图 11-1-1 所示，两块 Q235（$f = 205$ MPa）钢板通过盖板拼接，$a = 220$ mm，$t = 22$ mm。采用高强螺栓连接，每端 15 个 M20 的摩擦型高强螺栓，孔径 $d_0 = 21$ mm。求构件的轴向承载力 N。

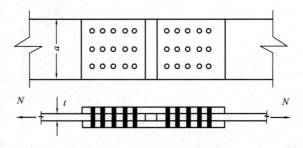

图 11-1-1　钢板连接示意图

【解】　（1）由公式（11-1-3）得：$N = Af = 220 \times 22 \times 205 = 992\ 200$ N

（2）

$$A_n = (220 - 3 \times 21) \times 22 = 3\,454 \ \text{mm}^2$$

由公式(11-1-2)得：$N = \dfrac{A_n f}{1 - 0.5 \dfrac{n_1}{n}} = \dfrac{3\,454 \times 205}{1 - 0.5 \times \dfrac{3}{15}} = 786\,744 \ \text{N}$

（3）故构件的承载力设计值 $N = \min\{992.2 \ \text{kN}, 786.744 \ \text{kN}\} = 786.744 \ \text{kN}$。

模块2　焊缝连接计算

📖 模块描述

本模块介绍了钢结构连接最常用的焊缝连接方式及其构造要求、讲述了钢结构焊缝连接的设计及检算方法。

📊 教学目标

通过对本模块的学习，学生应当能够进行简单的钢结构焊缝连接计算及对既有结构的焊缝检算；培养学生的动手能力及独立思考问题和解决问题的能力，为后续的学习及工作打下良好的基础。

11.2.1　焊缝机理

相互分离的主体金属，借助原子或分子的结合和扩散而连接成一个整体的工艺过程称为焊接。因此，被焊接的主体金属不仅在宏观上建立了永久性联系而且在微观上也建立了组织之间的内在联系。焊接连接不削弱截面，用料经济，接头紧凑，刚性较好，构造简单，可以采用自动化操作，是现代钢结构最主要的连接方法。但是，由于焊缝附近高温相互作用而形成热影响区，主体金属的金相组织和机械性能发生变化，材质变脆，产生焊接的残余应力和残余变形，对结构的工作性能往往有不利影响，可能使结构发生脆性破坏；又由于焊接结构有较大的刚性，一旦局部发生裂纹便容易扩展到整体，尤其在低温下易发生脆断。因此，在设计和制作焊接结构时，应对焊接结构的脆断问题给予足够的重视。

11.2.2　焊缝的构造

1. 焊缝连接形式

焊缝连接形式按被连接钢材的相互位置可以分为对接、搭接、T形连接和角部连接四种。

2. 焊缝的形式

对接焊缝一般焊透全厚度，但有时也可不焊透全厚度（见图11-2-1）。

对接焊缝按所受力的方向可分为正对接焊缝[见图11-2-2(a)]和斜对接焊缝[见图11-2-2(b)]。角焊缝[见图11-2-2(c)]可分为正面角焊缝、侧面角焊缝和斜焊缝。

图 11-2-1　不焊透对接焊缝

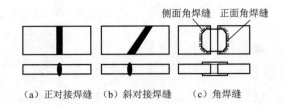

（a）正对接焊缝　（b）斜对接焊缝　（c）角焊缝

图 11-2-2　焊缝形式

焊缝沿长度方向的布置可分为连续角焊缝和间断角焊缝两种。连续角焊缝的受力性能良好，为主要的角焊缝形式。间断角焊缝容易引起应力集中现象，重要结构应避免采用，但可用于一些次要的构件或次要的焊接连接中。一般在受压构件中应满足 $l \leqslant 15t$；在受拉构件中应满足 $l \leqslant 30t$，t 为较薄焊件的厚度。

焊缝按施焊位置可分为平焊、横焊、仰焊及立焊等几种。

平焊焊接的工作最方便，质量也最好，应尽量采用。立焊和横焊的质量及生产效率比平焊差一些；仰焊的操作条件最差，焊缝质量不易保证，因此应尽量避免采用。有时因构造需要，在一条焊缝中有俯焊、仰焊和立焊（或横焊），称它为全方位焊接。

焊缝的焊接位置是由连接构造决定的，在设计焊接结构时要尽量采用便于俯焊的焊接构造。要避免焊缝立体交叉和在一处集中大量焊缝，同时焊缝的布置应尽量对称于构件的形心。

3. 角焊缝的构造

（1）角焊缝的形式

角焊缝按其与作用力的关系可分为正面角焊缝、侧面角焊缝和斜焊缝。正面角焊缝的焊缝与作用力垂直；侧面角焊缝的焊缝长度方向与作用力平行；斜焊缝的焊缝长度方向与作用力方向斜交。角焊缝按其截面形式可分为直角角焊缝和斜角角焊缝。

直角角焊缝通常做成表面微凸的等腰直角三角形截面，如图 11-2-3（a）所示。在直接承受动力荷载的结构中，正面角焊缝的截面常采用如图 11-2-3（b）所示的形式，侧面角焊缝的截面则做成凹面式，如图 11-2-3（c）所示。

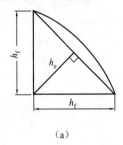

（a）

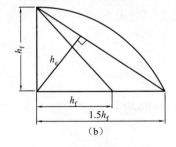

（b）

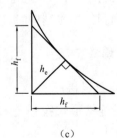

（c）

图 11-2-3　直角角焊缝截面

两焊角边的夹角 $\alpha > 90°$ 或 $\alpha < 90°$ 的焊角称为斜角角焊缝。斜角角焊缝常用于钢漏斗和钢管结构中。对于夹角 $\alpha > 135°$ 或 $\alpha < 60°$ 的斜角角焊缝，除钢管结构外，不宜用做受力焊缝。

（2）角焊缝的构造要求

①最小焊角尺寸

角焊缝的焊角尺寸不能过小，否则焊接时产生的热量较小，而焊件厚度较大，致使施焊时冷却速度过快，产生淬硬组织，导致母材开裂。《钢结构设计标准》（GB 50017—2017）规定：

$$h_f \geqslant 1.5\sqrt{t_2} \tag{11-2-1}$$

式中 t_2——较厚焊件的厚度（mm）。

焊角尺寸取毫米的整数，小数点以后都进为1。自动熔焊深较大，故取最小焊脚尺寸可减小1 mm；对T形连接的单面角焊缝，应增加1 mm，当焊件厚度小于或等于4 mm时，则取与焊件厚度相同。

②最大焊角尺寸

为了避免焊缝收缩时产生较大的焊接残余应力和残余变形，且热影响区扩大，容易产生热脆，较薄焊件易烧穿。《钢结构设计标准》（GB 50017—2017）规定，除钢管结构外，角焊缝的焊角尺寸如图11-2-4（a）所示，应满足：

$$h_f \leqslant 1.2t_1 \tag{11-2-2}$$

式中 t_1——较薄焊件的厚度（mm）。

板件边缘的角焊缝如图11-2-4（b）所示，当板件厚度$t > 6$ mm时，根据焊工的施焊经验，不宜焊满全厚度，故取$h_f \leqslant t - (1\sim2)$ mm；当$t \leqslant 6$ mm时，通常采用小焊条施焊，宜焊满全厚度，故取$h_f \leqslant t$。如果另一板件厚度$t' \leqslant t$，还应满足$h_f \leqslant t'$的要求。

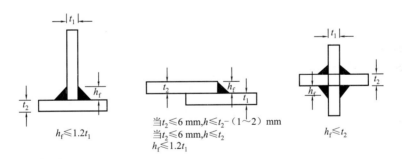

图 11-2-4 最大焊脚尺寸

③角焊缝的最小计算长度

角焊缝的焊角尺寸大而长度较小时，焊件的局部加热严重，焊缝起灭弧所引起的缺陷相距太近，加之焊缝中可能产生的其他缺陷（气孔、非金属夹杂等）使焊缝不够可靠。对搭接连接的侧面角焊缝而言，如果焊缝长度过小，由于力线弯折大，也会造成严重的应力集中。因此，为了使焊缝能够具有一定的承载能力，根据使用经验，侧面角焊缝或正面角焊缝的计算长度不得小于$8h_f$或40 mm。

④侧面角焊缝的最大计算长度

侧面角焊缝在弹性阶段沿长度方向受力不均匀，两端大而中间小。焊缝越长，应力集中越明显。在静力荷载作用下,如果焊缝长度适宜,当焊缝两端处的应力达到屈服强度后,继续加载,应力会渐趋均匀。但是,如果焊缝长度超过某一限值时,有可能首先在焊缝的两端破坏,故一般规定侧面角焊缝的计算长度 $l_w \leqslant 60h_f$。当实际长度大于上述限值时,其超过部分在计算中不予考虑。若内力沿侧面角焊缝全长分布,例如焊接梁翼缘板与腹板的连接焊缝,计算长度可不受上述限制。

4. 对接焊缝的构造

对接焊缝的焊件常需做成坡口,故又称坡口焊缝。坡口形式与焊件的厚度有关。当焊件厚度很小(手工焊 6 mm,自动埋弧焊 10 mm)时,可用直边缝。对于一般厚度的焊件可采用具有斜坡口的单边 V 形或 V 形焊缝。斜坡口和根部间隙 c 共同组成一个焊条能够运转的施焊空间,使焊缝易于焊透;钝边 p 有托住熔化金属的作用。对于较厚的焊件($t > 20$ mm),则采用 U 形、K 形和 X 形坡口(见图 11-2-5)

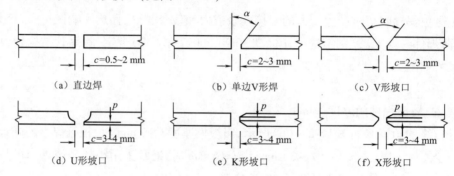

图 11-2-5　对接焊缝的坡口形式

其中 V 形焊缝和 U 形焊缝为单面施焊,但在焊缝根部还需补焊。没有条件补焊时,要事先在根部加垫板。当焊件可随意翻转施焊时,使用 K 形焊缝和 X 形焊缝较好。

对接焊缝用料经济,传力平顺均匀,没有明显的应力集中,承受动力荷载作用时采用对接焊缝最为有利。但对接焊缝的焊件边缘需要进行剖口加工,焊件长度必须精确,施焊时焊件要保持一定的间隙。对接焊缝的起点和终点时,常因不能熔透而出现凹形的焊口,在受力后易出现裂缝及应力集中,为此,施焊时常采用引弧板。但采用引弧板很麻烦,一般在工厂焊接时可采用引弧板,而在工地焊接时,除了受动力荷载的结构外,一般不用引弧板,而是在计算时扣除焊缝两端板厚的长度。

在对接焊缝的拼接中,当焊件的宽度不同或厚度相差 4 mm 以上时,应分别在宽度或厚度方向从一侧或两侧做成坡度不大于 1:2.5 的斜角,以使截面过渡和缓,减小应力集中。

11.2.3　焊缝计算

1. 对接焊缝或对接与角接组合焊缝的强度计算

(1)在对接接头和 T 形接头中,垂直于轴心拉力和轴心压力的对接焊缝或对接与角接组合焊缝,其强度应按式(11-2-3)计算:

$$\sigma = \frac{N}{l_w h_e} \leqslant f_t^w \text{ 或 } f_c^w \tag{11-2-3}$$

式中　N——轴心拉力或轴心压力（kN）；

　　l_w——焊缝长度（mm）；

　　t——对接焊缝的计算厚度，在对接接头中为连接件的较小厚度；在 T 形接头中为腹板的厚度（mm）；

　　f_t^w、f_c^w——对接焊缝的抗拉、抗压强度设计值（N/mm²），见表 11-1-1。

（2）在对接接头和 T 形接头中，承受弯矩和剪力共同作用的对接焊缝或对接与角接组合焊缝，其正应力和剪应力应分别进行计算。但在同时受有较大正应力和剪应力处（例如梁腹板横向对接焊缝的端部），应按式（11-2-4）计算折算应力：

$$\sqrt{\sigma^2 + 3\tau^2} \leq 1.1 f_t^w \tag{11-2-4}$$

注：（1）当承受轴心力的板件用斜焊缝对接，焊缝与作用力间的夹角 θ 符合 $\tan\theta \leq 1.5$ 时，其强度可不验算。

　　（2）当对接焊缝和 T 形焊缝与角接组合焊缝无法采用引弧板和引出板时，每条焊缝的长度计算时应减去 $2t$。

【例 11-2】　如图 11-2-6 所示，钢板 $a = 540$ mm，$t = 22$ mm。轴心力的设计值为 $N = 2\,150$ kN。钢材为 Q235，手工焊，焊条为 E43 型，采用三级焊缝，采用有垫板的单面施焊对接焊缝，施焊时加引出板。其中 $\theta = 56°$。验算（a）、（b）图焊缝的强度是否满足要求？

【解】　查表 11-1-1 得 $f_t^w = 175$ kN、$f_v^w = 120$ kN。

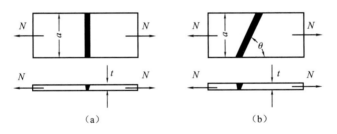

图 11-2-6　钢板连接示意图

（1）图（a）直缝连接其计算长度 $l_w = 540$ mm。焊缝正应力为：

$$\sigma = \frac{N}{l_w t} = \frac{2\,150 \times 10^3}{540 \times 22} = 181 \text{ N/mm}^2 > 175 \text{ N/mm}^2$$

故不满足要求。

（2）图（b）改用斜对接焊缝，取焊缝长度 $l_w = \dfrac{a}{\sin\theta} = \dfrac{540}{\sin 56°} = 651$ mm。

$$\sigma = \frac{N\sin\theta}{l_w t} = \frac{2\,150 \times 10^3 \times \sin 56°}{651 \times 22} = 124 \text{ N/mm}^2 < f_t^w = 175 \text{ kN}$$

剪应力 $\tau = \dfrac{N\cos\theta}{l_w t} = \dfrac{2\,150 \times 10^3 \times \cos 56°}{651 \times 22} = 84 \text{ N/mm}^2 < f_v^w = 120 \text{ kN}$

故满足要求。同时说明当 $\tan\theta < 1.5$ 时，焊缝强度能保证，可不必验算。

2. 直角角焊缝的强度计算

在通过焊缝形心的拉力、压力或剪力作用下角焊缝的计算如下。

(1)正面角焊缝(作用力垂直于焊缝长度方向):

$$\sigma_f = \frac{N}{h_e l_w} \leqslant \beta_f f_t^w \tag{11-2-5}$$

(2)侧面角焊缝(作用力平行于焊缝长度方向):

$$\tau_f = \frac{N}{h_e l_w} \leqslant f_f^w \tag{11-2-6}$$

(3)在各种综合应力作用下,σ_f 和 τ_f 共同作用处:

$$\sqrt{\left(\frac{\sigma_f}{\beta_f}\right)^2 + \tau_f^2} \leqslant f_f^w \tag{11-2-7}$$

式中 σ_f——按焊缝有效截面计算,垂直于焊缝长度方向的应力;

τ_f——按焊缝有效截面计算,沿焊缝长度方向的应力;

h_e——角焊缝的计算厚度,对直角角焊缝等于 $0.7h_f$,h_f 为焊脚尺寸见图 11-2-3;

l_w——角焊缝的计算长度,对每条焊缝取其实际长度减去 $2t$;

f_f^w——角焊缝的强度设计值,见表 11-1-1;

β_f——正面角焊缝的强度设计值增大系数;对承受静力荷载和间接承受动力荷载的结构,$\beta_f = 1.22$;对直接承受动力荷载的结构 $\beta_f = 1.0$。

【例 11-3】 某库房柱上牛腿(间接承受动力荷载)的构造示意图见 11-2-7 所示,柱及牛腿均采用工字钢,翼缘及腹板厚均小于 16 mm,采用角焊缝连接,焊缝等级为二级,翼缘水平焊缝宽度 $h_f = 10$ mm,腹板竖直焊缝宽度 $h_f = 8$ mm,承受轴向拉力 $N = 500$ kN,剪力 $T = 100$ kN。焊缝长度见图 11-2-7(b)试分别验算角焊缝的正应力及剪应力是否满足要求?

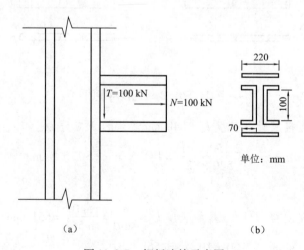

(a)   (b)

图 11-2-7 钢板连接示意图

【解】 (1)正应力检算

$$l_{w水平} = 4 \times 70 + 2 \times 220 - 8 \times 10 = 640 \text{ mm}$$

$$h_{e水平} = 0.7h_f = 0.7 \times 10 = 7 \text{ mm}$$

$$l_{w竖直} = 2 \times 100 = 200 \text{ mm}, h_{e竖直} = 0.7h_f = 0.7 \times 8 = 5.6 \text{ mm}$$

$$\sigma_f = \frac{N}{h_e l_w} = \frac{500 \times 10^3}{640 \times 7 + 200 \times 5.6} = 89.285 \text{ MPa} \leqslant \beta_f f_t^w = 1.22 \times 215 = 262.3 \text{ MPa}$$

故正应力满足要求。

（2）剪应力

$$\tau_f = \frac{N}{h_e l_w} = \frac{100 \times 10^3}{200 \times 5.6} = 89.285 \text{ MPa} \leqslant f_f^w = 125 \text{ MPa}$$

故剪应力满足要求。

模块3　螺栓连接计算

模块描述

本模块介绍了钢结构连接中常用的螺栓连接方式及其构造要求,讲述了钢结构螺栓连接的设计及检算方法。

教学目标

通过对本模块的学习,学生应当能够进行简单的钢结构螺栓连接计算及对既有结构的螺栓检算;培养学生的动手能力及独立思考问题和解决问题的能力,为后续的学习及工作打下良好的基础。

11.3.1　螺栓排列及工作性能

1. 螺栓的排列要求

螺栓在构件上的排列应简单、统一、整齐而紧凑,通常分为并列式和错列式两种形式。并列式(见图11-3-1)比较简单整齐,所用连接板尺寸小,但由于螺栓孔的存在,对构件截面的削弱较大。错列式可以减小螺栓孔对截面的削弱,但孔的排列不如并列式紧凑,连接板尺寸较大。

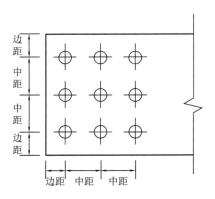

图 11-3-1　钢板的螺栓排列

螺栓在构件上的排列应符合最小距离要求,以便用扳手拧紧螺母时有一定的空间,并避免受力时钢板在孔之间以及孔与板端、板边之间发生剪断或截面过分削弱等现象。

螺栓在构件上的排列也应符合最大距离要求,以避免受压时被连接的板件间发生张口、鼓出或被连接的构件因接触面不够紧密,潮气进入缝隙而产生腐蚀等现象。

根据上述要求,钢板上螺栓的排列规定见表 11-3-1。型钢上的螺栓排列除应满足表 11-3-1 的最大和最小距离外,还应充分考虑拧紧螺栓时的净空要求。

表 11-3-1　螺栓或铆钉的孔距和边距值

名　　称	位置和方向			最大容许距离 (取两者的较小值)	最小容许距离
中心间距	外排(垂直内力方向或顺内力方向)			$8d_0$ 或 $12t$	$3d_0$
	中间排	垂直内力方向		$16d_0$ 或 $24t$	
		顺内力方向	构件受压力	$12d_0$ 或 $18t$	
			构件受拉力	$16d_0$ 或 $24t$	
	沿对角线方向			—	
中心至构件 边缘距离	顺内力方向			$4d_0$ 或 $8t$	$2d_0$
	垂直内力 方向	剪切边或手工气割边			$1.5d_0$
		扎制、自动气割 或锯割边	高强度螺栓		
			其他螺栓或铆钉		$1.2d_0$

注:1. d_0 为螺栓或铆钉的孔径,t 为外层较薄板件的厚度。

　　2. 钢板边缘与刚性构件(如角钢、槽钢)相连的螺栓或铆钉的最大间距,可按中间排的数值采用,计算螺栓孔引起的截面削弱时取 $d+4$ mm 和 d_0 的较大值。

2. 螺栓工作性能

螺栓按受力情况可以分为:①螺栓只承受剪力;②螺栓只承受拉力;③螺栓承受剪力和拉力的共同作用。

11.3.2　普通螺栓、锚栓和铆钉连接计算

(1)在普通螺栓、锚栓和铆钉的连接中,每个普通螺栓或铆钉的承载力设计值应取受剪和承压承载力设计值中的较小者。

受剪承载力设计值:

普通螺栓

$$N_v^b = n_v \frac{\pi d^2}{4} f_v^b \tag{11-3-1}$$

铆钉

$$N_v^r = n_v \frac{\pi d^2}{4} f_v^r \tag{11-3-2}$$

承压承载力设计值

普通螺栓

$$N_c^b = d \sum t f_c^b \tag{11-3-3}$$

铆钉

$$N_c^r = d_0 \sum t f_c^r \tag{11-3-4}$$

式中 n_v——受剪面数；

  d——螺栓杆直径；

  d_0——铆钉孔直径；

  $\sum t$——在不同受力方向中一个受力方向承压构件总厚度的较小者；

  f_v^b、f_c^b——螺栓的抗剪或承压强度设计值,见表11-3-2；

  f_v^r、f_c^r——铆钉的抗剪或承压强度设计值。

（2）在普通螺栓、锚栓或铆钉杆轴方向受拉的连接中,每个普通螺栓、锚栓或铆钉的承载力设计值应按式(11-3-5)~式(11-3-7)计算:

普通螺栓
$$N_t^b = \frac{\pi d_e^2}{4} f_t^b \tag{11-3-5}$$

锚栓
$$N_t^a = \frac{\pi d_e^2}{4} f_t^a \tag{11-3-6}$$

铆钉
$$N_t^r = \frac{\pi d_0^2}{4} f_t^r \tag{11-3-7}$$

式中 d_e——螺栓或锚栓在螺纹处的有效直径；

  f_t^b、f_t^a、f_t^r——普通螺栓、锚栓或铆钉的抗拉强度设计值,见表11-3-2。

表 11-3-2　螺栓连接的强度设计值(N/mm)

| 螺栓的性能等级、锚栓和构件钢材的牌号 | | 普通螺栓 | | | | | | 锚栓 | 承压型连接高强螺栓 | | |
| | | C 级螺栓 | | | A 级、B 级螺栓 | | | | | | |
		抗拉 f_t^b	抗剪 f_v^b	抗压 f_c^b	抗拉 f_t^b	抗剪 f_v^b	抗压 f_c^b	抗拉 f_t^a	抗拉 f_t^b	抗剪 f_v^b	抗压 f_c^b
普通螺栓	4.6、4.8 级	170	140	—	—	—	—	—	—	—	—
	5.6 级	—	—	—	210	190	—	—	—	—	—
	8.8 级	—	—	—	400	320	—	—	—	—	—
锚栓	Q235	—	—	—	—	—	—	140	—	—	—
	Q345	—	—	—	—	—	—	180	—	—	—
承压型连接高强螺栓	8.8 级	—	—	—	—	—	—	—	400	250	—
	10.9 级	—	—	—	—	—	—	—	500	310	—
构件	Q235	—	—	305	—	—	405	—	—	—	470
	Q345	—	—	385	—	—	510	—	—	—	590
	Q390	—	—	400	—	—	530	—	—	—	615
	Q420	—	—	425	—	—	560	—	—	—	655

【例 11-4】　如图 11-3-2 所示,两块 Q235 钢板,通过盖板相连,采用 M20 普通 C 级螺栓连接,每端15个螺栓。钢板宽度为 200 mm,厚度为 12 mm,孔径为 21.5 mm,试确定钢板的受拉承载力设计值 N 值?

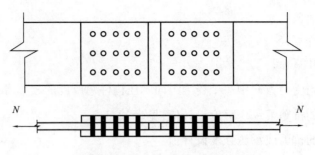

图 11-3-2　钢板连接示意图

【解】 (1)由公式(11-1-3)知,钢板的承载力设计值 N_1 为:

$$N_1 = fA_n = 215 \times (200 - 3 \times 21.5) \times 12 = 349\ 590\text{N} = 349.59\ \text{kN}$$

(2)确定 C 级螺栓的承载力 N_2

由公式(11-3-1)得:

$$N_v^b = n_v \frac{\pi d^2}{4} f_v^b = 2 \times \frac{\pi \times 20^2}{4} \times 140 = 87\ 964.6\text{N}$$

由公式(11-3-3)得:

$$N_c^b = d \sum t f_c^b = 20 \times 12 \times 170 = 40\ 800\ \text{N}$$

故一个普通 M20 的 C 级螺栓的承载力为 40.8 kN。

15 个 M20 螺栓的承载力为: $N_2 = 15 \times 40.8 = 612\ \text{kN}$

(3)构件的受拉承载力设计值为:

$$N = \min\{349.59\ \text{kN}, 612\ \text{kN}\} = 349.59\ \text{kN}$$

11.3.3　高强度螺栓的计算

(1)在抗剪连接中,每个高强螺栓的承载力设计值应按式(11-3-8)计算:

$$N_v^b = 0.9 n_f \mu P \qquad (11\text{-}3\text{-}8)$$

式中　n_f——传力摩擦面数目;

　　　μ——摩擦面的抗滑移系数,应按表 11-3-3 采用;

　　　P——一个高强螺栓的预应力,应按表 11-3-4 采用。

表 11-3-3　摩擦面的抗滑移系数

连接处构件接触面的处理方法	构件钢号		
	Q235 钢	Q345 钢、Q390 钢	Q420 钢、Q460
喷硬质石英砂或铸钢棱角砂	0.45	0.45	0.45
抛丸(喷砂)	0.35	0.40	0.40
抛丸(喷砂)后生赤锈	0.45	0.45	0.45
钢丝刷清除浮锈或未经处理的干净轧制面	0.30	0.35	0.40

表 11-3-4　一个高强螺栓的拉力设计值 P(kN)

螺栓的性能等级	螺栓公称直径(mm)					
	M16	M20	M22	M24	M27	M30
8.8 级	80	125	150	175	230	280
10.9 级	100	155	190	225	290	355

（2）在螺栓杆轴方向受拉的连接中,每个高强螺栓的承载力设计值取 $N_t^b = 0.8P$。

【例 11-5】　如图 11-3-3 所示钢板承受轴心拉力 $N = 1\,680$ kN,钢材的钢号为 Q235,采用 10.9 级的 M20 的摩擦型高强螺栓连接,孔径 $d_0 = 21.5$ mm,连接处钢板的接触面采用喷砂处理。求连接螺栓的数目?

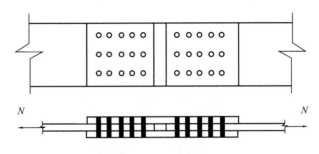

图 11-3-3　钢板连接示意图

【解】　一个摩擦型高强螺栓的受剪承载力设计值为:

$$N_v^b = 0.9 n_f \mu P = 0.9 \times 2 \times 0.45 \times 155 = 126 \text{ kN}$$

每侧需要的螺栓数目:

$$n = \frac{N}{N_v^b} = \frac{1\,680}{126} = 13.4 \text{ 个}$$

螺栓按 3 排布置,每排 5 个,合计 15 个,布置情况见图 11-3-3。

思考题

1. 钢结构连接方式有哪几种?

2. 螺栓有哪些等级? 如何分类? 10.9 级螺栓代表什么含义?

3. 普通螺栓和高强螺栓有什么区别?

4. 角焊缝有哪些构造要求?

5. 对接焊缝的坡口有哪些形式?

6. 如题 6 图所示,两块 Q235($f = 205$ MPa)钢板通过盖板拼接,$a = 200$ mm,$t = 20$ mm。采用高强螺栓连接,每端 15 个 M22 的摩擦型高强螺栓,孔径 $d_0 = 23$ mm。求构件的轴向承载力 N?

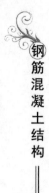
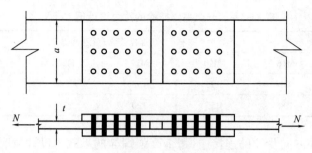

题 6 图

7. 对接焊缝或对接与角接组合焊缝的强度如何计算?

8. 如题 8 图所示,钢板 $a = 550$ mm, $t = 20$ mm。轴心力的设计值为 $N = 2\,050$ kN。钢材为 Q235,手工焊,焊条为 E43 型,采用三级焊缝,采用有垫板的单面施焊对接焊缝,施焊时加引出板。其中 $\theta = 45°$。验算(a)、(b)图焊缝的强度是否满足要求?

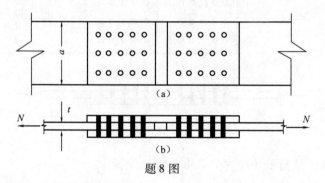

(a)

(b)

题 8 图

9. 如何计算直角角焊缝的强度?

10. 某库房柱上牛腿(间接承受动力荷载)的构造如题 10 图(a)所示,柱及牛腿均采用工字钢,翼缘及腹板厚分别为 16 mm 和 12 mm,采用角焊缝连接,焊缝等级为二级,翼缘水平焊缝宽度 $h_f = 8$ mm,腹板竖直焊缝宽度 $h_f = 8$ mm,承受轴向拉力 $N = 500$ kN,剪力 $T = 100$ kN。焊缝长度见图 11-3(b),分别验算角焊缝的正应力及剪应力是否满足要求?

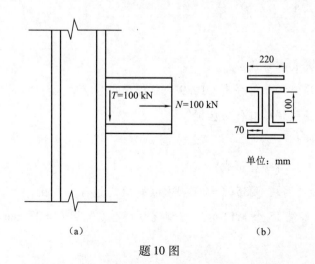

(a)   (b)

题 10 图

11. 如题 11 图所示,钢板承受轴心拉力 $N = 1\,320$ kN,钢材的钢号为 Q235,采用 10.9 级的 M18 的摩擦型高强螺栓连接,孔径 $d_0 = 20$ mm,连接处钢板的接触面采用喷砂处理。求连接螺栓的数目?

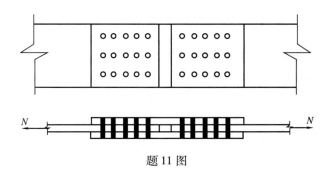

题 11 图

参 考 文 献

[1]梁学忠.工程材料[M].2版.北京:中国铁道出版社,2018.

[2]王海军.建筑材料[M].北京:高等教育出版社,2016.

[3]闫宏生.建筑材料检测与应用[M].北京:机械工业出版社,2014.

[4]湖南大学,天津大学,同济大学,东南大学.土木工程材料[M].北京:中国建筑工业出版社,2002.

[5]张粉芹.土木工程材料[M].2版.北京:中国铁道出版社,2015.

[6]中华人民共和国行业标准.铁路桥涵混凝土结构设计规范(TB 10092—2017)[S].北京:中国铁道出版社,2017.

[7]冯浩.混凝土外加剂工程应用手册[M].北京:中国建筑工业出版社,2008.

[8]中华人民共和国行业标准.铁路桥涵地基和基础设计规范(TB 10093—2017)[S].北京:中国铁道出版社,2017.

[9]中华人民共和国行业标准.铁路桥涵设计规范(TB 10002—2017)[S].北京:中国铁道出版社,2017.

[10]罗荣凤.桥隧构造与养护[M].北京:中国铁道出版社,2013.

[11]张澍东.桥隧构造与养护[M].北京:中国铁道出版社,2008.

[12]李乔.混凝土结构设计原理[M].北京:中国铁道出版社,2009.

[13]孙元桃.结构设计原理[M].北京:人民交通出版社,2010.

[14]于辉,崔岩.结构设计原理[M].北京:中国建筑工业出版社,2009.

[15]叶见曙.结构设计原理[M].北京:人民交通出版社,1997.

[16]王秉荪,张振业,黄振民,刘致平.桥涵设计[M].北京:中国铁道出版社,1988.

[17]王丽娟,徐光华.钢筋混凝土结构与钢结构[M].北京:中国铁道出版社,2012.

[18]贾艳敏,高力.结构设计原理[M].北京:人民交通出版社,2004.

[19]中华人民共和国住房和城乡建设部.钢结构设计标准(GB 50017—2017)[S].北京:中国建筑工业出版社,2018.

[20]黄呈伟,孙玉萍.钢结构基本原理[M].重庆:重庆大学出版社,2002.

[21]沈祖炎,陈杨骥.钢结构基本原理[M].北京:中国建筑工业出版社,2005.

[22]黄呈伟,孙玉萍.钢结构基本原理[M].重庆:重庆大学出版社,2002.

[23]李顺秋.钢结构的制造与安装[M].北京:中国建筑工业出版社,2005.

[24]徐君兰.钢桥[M].北京:人民交通出版社,2011.

[25]铁道专业设计院.钢桥[M].北京:中国铁道出版社,2003.

[26]安云岐,易春龙.钢桥梁腐蚀防护与施工[M].北京:人民交通出版社,2010.

[27]任必年.公路桥梁腐蚀与防护[M].北京:人民交通出版社,2002.